JISによる機械製図法

東京電機大学出版局

本書の全部または一部を無断で複写複製（コピー）することは，著作権法上での例外を除き，禁じられています．小局は，著者から複写に係る権利の管理につき委託を受けていますので，本書からの複写を希望される場合は，必ず小局（03-5280-3422）宛ご連絡ください．

序

　機械類を設計製作する場合はいうまでもないが，機械を取り扱う場合や，これを十分に理解したい場合には，機械の形や寸法，材料その他，機械を作るために必要な情報を正確に，また細大漏らさずに盛り込んである製作図をはじめとして，各種の図面の助けを借りることが必要となる．このため，各種工業に従事する技術者は，学校において少なくとも一度は，機械製図，あるいは，その他の製図（電気製図，建築製図など）の講義を受け，また，実習を行って図面の見方や描き方を身につけることになっている．なお，最近においては，技術者でなくても工業に関係する人ならば，図面の見方ぐらいはできなければならないとされている．それほど工業と図面の関係は深いものである．

　これに従って，世の中には製図関係の図書が数多く発行されている．ところで，従来の図書では，製図に関係のある日本工業規格（JIS）その他の解説を主体としているものが多いようである．このことは極めて大切なことではあるが，初めて製図を学ぼうとする人にとっては，これだけでは必ずしも十分でなく，さらにさかのぼって製図についての考え方，具体的な図面の描き方といったことに触れた記事も必要であると思われる．もとより，真に優れた製図ができるためには，機械の基礎知識のうえに立って，製図しようとする機械の構造機能が分かっていることはもちろんであるが，機械の部品の製作法の要点についても十分な知識が必要となる．しかし，この能力を身につけることは，短時日に行うわけにはいかず，かなりの期間の各種の実地経験の結果をまたなければならない．それにしても，まず必要なことは，当初に述べたような機械図面で，実際に通用するものの描き表し方は，どのようにして行われるものかということを習得することであろう．

　本書は，以上のような考えにより，JISを十分に活用できるための製図の基礎知識に重点を置き，また，実社会に通用できる製図技能を身につけるための製図教科書として役立つことを念願してまとめてみたものである．

なお，旧著「機械製図法」とその改訂版「六訂JISによる機械製図法」については，幸いにして多くの方々の御支援により，初版以来通算20版余を数えるに至った．しかしながら，旧著は，学校向けの教科書というよりは，むしろ独習者の参考書に近かった．また，内容に繁簡当を得ない個所その他があった．なお，いままでのJIS Z 8302 製図通則が廃止となり，新しい製図規格の体系が制定されて，JIS Z 8310 製図総則 以下，JIS Z 8318 製図における寸法の許容限界記入法 までとなった．またこれに続いてJIS B 0001 機械製図も改正された．これらのことを考慮し，さらに，20年にわたる大学の機械工学科における製図教育の経験に基づき，今回稿を新たにしたものが本書である．機械製図の教授者および学習者にとって，本書が学習効果をあげるうえに役立つとするならば，著者らとして幸いこれに過ぎるものはない．なお，独習者に対しては，他の機械工学関係の参考書などを併用することによって，十分に機械製図学習の目的を達することができるように配慮してある．もとより，著者らの浅学非才のため，至らぬ点も多いことと思われるが，これらについては，今後多くの方々の御教示によって改めていきたいと考えている．

1992年3月

蓮尾　諭吉　　安部　政見　　山本　唯雄

新訂にあたって

　本書初版は，昭和41年11月に発刊されました．初版執筆者当初から著者らは，機械製図に関連するJIS規格に則して，分かりやすい図を用いた詳細な説明と広く機械製図を解説した内容とを心掛け本書を発行し，また改定してまいりました．爾来，機械製図を初めて学ぶ友から実際に図面を描く方々の参考書として，また大学や学校等の教書として本書が広く愛用されてまいりましたことは著者らの喜びです．

　本書は，平成8年に当時のJIS規格に則して新版3訂が発行されましたが，平成12年（2000年）に機械製図に関するJIS規格JIS B 0001：2000が国際標準規格であるISO規格との整合のため，大きく改訂されました．改定されたJIS規格では，機械製図としての基礎，基本は変わりないものの，ねじ製図の描き方，面の粗さの表示方法等が大きく変更されました．このISO規格と整合したJIS規格の改定によって，今後新しいJIS規格に則って描かれた機械製図は，広く世界に通用すると期待されております．このJIS規格の改定を受け，この度本書は宗川浩也，伊藤公雄の2名を新たに著者に加え，新しいJIS規格に則した新版4訂を発行することとなりました．改定された本書が，また広く機械製図を志す方々のお役に立てることを望んで止みません．著者らは改定されたJIS規格に則って，本書を修正いたしましたが，未だ至らぬ点もあろうかと思います．今後とも本書を愛用される多くの方々のご教授を求める次第です．

吉田　幸司

追　記

　本書は昭和41年（1966年）11月の初版発行以来，㈱山海堂から刊行され，幸いにも長きにわたって多くの読者から愛用されてきました．このたび修正を加え，東京電機大学出版局から新たに刊行されることとなりました．今後とも読者のご教示によって，よりよい教科書になるように改めていきたいと思います．

　　2008年3月　　　　　　　　　　　　　　　　　　　　　吉田　幸司

目　　次

1章　機械製図概説 ··· 1

　1.1　諸　　　論 ··· 1

　　1.1.1　機械製図と機械図面 ·· 1

　　1.1.2　製図の目的 ·· 2

　　1.1.3　製図と規格 ·· 2

　　1.1.4　図面が具備しなければならない基本条件 ····································· 3

　　1.1.5　図面の内容 ·· 3

　1.2　図面の種類 ··· 3

　　1.2.1　用途と内容による図面の種類 ··· 6

　　1.2.2　組立図と部品図 ·· 6

　　1.2.3　多品一葉図面と一品一葉図面 ··· 8

　　1.2.4　元図，原図および複写図その他 ·· 9

　1.3　図面の作成 ··· 10

　　1.3.1　機　械　設　計 ·· 10

　　1.3.2　設計図の作成 ·· 11

　　1.3.3　製作図その他の作成 ··· 11

　1.4　工業規格と製図規格 ··· 12

　　1.4.1　工　業　規　格 ·· 12

　　1.4.2　製　図　規　格 ·· 14

　1.5　品物の形状表示 ··· 16

　　1.5.1　品物の形状表示の一般的方法 ··· 16

　　1.5.2　投　影　法 ·· 17

　　1.5.3　正　投　影　法 ·· 20

　1.6　ＩＳＯ ·· 23

v

2章　製図の基礎 ……………………………………………………… 25

2.1　製図用具とその使用法 …………………………………… 25
2.1.1　製 図 用 具 ……………………………………………… 25
2.1.2　製図用具の使用法 …………………………………… 27
2.2　図面の大きさおよび様式 …………………………………… 33
2.3　機械製図に用いる尺度 ……………………………………… 35
2.4　機械製図に用いる線 ………………………………………… 36
2.4.1　線の性質と線の種類 ………………………………… 36
2.4.2　用途による線の種類 ………………………………… 39
2.4.3　線の優先順位 ………………………………………… 45
2.5　文　　　字 …………………………………………………… 45
2.6　用 器 画 法 …………………………………………………… 48
2.6.1　平面幾何画法 ………………………………………… 48
2.6.2　立体幾何画法 ………………………………………… 55

3章　機械製図法 ……………………………………………………… 59

3.1　機械製図における品物の形状表示 ………………………… 59
3.1.1　機械製図と正投影法 ………………………………… 59
3.1.2　機械製図における図形の配置 ……………………… 60
3.1.3　外形の図示法 ………………………………………… 64
3.1.4　正投影法による図を補足する他の投影図 ………… 67
3.1.5　想　像　図 …………………………………………… 68
3.1.6　省　略　図 …………………………………………… 69
3.1.7　特別な図示法 ………………………………………… 73
3.1.8　断面による図示法 …………………………………… 74
3.2　寸　　　法 …………………………………………………… 80
3.2.1　製作図における寸法記入の重要性 ………………… 80
3.2.2　図面に示される寸法 ………………………………… 80
3.2.3　寸法の単位 …………………………………………… 81

	3.2.4	標　準　数 ································· 81
	3.2.5	寸法記入に用いられる線と端末記号 ············· 81
	3.2.6	寸法数字の記入法 ························· 87
	3.2.7	寸法補助記号 ····························· 88
	3.2.8	特殊形状に対する寸法記入 ················· 90
	3.2.9	寸法記入法の簡略化 ······················· 94
	3.2.10	寸法の許容限界の記入およびはめあい ········ 98
	3.2.11	図面と一致しない寸法の表示その他 ·········· 98
	3.2.12	寸法表示の原理 ··························· 99
	3.2.13	寸法記入上の注意と記入順序 ··············· 102
3.3	機械製図の手順 ································· 106	
	3.3.1	鉛筆書きの順序 ··························· 106
	3.3.2	墨入れの順序 ····························· 108
3.4	照合番号（部品番号），表題欄および部品欄（部品表）その他 ································· 108	
	3.4.1	照合番号（部品番号） ····················· 108
	3.4.2	表題欄と部品欄 ··························· 109
	3.4.3	その他の欄 ······························· 112

4章　機械製図に必要なその他の表示事項 ················ 113

4.1	寸法公差およびはめあい ························· 113	
	4.1.1	概　　説 ································· 113
	4.1.2	寸法の許容限界の指示 ····················· 115
	4.1.3	はめあい ································· 121
	4.1.4	寸法の普通公差 ··························· 127
	4.1.5	寸法の許容限界およびはめあいの表示 ········ 129
	4.1.6	工作精度標準と常用する穴基準　はめあい　の適用例 ········ 133
4.2	表面性状（表面粗さ）の表示 ····················· 135	
	4.2.1	概　　説 ································· 135
	4.2.2	断面曲線，粗さ曲線およびうねり曲線 ········ 135

    4.2.3 粗さパラメータ Ra, Rz ································ 137
    4.2.4 表面性状の図示方法 ···································· 139
    4.2.5 表面性状記号の図面記入法 ···························· 143
    4.2.6 表面性状の適用例 ···································· 147
  4.3 幾何公差の表示 ·· 150
    4.3.1 概　　説 ·· 150
    4.3.2 幾何公差の種類とその記号 ···························· 150
    4.3.3 幾何公差の図示方法 ·································· 153
    4.3.4 最大実体公差方式 ···································· 156
    4.3.5 幾何公差の公差域の定義および図示例 ···················· 158
  4.4 リベットおよび溶接の表示 ···································· 163
    4.4.1 概　　説 ·· 163
    4.4.2 リベットの表し方 ···································· 163
    4.4.3 溶接記号とその図示方法 ······························ 165
  4.5 材 料 記 号 ·· 170
    4.5.1 材料と記号 ·· 170
    4.5.2 JIS に規定された金属材料記号の構成 ···················· 175
    4.5.3 JIS 金属材料 ·· 175

5章 主要な機械要素の製図および標準部品の呼び方 ···················· 197

  5.1 概　　説 ·· 197
  5.2 ねじの製図 ·· 198
    5.2.1 概　　説 ·· 198
    5.2.2 ねじの種類 ·· 198
    5.2.3 ねじ部品の種類 ·· 201
    5.2.4 ねじおよびねじ部品の図示 ······························ 204
    5.2.5 ねじの表示方法 ·· 207
    5.2.6 六角ボルト，ナットの略図法 ···························· 214
  5.3 歯 車 製 図 ·· 215
    5.3.1 概　　説 ·· 215

5.3.2　歯車の種類と歯車各部の名称その他 ……………………………… 216
　　　5.3.3　歯車の図示法 …………………………………………………………… 221
　5.4　ばね製図 …………………………………………………………………………… 236
　　　5.4.1　概　　　説 ……………………………………………………………… 236
　　　5.4.2　ばねの種類 ……………………………………………………………… 236
　　　5.4.3　ばねの図示 ……………………………………………………………… 239
　5.5　転がり軸受の製図 ………………………………………………………………… 247
　　　5.5.1　概　　　説 ……………………………………………………………… 247
　　　5.5.2　転がり軸受の種類と規格 ……………………………………………… 247
　　　5.5.3　転がり軸受の図示 ……………………………………………………… 249
　　　5.5.4　転がり軸受の呼び番号の概要 ………………………………………… 249
　5.6　標準部品の呼び方 ………………………………………………………………… 255
　　　5.6.1　部品と部品欄における標準部品の取扱い …………………………… 255
　　　5.6.2　標準部品の呼び方 ……………………………………………………… 255

6章　検　　　図 …………………………………………………………………………… 259

　6.1　検図の意義 ………………………………………………………………………… 259
　6.2　検図方法の一例 …………………………………………………………………… 259

7章　製図に関する工作法の要点 ……………………………………………………… 263

　7.1　概　　　説 ………………………………………………………………………… 263
　7.2　機械部品の形状 …………………………………………………………………… 263
　7.3　機械部品の製作工程の概略 ……………………………………………………… 265
　7.4　鋳造部品の形状に関する要点 …………………………………………………… 265
　　　7.4.1　型込めが容易であるような形とする ………………………………… 265
　　　7.4.2　鋳造容易な形とする …………………………………………………… 266
　　　7.4.3　機械加工が容易な形とする …………………………………………… 267
　　　7.4.4　その他の事項 …………………………………………………………… 267
　7.5　鍛造部品の形状に関する要点 …………………………………………………… 268
　7.6　機械加工による形状に関する要点 ……………………………………………… 268

7.7　取扱いその他の点からの形に関する要点 ……………………… 270

8章　見　取　図 …………………………………………………………… 273

　8.1　見取図の意義とフリーハンドによる作図 …………………… 273
　　8.1.1　見取図の意義 …………………………………………… 273
　　8.1.2　フリーハンドによる作図 ……………………………… 273
　8.2　見取図に必要な器具 …………………………………………… 275
　8.3　機械の取扱い …………………………………………………… 276
　8.4　見取図の作成 …………………………………………………… 277
　8.5　寸法測定に対する二，三の要領 ……………………………… 278
　8.6　材料の見分け方 ………………………………………………… 279

付

　付表1　メートル並目ねじ（JIS B 0205 より抜粋） ……………… 280
　付表2　メートル細目ねじ（JIS B 0207 より抜粋） ……………… 281
　付表3　管用平行ねじ（JIS B 0202 より抜粋） …………………… 282
　付表4　管用テーパねじの基準山形（JIS B 0203 より抜粋） …… 283
　付表5　管用テーパねじ（JIS B 0203 より抜粋） ………………… 284
　付表6　六角ボルト（JIS B 1180 より抜粋）
　　　　　（ISO 4014〜4018 によらない六角ボルト） ……………… 285
　付表7　六角ナット（JIS B 1181 より抜粋）
　　　　　（ISO 4032〜4036 によらない六角ナット） ……………… 286
　付表8　植込みボルト（JIS B 1173 より抜粋） …………………… 287
　付表9　ボルト穴径およびさぐり径の寸法
　　　　　（JIS B 1001 より抜粋） ……………………………………… 288
　付表10　平座金（JIS B 1256 より抜粋） ………………………… 289
　付表11　ばね座金（JIS B 1251 より抜粋） ……………………… 290
　付表12　すりわり付き小ねじ（JIS B 1101 より抜粋） ………… 291
　付表13　すりわり付き止めねじ（JIS B 1117 より抜粋） ……… 292
　付表14　円筒軸端（JIS B 0903 より抜粋） ……………………… 294

付表15	平行キー用のキー溝の形状および寸法（JIS B 1303）	295
付表16	平行キーの形状および寸法（JIS B 1301）	296
付図1	線の練習	297
付図2	両口スパナ	298
付図3	箱スパナ	299
付図4	平歯車	300

1章　機械製図概説

1.1　緒　　論*

1.1.1　機械製図と機械図面

機械製図とは，機械図面，すなわち，主として機械工業で使用する図面[1]（(technical) drawing）を作成することである．

　　1）　投影法（1.5.2参照）に従って，立体的な品物の形を平面上に描いたものを**図形**（view）といい，機械製図では，通常，コンパスその他の製図用具を使い，黒一色の各種の線および点でトレース紙その他の製図用紙上に描く．この図形に寸法，記号などの情報を書き加えたものを**図**（view）という．この図を必要事項（要目表（5.3.3参照），注意事項など）とともに，所定の様式に従って表したものを**図面**（drawing）という．

　なお，ここでいう図面には，原図（後述）および原図から複製した図面（青社員，白写真，ゼログラフィ法による複写図など）（以上1.2.4参照）および原図を部分的に複合作成した図面で，原図と同じ機能をもつものを含む．

　図面は，「工業界の言葉である」といわれるほど重要なものであり，機械技術者にとっては，図面の「読み書き」[2]のできることは不可欠の条件といえる．

　　2）　図面を読むとは，図面を見てその内容を十分に理解できることであり，図面を書くとは，定められた約束事（JIS規格，社内規格など）に従って，図面を正しく描くことをいう．

---

*参照JIS規格：JIS Z 8310　製図総則，JIS Z 8114　製図用語およびJIS B 0001　機械製図

1.1.2 製図の目的

図面を作製する目的は，機械やその部品を作るために必要な，機械設計者[3]の考えている技術情報，すなわち，機械または機械部品の構造，形状，各部の寸法，精度（寸法および形状の），表面性状，材料その他を細大漏らさずに盛り込んである情報を図面の形で示そうとするもので，図面を使用する人の間（設計者と製作者の間，発注者と受注者の間など）で必要な情報を伝える働きをする．これによって機械や部品を正確に早く[4]作るために必要な準備や作業をすることができる．

さらに図面に対しては，その図面の示す情報[5]の保存・検索[6]・利用[7]が確実に行えることも期待されている．

3) 設計者とは，使用目的に適合するような物を具体的に作るために必要な諸計画を立てる人をいう．
4) このためには，図面の解釈が一義的に行えるように示されていなければならない．
5) 図面に示されている情報は，企業の技術を集積した貴重な技術資料である．
6) 通常は，図面をマイクロフィルムに撮影したものをアパーチュアカード（aperture card）（穿孔カード）に貼布して保管し，これを検索利用するようにする．
7) 設計者が設計について考えたり検討を加えたりするための思考手段として利用する．

1.1.3 製図と規格

製図をする場合，多数の関係者に正しい情報が合理的，能率的，一義的に伝達されるようにするためには，製図のやり方やその際の取り決めが明確になっている必要がある．この場合の基礎になるものが，国家規格であるJIS（ジス）（日本工業規格）の製図関係諸規格[8]である（表1.5参照）．

8) JIS規格だけでは必ずしも十分とはいえないので，各団体や企業体などでは，それぞれの実情に応じた団体規格や社内規格を設けて，細部に至るまで遺漏のないようにするのが通例である．

1.1.4 図面が具備しなければならない基本条件

(1) 品物の図形（これにより構造が分かる）とともに必要とする大きさ・形状・姿勢・位置の情報（寸法，形状，姿勢および位置の精度も含めて）が分かること．必要に応じてさらに，表面性状，材料，加工法などの情報を示すこと．
(2) (1)の情報を明確かつ理解しやすい方法で表現していること．
(3) あいまいな解釈が生じないように表現上の**一義性**をもつこと．
(4) 技術の各分野の交流の立場から，できるだけ広い分野にわたる**整合性，普遍性**をもつこと．
(5) 貿易および技術の国際交流（技術導入，技術輸出，国際分業など）の立場から，**国際性**を保持すること．
(6) マイクロフィルム撮影などを含む複写および図面の保存・検索・利用が確実にできる内容と様式を備えて図面の**近代化**を図ること．
(7) 技術の大衆化時代に対応して，製図の平易化，規格の単純化などで**大衆化**を図ること．

1.1.5 図面の内容

機械図面をその内容からみると，結局次のような成り立ちになっているといえる．すなわち

$$\boxed{機械図面} = \boxed{図形} + \boxed{寸法} + \boxed{記事} + \boxed{記号}$$

となる．本書においては，これらの各項について学ぶわけである．各項目の細目については，**表1.1**に示す．

1.2 図面の種類*

機械図面の基本となるものは，品物を作るために用意される製作図（主として組立図と部品図）であるが，これを元にしていろいろな目的に使われる

---

*参照JIS規格：JIS Z 8114　製図用語

表 1.1　機械図面の成り立ち

機械図面	= 図　形	+ 寸　法	+ 記　号	+ 記　事
① 機械製図とは	① 品物の形状表示法	① 寸法記入の重要性	① 寸法に付記される記号	① 照合番号（部品番号）
② 機械図面の目的	② 投影法各種	② 寸法の単位と標準数	② 表面性状の表示	② 表 題 欄
③ 製図と規格	③ 正投影法	③ 寸法記入用の線と矢印	③ 材料記号	③ 部 品 欄
④ 図面の機能	④ 製図用具とその使い方	④ 寸法数字の記入法	④ リベット記号	④ 訂正欄その他
⑤ 図面に要求される特質	⑤ 線の種類（太さ，形，用途）	⑤ 特殊形状に対する寸法記入法	⑤ 溶接記号	⑤ 加工法に関する記事
⑥ 図面の内容	⑥ 用器画法	⑥ 寸法記入の簡略化	⑥ 幾何公差	
⑦ 図面の種類	⑦ 第三角法と第一角法	⑦ 寸法訂正		
⑧ 図面が描かれるまで	⑧ 主投影図の選定	⑧ 寸法表示の原理（大きさの寸法と位置の寸法）		
⑨ 図面の大きさその他	⑨ 投影図の数	⑨ 寸法記入上の注意と記入順序		
⑩ 尺　度	⑩ 図形の配置と間隔	⑩ 寸法の許容限界とはめあいの表示		
⑪ 文　字	⑪ 外形の表示（慣用法，省略法，展開法を含む）	⑪ 幾何公差		
⑫ 機械製図の手順	⑫ 断 面 法			
⑬ 検　図				
⑭ 製図に関する工作法の要点				
⑮ 見 取 図				
⑯ 図面管理				
⑰ 主要機械要素の製図及び標準部品の呼び方				

(1) ねじ製図 = ねじ及びねじ部品の図示法 + ねじの表し方

(2) 歯車製図 = 歯車の図示法 + 要目表

(3) ばね製図 = ばねの図示法 + 要目表

(4) 転がり軸受製図 = 転がり軸受の図示法 + 記　号

1.2 図面の種類

表 1.2 用途と内容による図面の種類

分類の方法	図面の種類	説　　　　明	備　　考
用途による分類	計　画　図	設計の意図，計画を表した図面	組立図，装置図
	設　計　図	製作図を作成する前に必要な基本の設計を示す計画図	
	製　作　図	製造に必要なすべての情報を伝えるための図面	
	注　文　図	注文書に添えて，品物の大きさ，形，精度，情報などの注文内容を示す図面	
	了　承　図	注文者などが承認した図面	
	見　積　図	見積書に添えて，依頼者に見積内容を示す図面	
	説　明　図	構造，機能，性能などを説明するための図面	
内容による分類	組　立　図	二つ以上の部品，部分組立品を組み立てた（又は組み立てる）状態で，その相互関係，組立に必要な寸法などを示す図面 備考　図面中に部品欄を含むものと別に部品表をもつものとがある	狭い意味での製作図／製作図
	部分組立図	対象物の1部分の組立状態を示す組立図	
	部　品　図	部品について最終仕上がり状態で備えるべき事項を完全に表すために必要なすべての情報を示す図面	
	工　程　図	製作工程で加工すべき部分，加工方法，加工寸法，使用工具などを示す製作図，又は製造工程を示す図	
	接　続　図	電気回路の接続と機能を示す系統図	
	配　線　図	配線の実態を示す系統図	
	配　管　図	管の接続，配置の実態を示す系統図	
	系　統　図	給水，排水，電力などの系統を示す線図	計画図，説明図
	基　礎　図	基礎を示す図又は図面	機械などの据付けに必要な図
	据付け図	ボイラ，機械などの据付け関係を示す図	
	配　置　図	多くの機械などの据付け位置を示す図	機械などの配置に必要な図
	装　置　図	各装置の配置，製造工程の関係などを示す図面	
	外　観　図	対象物の外形及び最小限に必要な寸法を示す図面	注文図，見積図
	構造線図	機械，橋りょうなどの骨組を示す図	
	曲面線図	船体，自動車の車体など複雑な曲面を表す線図	
	スケッチ図 （見取図）	実体を見取って描いた図	

各種の図面が用意される（**表 1.2** 参照）．ここではこれらに関する主なものについて述べることとする．

1章　機械製図概説

1.2.1　用途と内容による図面の種類

用途と内容による図面の種類を表1.2に示す.

1.2.2　組立図と部品図

(1)　組　立　図

組立図は一般に，機械器具や構造物全体について使用状態が分かるように組み立てたところを示した図面である．この図面を見れば全体の構造や機能，作用，また，各部品間の関連が分かる．組立図は機械の組立や分解の際にも必要なものである．

組立図は，通常，主投影図(3.1.2(2)参照)で示すが，これだけでは部品がすべて指示できない場合，また，外形寸法その他が示せない場合には，平面図，側面図(3.1.2(1)参照)などを必要に応じて追加する．組立図の一例を図1.1に示す．

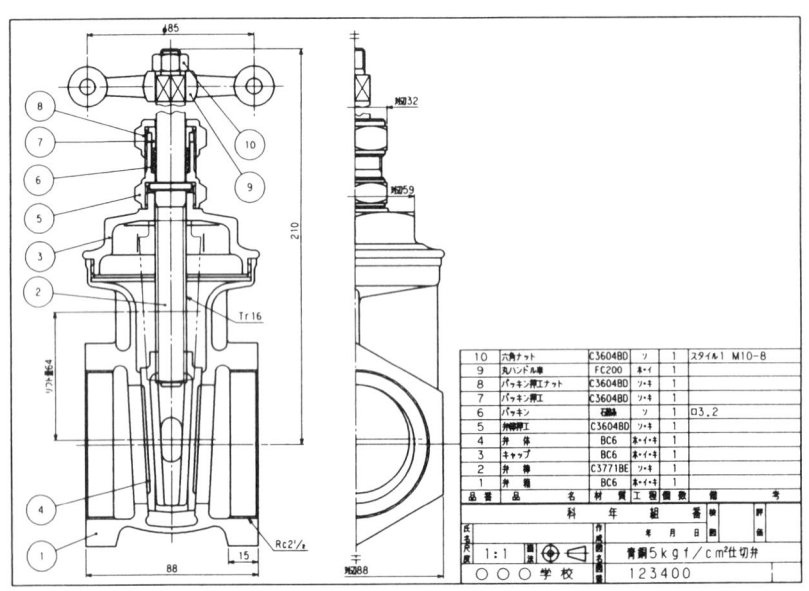

図 1.1　組　立　図

組立図に記入しておくものとしては,
(1) **照合番号（部品番号）** の指示：主要部品と，その構成部品順に番号を付けていく．なお詳細は3.4参照のこと．
(2) 主要寸法の記入：少なくとも下記の寸法を記入する．
　① 外形寸法（梱包寸法），すなわち，縦，横，高さの寸法，または外径と幅など．
　② 機能寸法，例えば主軸の外径，軸受内径，軸心の高さ（底面からの），管の内径，弁座径，シリンダ内径，行程，取付け部分の寸法，組立に際して必要な寸法，可動範囲を示す寸法，滑車の谷径，重要な隣接部品の寸法，隣接部品との間隔．
(3) 隣接部品の図示（想像線で描く）．
(4) 組付け後加工に対する指示：加工内容と関連寸法の記入．
(5) **部品欄**：これは，図面とは別に部品表として用意されることもある．

（2）部 品 図

機械や構造物を構成する個々の部品についてその詳細を示す図面で，この図に基づいて品物の製作が行われるから，部品図は製作図中最も基礎となる重要な図面ということができる．

部品図は，工場において図面管理上一品一葉式とすることが望ましい．部品図の一例を**図 1.2** に示す．

部品図に記入するものとしては,
(1) 主投影図，平面図，側面図その他を必要に応じて描く．ただし，これらの投影図は，必要最小限に止めなければならない（寸法記入のない図は不要である．ただし，寸法記入はなくても主投影図だけでは示せない図は必要）．
(2) 照合番号を主投影図と側面図の中間位置（主投影図だけの場合には，その中央）で，通常は上方に書く．必要に応じて尺度も記入する．
(3) 各部の寸法は，細大漏らさずに，分かりやすく記入する．ただし，同一寸法は，原則として各投影図で重複しないようにする．なお，重要寸法（特にはめあい部分の）には，寸法の許容限界を記入する．なお，寸法はできるだけ主投影図に集中して記入する．また，関連寸法は，主投

1章　機械製図概説

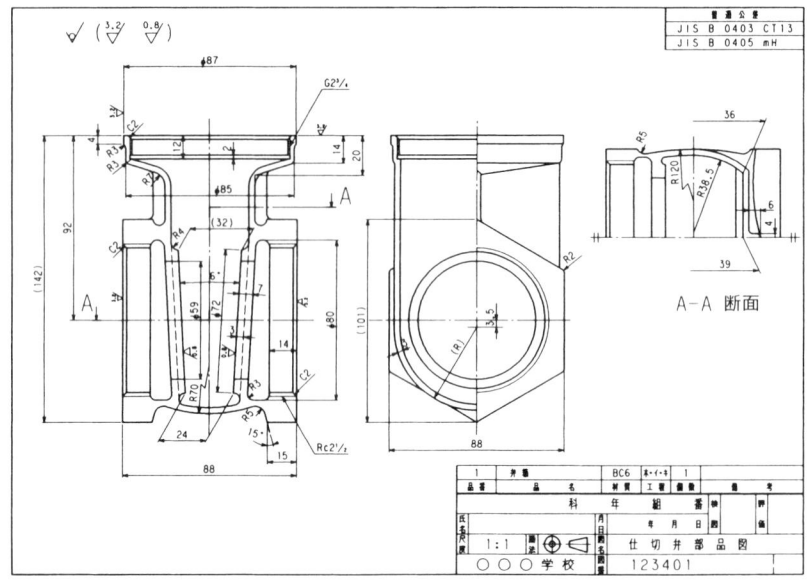

図 1.2　部 品 図

影図と他の投影図の間に記入するようにする．
(4)　表面性状の記号または仕上げ記号を記入する．
(5)　必要個所に幾何公差の表示を行う．

1.2.3　多品一葉図面と一品一葉図面

(1)　多品一葉図面
1枚の製図用紙の中に組立図の他にいくつもの部品図を描いた図面で，1組だけしか作らない品物の場合に使われることがあるが，主として学校製図で利用されている．この図面では，左上に組立図を描き，大物部品から順に描いていく．

(2)　一品一葉図面
品物の形の大小，精粗にかかわらず，一つの部品または組立図を1枚の製図用紙に描いた図面で，各企業では，ほとんどこの図面を使っている．一品一葉図面を使えば**図面管理**[9]上も便利である．なお，一つの部品または組立品が1枚の製図用紙に描ききれず，2枚以上にわたる場合の図面を**一品多葉**

図面という.

9) 図面に関する業務の管理をいい，図面（仕様書などを含む）に関する業務の内容を大別すると次のようになる．

(a) 原図の登録，保管，出納，廃却．
(b) 複写図の作製，編集，配布，回収，廃却．
(c) 図面変更の手続き．
(d) 第二原図，マイクロフィルムの作成，登録，保管，出納，廃却．
(e) 図面に関する情報の管理．

1.2.4 元図，原図および複写図その他

（1） 元図[10]**（もとず）**

原図のもとになる図面または図．

（2） 原図（げんず）

普通，鉛筆またはインク（この場合には烏口（からすぐち）や製図用ペンが使われる）で描かれた複写図の原紙になる登録された図面．

（3） 第 二 原 図[11]

複写によって作った副原図．

（4） 複 写 図

原図から複写によって作成した図面で，一般に"図面"という場合，多くは複写図[12]（青写真，白写真その他）を指す．

（5） 写図（トレース）

図または図面の上にトレース紙などを重ねて書き写すことで，きれいな原図を作製する場合に行われる．

10) 元図を描くには，ケント紙や方眼紙なども使われることがあるが，現在では，ほとんどトレース紙に鉛筆書きで行われる．

11) 第二原図は，原図を複写して原図と同じ働きをさせるものである．原図は，原則として1枚しか作らないものであるが，原図の使い方が激しい場合，その損耗を防ぐためには，あらかじめ予備の原図を複写によって作り，これを複写用に使用する．

12) (a) **青写真**は，第二鉄塩と赤血塩の溶液を混合して紙に塗ったものを暗所で乾燥して作った印画紙に原紙を重ねて光を当てると，光の当たった部分の第二鉄塩は，還元されて第一鉄塩となり，これが赤血塩と反応して水に不溶な青

色となり，青地に白い図が現れる．古くから使われていたもので，図面といえば青写真（青図）（ブループリント）といわれるほど普及していたが，最近では，より便利な陽画その他に置き換えられてしまった．

(b) **陽画（ジアゾ法）** 不安定なジアゾ化合物のうち，感光性が強く光の作用で容易に分解するものにフェノール類と安定剤を加えて紙に塗布して印画紙を作り，焼付け後アンモニアガスで中和すると，感光部は分解して変色せず，未感光部に残ったジアゾ化合物は，アゾ染料を生じて紫色その他に着色する．なお，アンモニアガスの代わりにアルカリ性溶液を使うこともある．現在では，青写真に代わって広く使われている．

(c) **ゼログラフィ法**（ゼロックス社の開発した電子写真方式）金属円筒の上に光伝導性物質の薄層を設け，あらかじめ静電気を帯電させて感光化しておき，原紙その他の画像を露光させて画像明部の電気を除き，静電潜像を作る．これに反対電荷を持つ着色微粒（トナー）を付着させ，紙に伝写して加熱定着させるもの．

1.3 図面の作成

1.3.1 機械設計

機械を製作する場合，その第一段階は設計であり，設計に基づいて図面が作成される．ある機械を設計する場合には，その機械の使用目的にかなったような機構を考え，目的とする機能や性能を発揮できるように各部の大きさや形を決めなければならない．

この際，機械はなるべく製作しやすいこと，材料を合理的に使用すること，製作数量に応じた経済的生産方法とすることなどを考えに入れたうえで，学理と経験に基づいて設計が行われる．したがって，機械設計者となるためには，よい着想のもち主であることが大切であるが，さらに，数学，力学，材料力学，金属材料学，工作法その他機械工学全般にわたって，十分な知識と広い常識とをもち，また，工場の事情に精通し，現場作業に十分な理解をもたなければならない．

機械の性能の良否，取扱いの難易，さらにその価格などは，機械製作の第一段階である設計によって大体決まってしまうので，設計者の責任は，まこ

とに重大であるといわなければならない．

1.3.2 設計図の作成

上述のような設計に基づいて，機械に対する構想がまとまると，これを機械製図法に従って図面として表す．このようにして，設計者の考えを示した図面を設計図という．また，場合によっては，既製の機械の見取図（8章参照）を基にし，または，これに改良修正を施したりして設計図とすることもある．

設計図を作るやり方は，時代，人，事業場などによっていろいろであるが，会社などで広く行われている方法は，トレース紙等に定規その他の製図器具を使って，鉛筆書きで直ちに構想を図形に表していく方法である[13]．自動製図もあるが，手書きによる製図は今後ともなくなることはない．

> 13) 最近では，電子計算機の利用によるCAD（キャド）(computer aided drawing)（コンピュータ援用製図）方式の活用が盛んになろうとしている．新製品の開発に際して，あらかじめ過去の多くの設計例のデータをコンピュータに記憶させておけば，瞬時に検索と出図ができるとともに，図面の変更作業の簡易化，数多くの設計案の検討や解析のためのコンピュータシミュレーションができ，検討時間が短縮され，労力と費用が大幅に節減される．またCAM（キャム）(computer aided manufacturing)（コンピュータ援用生産方式）と連動して生産の合理化に寄与できる．

このようにして作られた一つのまとまった機械，あるいは機械部分に関する図面を，通常，概案図という．この概案図に対して検討や修正が加えられて最終案が決定されるが，これは，製作図中の組立図，または部分組立図に相当するものである．

1.3.3 製作図その他の作成

製作図（工作図ともいう）は，工場や作業場で使用される図面の総称で，設計者の意図を完全に，分かりやすく作業者その他に伝える内容をもつものであるが，そのうちの部品図は，上述のようにして得られた組立図や部分組立図から作られる．

機械製作では，一つの部品を完成するにも多くの関係者の協力を要するも

ので，同じ図面を多数必要とする．このために複写図が用意される．複写図としては，旧来の青写真に代わって，現在ではほとんど白写真が使われる．場合によっては，ゼログラフィ法による図面も使われる．この方法では図面の拡大や縮小もできるので便利である．なお，複写図をさらに多数必要とする場合には，印刷することもある．

原図は原則として，一つの機械に対しては1組，一つの部品に対しては1枚しか用意されないもので（場合によっては，第二原図を用意することもある）．企業にとって最も重要な技術資料の一つであり，これの取扱いと管理には厳重な規制をするのが通例である．

製作図以外の系統図，基礎図，外形図その他についても製作図と同様にして原図を作り，図面の配布はすべて複写図による．

1.4 工業規格と製図規格

社会の進歩に伴って，工業組織が大きくなると，鉱工業製品の種類と数量は，極めて膨大になる．この場合，生産能率を高め，品質の向上と保証がなされ，良品を安価多量に供給できるようにするということは，国家的見地からも極めて重要なことである．このため，各国とも工業標準化[14]には力を入れている．

この活動の一環として，各種の工業規格が制定されている．

14) 工業標準化の詳細については，JIS総目録（毎年発行）中の「我が国の工業標準化事業」の項を参照のこと．

1.4.1 工 業 規 格

日本における工業規格は，戦前の日本標準規格JES（ジェス）(Japanese Engineering Standard) に始まって，現在の日本工業規格（JIS）（ジス）(Japanese Industrial Standard) に至っている．JISは**表1.3**に示すように，18部門にわたって制定[15]されているが，各規格は，例えば"JIS B 0001-2003 機械製図"のように，日本工業規格であることを示すJISの後に部門記号B，分類番号を示す4桁の数字0001（前の2桁は，各部門の分類を，後の2桁は，原則として決定した順序を示す）．その後の2003は，制定または改正の

1.4 工業規格と製図規格

表 1.3 日本工業規格（JIS）の部門分類

部門記号	部門名称	部門記号	部門名称
A	土木建築	L	繊維
B	機械	M	鉱山
C	電気	P	パルプ及び紙
D	自動車	Q	管理システム
E	鉄道	R	よう業
F	船舶	S	日用品
G	鉄鋼	T	医療機器
H	非鉄金属	W	航空
K	化学	Z	一般及び雑

表 1.4 主要な外国工業規格

規格様式	規格統一機関 名称	略号	設立年	性質	規格記号
イギリス式	イギリス規格統一協会	BSI	1901	民間	BS
	フランス規格統一協会	AFNOR	1918	官制	NF
	カナダ工業品規格統一協会	CSA	1918	民間	CSA
	ベルギー規格統一協会	IBN	1919	民間	NBN
	オーストラリア規格統一協会	SAA	1921	官民	AS
	デンマーク規格統一協会	DS	1923	官民	DS
	国際標準化機構	ISO	1947		ISO
ドイツ式	ドイツ規格統一協会	DIN	1917	民間	DIN
	スイス規格統一協会	SNV	1918	民間	SNV
	オランダ規格統一協会	NNI	1918	民間	NNI
	ハンガリー工業品規格統一協会	MSZH	1920	官民	MSZ
	イタリア工業品規格統一中央委員会	UNI	1921	官民	UNI
	スウェーデン規格統一委員会	SIS	1922	官民	SIS
	ソビエト連邦規格統一委員会	GOST	1923	官制	GOST
	ノルウェー規格統一委員会	NSF	1923	民間	NS
	フィンランド規格統一委員会	SFS	1923	官民	SFS
英独式	アメリカ合衆国規格協会	ANSI	1918	民間	ANSI
	日本工業標準調査会	JISC	1921	官制	JIS

1章　機械製図概説

行われた年号を,機械製図は,規格の名称を示す.なお,制定[15]された規格については,3年ごとに日本工業標準調査会で見直しが行われ,必要に応じて改正され,技術の進歩その他に対し,時代の実情に適合するよう,常に更新されることになっている.

> 15) JIS規格の詳細な目録については,日本規格協会発行のJIS総目録参照のこと.

なお,国家規格だけでは細部にまでわたって,必ずしも十分というわけにはいかないので,その中から各企業に適する規格を選び,さらにその企業の特殊性に従って適当に整理補足し,その企業に適合した企業規格(工場規格,会社規格,社内規格)を作ることがある.また,場合によっては,特定の団体の目的に適合するような団体規格[16]を作ることもある.

> 16) JIS総目録中の「JIS以外の官公庁規格・団体規格」参照のこと.

前述のような主旨から,世界各国においてもそれぞれ工業規格を制定しているが,その中でもわが国と関係の深いものを**表1.4**に示す.特にISO(アイ・エス・オー)規格(国際標準化機構(International Organization for Standardization)制定)は,各国の規格のよりどころとなってきている.

1.4.2　製図規格

上述のような工業規格の一環として,わが国においては,製図方式についても国家規格が定められている.これにより,国家規格に従わないで製図が行われる場合の不具合,すなわち,各会社工場間における図面に対する疑義や誤解などによる混乱を避けることができる.

わが国における製図規格は,1930年(昭和5年)に制定された"日本標準規格JES第119号製図"に始まり,JIS Z 8302　製図通則(1952年に制定され,数次の改定を経て1983年まで続いた)に至り,その間各種の製図関係規格が制定されてきた[17].

> 17) 製図関係規格の変遷その他については,JIS Z 8310　製図総則の「製図規格の体系化について　解説」参照のこと.

近年において,各規格特に製図関係規格の国際性が問題となり,ISO規格との整合性が強調されることになった.このため,製図関係JIS規格の見直

1.4 工業規格と製図規格

表 1.5 製図規格の体系

規格の分類	規格番号	規格名称	関連国際規格
総則	Z 8310	製図総則	ISO 8015
用語	Z 8114	製図用語	
①基本的事項に関する規格	Z 8311	図面の大きさ及び様式	ISO 5457
	Z 8312	製図に用いる線	IOS 128
	Z 8313	製図に用いる文字	IOS 3098/1
	Z 8314	製図に用いる尺度	ISO 5455
	Z 8315	製図に用いる投影法	ISO 128, ISO 2594
②一般的事項に関する規格	Z 8316	製図における図形の表し方	ISO 128
	Z 8317	製図における寸法記入方法	ISO 129
	Z 8318	製図における寸法の許容限界記入方法	ISO 129, ISO 406, ISO 8015
	B 0021	幾何公差の図示方法	ISO 1101
	B 0022	幾何公差のためのデータム	ISO 5459
	B 0023	最大実体公差方式	ISO 1101/2, ISO/DP 2692
	B 0031	表面形状の図示方法	ISO 1302
③部門別に独自な事項に関する規格	A 0101	土木製図（通則）	ISO 128, 4068, 4069
	A 0150	建築製図通則	ISO 128, 1047, 1048/R 1790, 2595, 4068, 4069
	B 0001	機械製図	ISO 128, ISO 129
④特殊な部分・部品に関する規格	B 0002	ねじ製図	ISO 6410
	B 0003	歯車製図	ISO 2203
	B 0004	ばね製図	ISO 2162
	B 0005	転がり軸受製図	
	B 0041	センタ穴の図示方法	ISO 6411
⑤図記号に関する規格	Z 3021	溶接記号	ISO 2553
	A 0151	建具記号	
	B 0125	油圧及び空気圧用図記号	ISO 1219
	B 8601	冷凍用図記号	ISO 2563
	C 0301	電気用図記号	IEC 117
	C 0303	屋内配線用図記号	
	C 0401	シーケンス制御用展開接続図	IEC 113
	Z 8204	計装用記号	ISO 3511/1, ISO/DIS 3511/2, /3, /4
	Z 8205	配管図示記号	
	Z 8207	真空装置用図記号	ISO 3753
	Z 9201	熱勘定線図記号	
	──	運動機構図記号	ISO 3952/1, 2, 3 ISO/DIS 3952/4
⑥CADに関する規格	B 3401	CAD用語	
	B 3402	CAD機械製図	

1章　機械製図概説

表 1.6　機械製図に関連のあるその他の規格

規格番号および名称
JIS B0401　寸法公差およびはめあい
B0403　鋳造品—寸法公差方式および削り代方式
B0405　普通公差—第1部：個々に指示がない長さ寸法および角度寸法に対する公差
B0408　金属プレス加工品の普通寸法公差
B0410　金属板せん断加工品の普通公差
B0411　金属焼結品普通許容差
B0415　鋼の熱間型鍛造品公差（ハンマおよびプレス加工）
B0416　　　〃　　　（アプセッタ加工）
B0417　ガス切断加工鋼板普通許容差
B0419　普通公差—第2部：個々に指示がない形体に対する幾何公差
B0601　表面性状
B0610　転り面うねりの定着および表示
P0138　紙加工仕上寸法

しとともに，機械製図と建築・土木製図その他を含めて汎用性が検討されることになった．その結果，現在までに確立された製図規格の体系は，**表1.5**のようになっている．なお，前記以外で機械製図に関連のある規格を**表1.6**に示す．

1.5　品物の形状表示

1.5.1　品物の形状表示の一般的方法

機械製図といえば，品物の形を示す図形を描いて，これに寸法を記入することと思われているくらいに図を描くということが製図の中でも大きな仕事となっている．

立体的な品物の形状を平面的な紙の上に描いて示す方法を含めて，一般に品物の形を示す手段としては，

(1)　品物そのもの
(2)　品物の模型（実物大または縮尺，拡大で）
(3)　写真
(4)　絵画または略画
(5)　投影による図

などによる方法があげられる．これらの中で，品物を作る場合に役立つ形状指示方法は，投影法の中にある．

1.5.2 投　影　法*

投影法とは，三次元的である品物の形を，二次元の平面上に図形として表現する方法で，平らなスクリーン（投影図）の前または後に置かれた品物に対して光線を当てることによって，そのスクリーンに品物の画像を得るようにし，これによって品物の形や大きさなどを分からせようとするもので，そのやり方によって種々の方法がある（**図 1.3** 参照）．

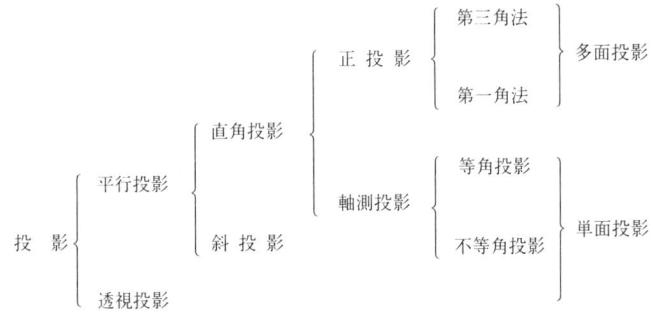

図 1.3　各種の投影法

（1）　透視投影法

この投影法は，写真で撮ったような図形を描き表す方法で，建築，土木，

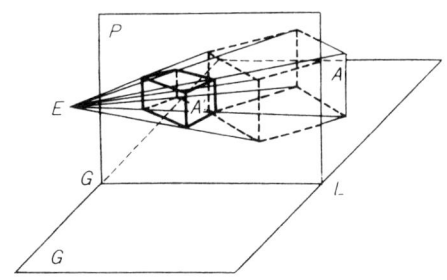

E：目（視点）
P：ガラス板（画面）
G：基面
GL：基線
E からの放射線：視線
A：品物
A'：透視図

図 1.4　透視投影の原理

＊参照 JIS 規格：JIS Z 8315　製図に用いる投影法および JIS B 0001　機械製図　8.投影法

1章　機械製図概説

工芸関係で多く用いられるが、機械の場合には実用上の効果が少ないのでほとんど使われていない。**図1.4**に透視投影法の原理を、また、**図1.5**に透視投影図の一例を示す。なお、この投影法では、有限の距離にある一点（視点という）から出る光線を投射して行うが、その他の投影法では平行光線を使用する。

（2）斜投影法

この投影法では、品物の1側面を画面に平行に置き、画面に対して斜めの方向から平行光線を投射する。JIS Z 8315 製図に用いる投影法では、斜投影法の中で、**図1.6**に示すような

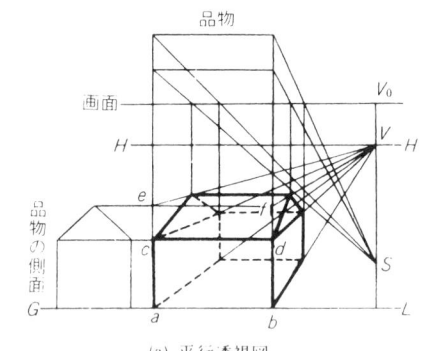

(a) 平行透視図

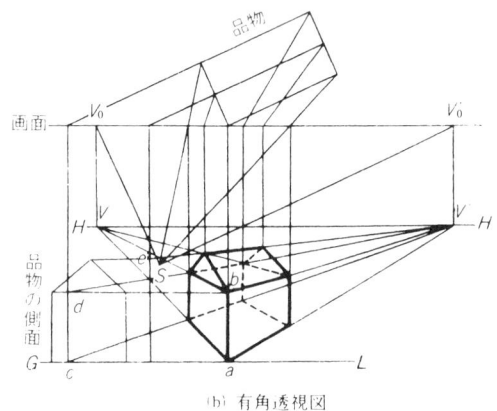

(b) 有角透視図

図 1.5　透視投影

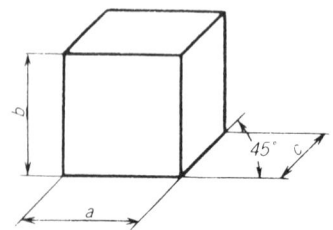

(a) 立方体の場合（図形上の寸法は、$a:b:c=1:1:\frac{1}{2}$）

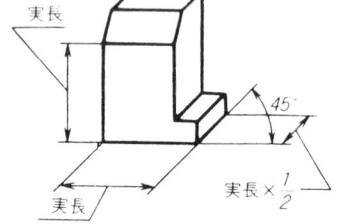

(b) 一般の場合

図 1.6　キャビネット図

1.5 品物の形状表示

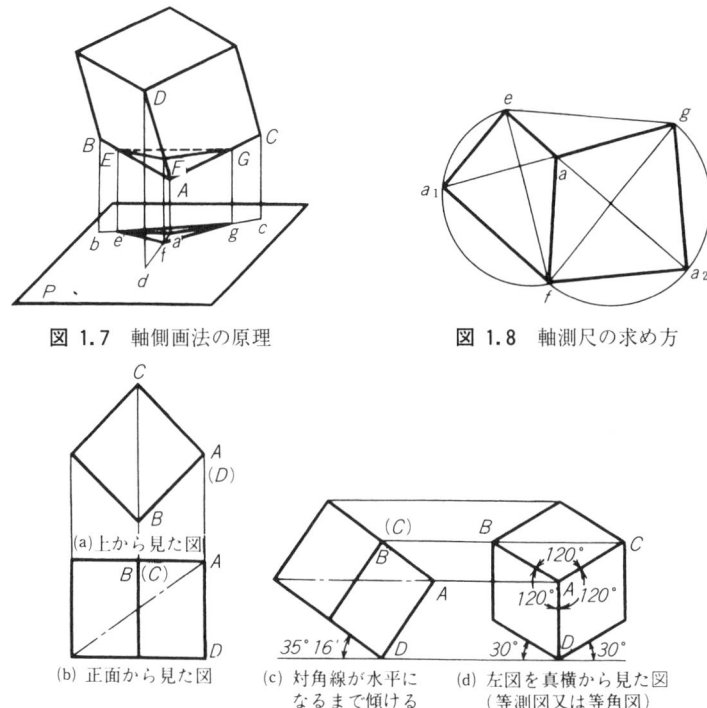

図 1.7 軸側画法の原理　　図 1.8 軸測尺の求め方

図 1.9 立方体の等測図
(a) 上から見た図
(b) 正面から見た図
(c) 対角線が水平になるまで傾ける
(d) 左図を真横から見た図（等測図又は等角図）

キャビネット図を使うことを指定している．この画法は，透視投影法に比べて操作が簡単のため，後述の等角図とともに，説明用の図を描くのに用いられる．

（3） 軸測投影法

この投影法では，平行光線を投影面に直角に投射するが，品物の座標面を投影面に対して傾斜して置くようにする．**図1.7**に軸測投

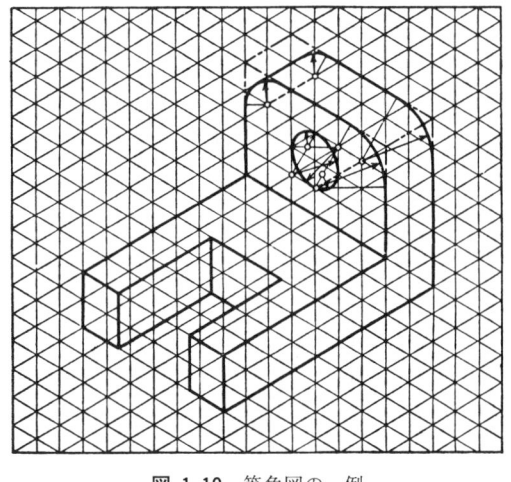

図 1.10 等角図の一例

19

影法の原理を，図1.8に軸測尺の求め方を示す．なお，3座標軸の投影が互いに120°になるような軸測投影法を等角投影法，これによって描いた図を等角投影図という（図1.9参照）．等角投影図では，軸測尺が0.816となるので，実用上は縮尺の代わりに実長を使うことが多い．この図を等角図といい，斜眼紙を使うと作図が容易になる（図1.10）．

（4）投影法のまとめ

以上はいずれも**単面投影**（単一投影）による方法で，絵画的製図法ともいわれている．これらの斜投影と軸測投影を特に**テクニカル・イラストレーション**（Technical Illustration）（略称TI）と呼んでいる．単面投影では，品物の形を理解しやすいという利点はあるものの，細部の形状や寸法を正しく示すには不適当で，機械工業で使用する説明図を描く場合にのみ利用されている．なお，JIS Z 8315では，TIの中で**キャビネット図**と**等角図**だけが規定されている．

いままでに述べていないのは，正投影法だけであるが，これは機械製図の基礎となるものであるので，次項において述べることにする．

1.5.3 正投影法

前項で述べた画法は，いずれも一つの投影面に品物の形を投影する方式で

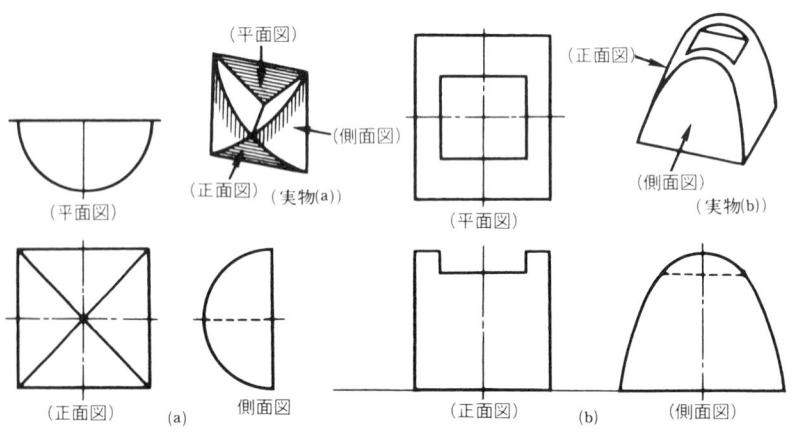

図 1.11　実物と第三角法による投影図の例

1.5 品物の形状表示

あったのに対し，正投影法では，二つ以上の投影面を使い，投影面に垂直な平行光線を品物に当てて，その形状を投影面に写し出そうとするものである．この画法は，形と寸法を正確に表すことのできる唯一の方法であって，工業用製図における図形表示方法の基礎となっている．
ただし，図面に描かれた図形は，品物を目で見る場合の感じとは異なり，また，二つ以上の投

図 1.12 主投影面と角(象限)

影面に描かれた図面を見比べながら判断しないと，品物の真の形は分からないので，この画法を理解していない場合には，分かりにくいのが通例である（**図 1.11**）．

図 1.12 は，正投影の場合の主投影面と角（象限）の関係を示すもので，品物を第三角（第三象限）に置いて投影する方を**第三角法**[18]（**図 1.13**(a)参照），品物を第一角（第一象限）に置いて投影する方法を**第一角法**[19]（**図 1.13**

(a) 第三角法　　　　　　　　(b) 第一角法

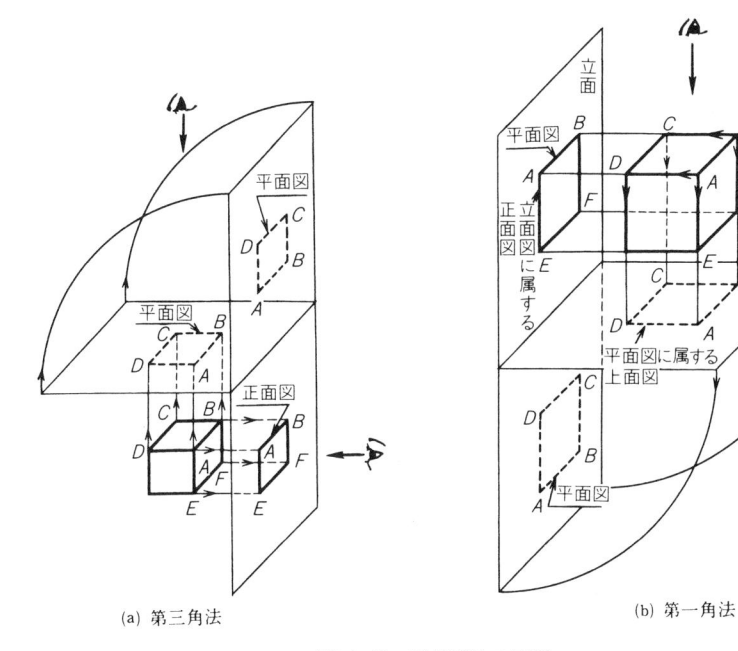

図 1.13 正投影法の原理

(b) 参照）という．

18) JIS Z 8315 および JIS B 0001 では，投影図は，第三角法によって描くことになっている．

19) ISO では，第三角法と第一角法の両方が規定してあり，そのいずれを用いてもよいことになっている．ただし，そのいずれを用いたかは，図 1.14 に示す記号を図面に付記しておく．

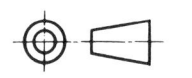

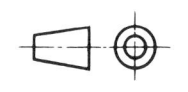

(a) 第三角法の記号　　(b) 第一角法の記号

図 1.14　投影法を示す記号

第三角法が第一角法と比較して有利とされている点は下記のとおりである．

(1) 第三角法で描かれた図形は，品物の展開図に等しく，実物の理解が容易である．

(2) 第三角法で描かれた図形のうち隣り合わせたものは，互いに近い部分を表しているので，比較対照するのに都合がよい．

(3) (2)の理由により，寸法を記入する個所は，両投影図の中間として合理化できる．

(4) 後述の補助投影図では，第三角法による場合が多い．

第三角法における投影図を展開すると，図 1.15 のようになる．なお，実用

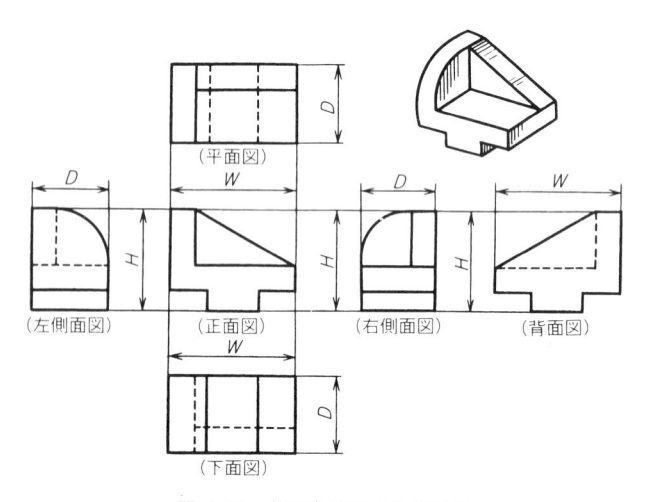

図 1.15　第三角法による投影例

上は，正面図，平面および側面図（右または左）の三つの投影図で間に合う場合が多く，この場合の投影図を三面図という．

1.6　Ｉ　Ｓ　Ｏ

　工業標準化を進めるために，国家としての規格を定めることは，各国にとって必要なことであるが，さらに各国の規格が共通になれば，国際間の技術交流上極めて有益である．このために国際機関が設けられている．現在代表的な機関としては，国際標準化機構（ISO（アイ・エス・オー））（International Organization for Standardization）と国際電気標準会議（IEC）（International Electrotechnical Commission）の二つがあり，それぞれ各種の国際規格の作製に当たっている．ISO や IEC のメンバーとなっている諸外国の標準化機関は，自国の国家規格を ISO 国際規格や IEC 国際規格に合わせることに積極的である．日本では差し支えない限り JIS 規格を ISO 規格や IEC 規格に整合させるようにしている．

　ISO の前身に当たるものは，1928 年に設立された万国規格統一協会（ISA）（International Federation of National Standardizing Association）で，この協会はスイスに本部をおいて，世界における標準化の促進を図るため，国際的な規格統一を行っていたが，1942 年ごろから戦争のために機能を停止するに至った．戦後同様の目的のため，1947 年 15 カ国の加入の下に国際標準化機構（ISO）が新しく結成され，1985 年では 91 カ国が加盟している．日本は日本工業標準調査会（経済産業省産業技術局規準認証ユニット）の名で加盟している．

　ISO の組織は，総会，理事会のほかに，規格を作るために技術専門委員会（Technical Committee, 略称 TC）およびその下部組織として分科会（Sub Committee, 略称 SC）が設けられている．なお，SC の作業を助けるために作業班（Working Group, 略称 WG）をおくことが多い．TC の数は，1985 年で 186 である．

　製図関係の規格は，TC 10 製図（Technical Drawing）で作られている．TC 10 について日本は始め O メンバー（Observing Member）であったが，1970 年からは，P メンバー（Participating Member）となって専門委員会での議決

23

権を持ち，審議に積極的に参加するメンバーとなっている．なお，ISO 全体に対しては，アメリカ，イギリス，フランス，ロシア，ドイツとともに日本は永久理事国の取扱いを受けており，多くの TC あるいは TC/SC の幹事国としての業務を担当している．

2章　製図の基礎

2.1　製図用具とその使用法*

　製図をするには，製図器をはじめとして，各種の器具や用具，消耗品を必要とする．よい図面を能率よく製作するには，これらの選択について吟味するとともに，それらの使用法に十分習熟する必要がある．

2.1.1　製図用具

　製図用具には，製図器（drawing instrument）（図形を描くための器具で，通常は，コンパス類[1]，ディバイダ，からす口（烏口）などをいう），製図用ペン，製図板，定規類，スケール（物差），分度器，型板（テンプレート），消し板（字消し板），羽根ぼうきなどがある．
　また消耗品としては，製図用紙，製図用テープ，鉛筆類[2]，墨汁または製図用インキ，消しゴムなどがある．なお，T定規，三角定規，分度器，スケール，平行定規などの機能を備えた製図機械（drafting machine）（主としてプーリ式（アームタイプ）とトラック式）が普及し，製図能率の向上に役立っている（図2.16参照）．
　表2.1には，作業別使用製図用具を示す．
　　1）　コンパスには，大コンパス，中コンパス，スプリングコンパスなどがあるが，最近では中車（なかぐるま）式の大コンパスが出回っており，かなり小さな円まで正確に描けるので，円用テンプレートを併用すれば，大小の円や円弧を描くには十分である．
　　2）　鉛筆の心の硬さには，9H〜H, F, HB, B〜6B の17種があるが，製図では

---

*参照 JIS 規格：JIS Z 8114　製図用語

2章　製図の基礎

表 2.1　作業別使用製図用具

作　　業	使　用　製　図　用　具
製図用紙を製図板に貼り付ける	製図板 にトレース紙を貼る前に，製図板上に ケント紙 又は下敷用の ビニールシート を貼っておく．なお，用紙類を製図板に貼るには， 製図用テープ を使用する． （画鋲は好ましくない）
線を引く 　　水平線と垂直線 　　任意の斜線 　　円及び円弧 　　曲　　線	T定規 と 三角定規 （大：240〜300 mm，小：100〜150 mm 各1組）． T定規 ， 三角定規 ， 直定規 及び 分度器 ． 大コンパス ：半径10〜150 mm（中継ぎを使用すれば半径250 mm前後まで描ける）． 中コンパス ：半径5〜70 mm． スプリングコンパス ：半径12〜13mm以下 ドロップコンパス ：半径5 mm以下． ビームコンパス ：大コンパスに中継ぎを使っても描けないような大きな円が描ける． R定規 ， 型板 ：丸穴用，かど用，すみ（隅）用． 雲形定規 ， 自在曲線定規 ， しない定規 ．
寸　法　の　基　準	スケール （物差）（300 mm）， 三角スケール （縮尺用）．
寸　法　を　移　す	ディバイダ ， 比例コンパス （寸法を定数倍するときその他）．
筆　記　関　係	鉛筆 （4 H〜HB）（すべての線をH又はF，HBで書くことが望ましい）． 消しゴム ， 字消し板 （一部分だけ消すときに使用する）． 羽根ぼうき ． からす口 又は 製図用ペン（万年筆） ｝（墨入れ用）． 墨汁 ， 製図用インキ ．
用　紙　関　係	トレース紙 （元図用，原図用）， プラスチックフィルム （原図用） 方眼紙 （元図用，スケッチ図用）．（ケント紙に製図することは好ましくない）．

注：(1)　製図器 は，コンパス類，ディバイダ，からす口などをいい，通常はケース入りとなっており，数の少ないものは2本組から多いもので24組まである（英式と独式がある）．
　　(2)　製図機械 は，T定規，三角定規，スケール及び分度器などの機能を兼ね備えているものである．

HB，FまたはHを用いる（JIS Z 8312　製図に用いる線の解説参照），また，線の太さを一定に保って描くためには，呼称 0.3 mm（実際には 0.37～0.39 mm），0.5 mm（実際には，0.55～0.58 mm），0.7 mm（実際には 0.69～0.73 mm）の芯をシャープペンシルで使い，希望の太さの線を描くようにする．

2.1.2　製図用具の使用法

図面は，正確で明瞭かつきれいに，また，能率よく迅速に描かなければならない．このためには，製図用具の使用法を合理的に行う必要がある．

（1）　製図者と製図用具の位置

図面を描く場合には，立った姿勢で行う場合（製図板が $15°～20°$ 傾斜している場合）と，いすに腰掛けて行う場合（製図板が $45°$ 前後に立ててある場合）とがあるが，いずれにしても正しい図形が容易に描け，しかも，長時間作業しても疲れず，健康にも悪影響のない姿勢があることが必要である．なお，照明は 500 ルクス程度に明るいことが望ましい．

製図用具は，頻繁に使うものと，あまり使わないものとに分けて置き，また，その位置を決めておいて，汚れない図面を能率よく製作できるように心掛けることが必要である．

（2）　製図用紙の張り付け方

製図用紙は，製図板のやや左下に平均に押し付けながら，ドラフティングテープでしっかり止める．なお，トレース紙を製図板に張り付ける場合には，下敷（ケント紙のような厚手の白紙または下敷用ビニールシート）を使うようにする．

（3）　鉛筆の削り方と使い方

線引きや文字書きなどに使う鉛筆は，図 2.1 のように削る．鉛筆の削り方が不適当であると，きれいな線が引けない．なお，図示のように仕上げた鉛筆，またはシャープペンシルで線を引く場合には，鉛筆を進行方向に約 $60°$ 傾け，親指と人差し指との間でゆっくり回転させながら，一様な速さ

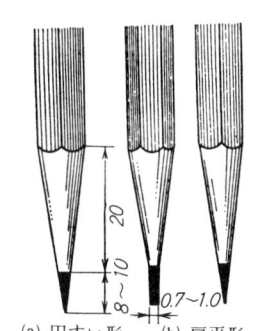

(a) 円すい形　　(b) 扁平形
（文字と線引き用）（旧式の線引き専用）

図 2.1　鉛筆の削り方

2章　製図の基礎

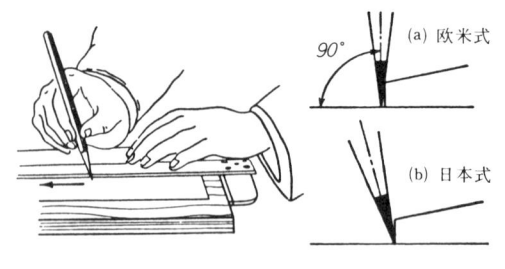

図 2.2　鉛筆による直線引き

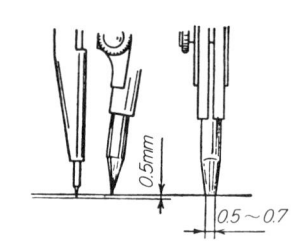

図 2.3　コンパス用鉛筆心の削り方

で一様な線を引くようにする（図2.2）．

コンパス用の芯の削り方と取付け方については図2.3に示す．なお，芯は細線が描ける程度にとがらせておく．

（4）　からす口の調整と使い方

図面に墨入れする場合には，からす口か製図用ペンを使うが，鮮明な線を引くには，よく調整されたからす口のほうがよい．からす口の調整の要点は，油と石を使って左右の刃の長さをそろえ，刃先の形を小円形に整えたうえ，各刃先の外側を半円形になるように研ぎ，各刃先で紙が切れる寸前の鋭さに仕上げる．

からす口で線を引く場合には，からす口の刃の間に適量の墨を含ませたうえ，刃の開きを適当にして希望の太さが得られるように調節する．からす口の定規への当て方は図2.2(a)と同様にする．線の引き方は，紙に当てたからす口には力を入れずに軽くもち，からす口の重さだけで一定の速度で一気に引く．なお，元図の線が常に正しくからす口で引く線の中央になるように注意する．

（5）　T定規と三角定規の検査

真直ぐな線が引けるためには，T定規や三角定規の縁が真直ぐになっていなければならない．これを検査するには，図2.4と図2.5のようにし，線が不良の場合には，定規の出張っている部分をナイフの刃を立

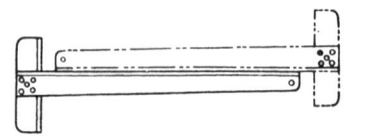

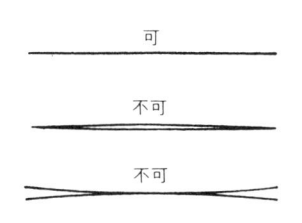

図 2.4　定規の直線度検査

2.1 製図用具とその使用法

てて軽くこすって削り取り修正する．

（6） T定規と三角定規による線の引き方

a） 水平線 水平線は，常にT定規の上縁を案内として引かれる．この際，T定規の頭部を製図板の左端に左手で押し付けるようにして押え，鉛筆の使い方のところ

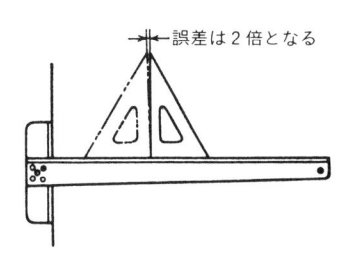

図 2.5 三角定規の直角度の検査

で述べた要領で左から右に向かって鉛筆を動かして線を引く．

b） 垂直線 垂直線は，T定規に三角定規を当てて引く．この際，三角定規の直角端は左に向けて，線は下から上に向けて引く（**図2.6** 参照）．

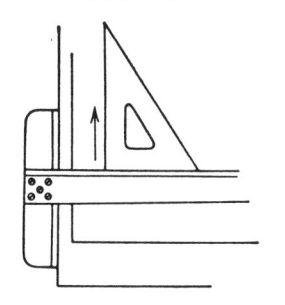

図 2.6 垂線の引き方

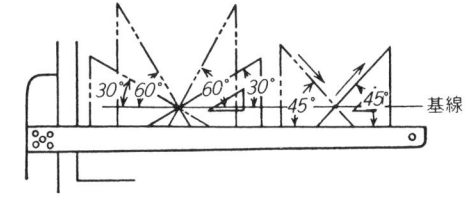

図 2.7 30°，45°，60° の傾斜線の引き方

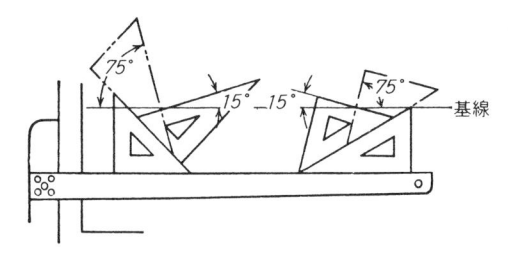

c） 斜線 水平線と30°，60°，45° をなす斜線を引くには，T定規と三角定規を使って**図2.7** のようにして引く．また水平線と15°，75° の傾斜

図 2.8 15°，75° の傾斜線の引き方

をした線を引くには，30° と45° の定規を組み合わせて**図2.8** のようにする．

d） 水平以外の平行線 この場合は，1枚の三角定規とT定規あるいは他の三角定規を組み合わせて線を引く（**図2.9** 参照）．

e） 与えられた直線に垂直な線 この場合も1枚の三角定規とT定規あるいは他の三角定規を組み合わせて線を引く（**図2.10** 参照）．

（7） 雲形定規による曲線の描き方

コンパスで描くことのできない曲線を描く場合に雲形定規を使用する．こ

2章 製図の基礎

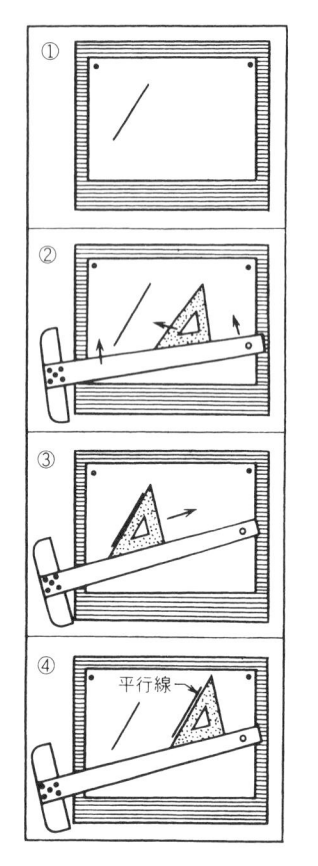

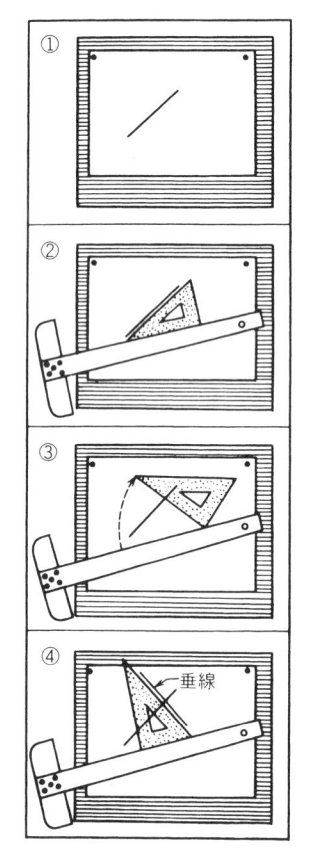

図 2.9 水平線以外の平行線の引き方　　図 2.10 与直線に垂直な直線の引き方

れには多数の雲形定規の中から図 2.11 のように少なくとも 4 点以上で一致するような曲線の部分を探し出し，点に合わせてから定規を使って 2, 3 の点を結ぶ．このようにして順次点を結んでいくときれいな曲線を描くことができる．

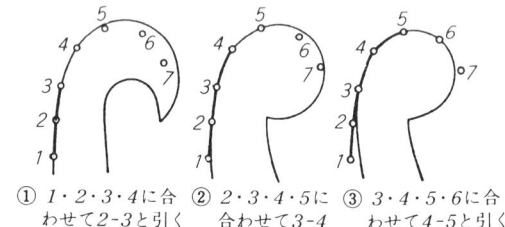

① 1・2・3・4 に合わせて 2-3 と引く
② 2・3・4・5 に合わせて 3-4 と引く
③ 3・4・5・6 に合わせて 4-5 と引く

図 2.11 雲形定規の使い方

2.1 製図用具とその使用法

(8) ディバイダの使い方

スケールから寸法をとるときは，図2.12のように2本の脚をそれぞれくすり指と小指，人差し指と中指ではさんで動かしながら開きを調節し，図2.13のようにスケールの中央部の目盛に当てて寸法を取った後，図2.12のようにして紙の上に移す．

同じ間隔を線上に取っていく場合には，図2.14のようにする．

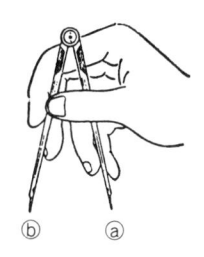

図 2.12 ディバイダの脚の開閉

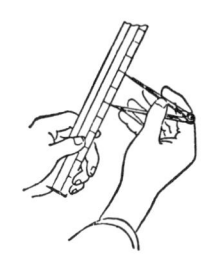

図 2.13 ディバイダによる寸法のとり方

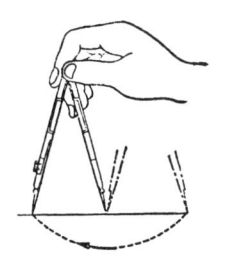

図 2.14 ディバイダによる等分のとり方

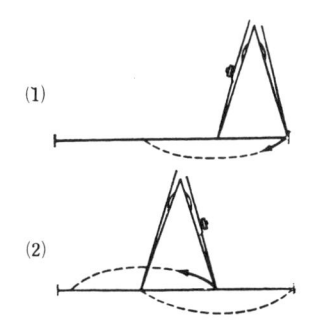

一定の線分を3等分する場合には，まずディバイダの脚を開いて目測により線分の1/3とし，図2.15のように線分をおよそ3等分する．このとき最後の部分がab残ったとすると，abの1/3だけ脚の開きを大きくして前の操作を繰り返す．これを2〜3回行えば線分を正確に3等分することができる．なお，円周の等分の場合も同じ要領で行うことができる．

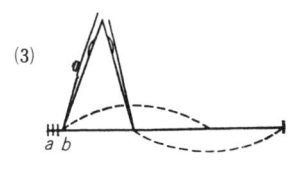

図 2.15 ディバイダによる線分の3等分

2章 製図の基礎

(9) コンパスの使い方

　コンパスで円を描く場合には，コンパスの針先を円の中心にしっかり当て，コンパスを線を引く方向に少し傾けるようにして円を描く．針先をあまり強く紙を押し付けると大きな穴があき，同心円をいくつも描く場合に不正確となるので注意を要する．これをできるだけ防ぐためにも，同心円は半径の小さいものから描くのがよい．また，中心器の利用も一つの方法である．

　コンパスで太い線を描く場合には，コンパスの芯は細い線が描ける程度に削っておき，半径をわずかに変えることを2～3度繰り返して太くすると，希望の太さの濃い円が描ける．

(10) 製図機械の取り扱い上の注意

　製図機械（図 2.16 参照）は，極めて便利で能率のよい機械ではあるが，その取扱いや調整保守には十分注意し，操作に当たっては決して無理な力を加

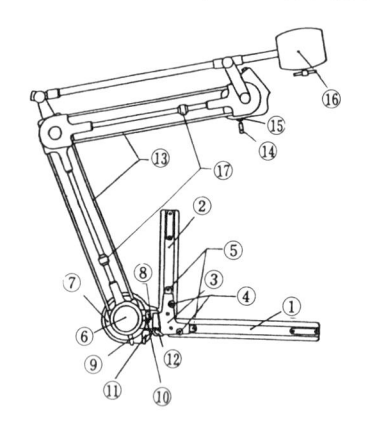

(a) アームタイプ　　　　　(b) トラックタイプ

① 横スケール　　　　　⑨ 基準線レバー　　　　⑰ 支桿緊張ねじ
② 縦スケール　　　　　⑩ インデックスレバー　　⑱ 横レール
③ スケール取付け板　　⑪ 角度固定レバー　　　⑲ 横レール移動盤
④ スケール固定モール　⑫ 微動レバー　　　　　⑳ 横ブレーキレバー
⑤ スケール直角調整ねじ ⑬ ベルトカバー　　　　㉑ 縦レール
⑥ ハンドル　　　　　　⑭ スケール密着固定レバー ㉒ 縦レール移動盤
⑦ 分度盤　　　　　　　⑮ 調整ねじ　　　　　　㉓ 縦ブレーキレバー
⑧ バーニア　　　　　　⑯ バランスウェイト　　　㉔ トラックガイド

図 2.16　製図機械

2.2 図面の大きさおよび様式

えてはいけない．**表 2.2** には主な製図機械の形式と使用製図板の傾斜を示す．製図機械取扱い上注意すべき主なことは，

表 2.2 製図機械の種類

種	類	製図板の傾斜
アームタイプ	バランスウェイト方式	45°～80°
	レバー方式及びバランサ方式	0°～20°
トラックタイプ		0°～80°

a) 製図板への取付けは，スケールの可動範囲ができるだけ大きくなるような位置を選び，取付け用万力でしっかり製図板に固定する．これのゆるみは，正確な平行線を描けなくする．また取付け後ハンドルを動かして，スケールの浮上がりのないことを確認する．場所によってスケールが浮き上がるようであれば，製図板が平らでないか，取付けが悪いことになる．後者の場合には，取付けを調節して修正する．

b) スケールは，いっぱいに差し込んでから固定ねじで締め付ける．取付けが悪いと直角度が出ない場合がある．

c) 角度固定ねじ，分度盤固定ねじ，スケール直角調整ねじなどによってスケールの水平と直角を調整する．

d) バランスウェイトのある場合には，その取付け位置としては，スケールが任意の位置で静止するように選ぶ．

e) プーリ式の機械で線の平行度が悪い場合には，ベルトのゆるみによることが多いので，製図板への取付け，角度固定ねじの締め具合に異常がない場合には，支桿緊張ねじを回転してベルトを緊張させる．

f) スケールは，かなり硬いプラスチックでできているが，砂ぼこりなどでこすれてくもってきた場合には，歯みがきを布きれに付けて強くこすると透明になる．

2.2　図面の大きさおよび様式*

（1） 図面の大きさは，**表 2.3** に示した A 列サイズ[3]を用いる．ただし，延長する場合には，延長サイズを用いる．

＊参照 JIS 規格：JIS Z 8311　図面の大きさおよび様式
　　　　　　　　　JIS B 0001　機械製図 4.図面の大きさ・様式

33

2章　製図の基礎

3) 紙加工仕上げ寸法は，JIS P 0138 によって定められており，幅と長さの比は $1:\sqrt{2}$ である．紙の大きさには，A列（A0の面積は約 $1\,m^2$）とB列（B0の面積は約 $1.5\,m^2$）とがあるが，製図では，A列を使う．大きさの呼びは，A列4番（エーレツヨンバン）またはA4（エーヨン，またはエーフォア）などと呼ぶ．

(2) 図面は，長辺を左右方向に置いて用いるのが正位である．ただし，A4は，短辺を左右方向に置いてもよい．

表 2.3　図面の大きさの種類および輪郭の寸法

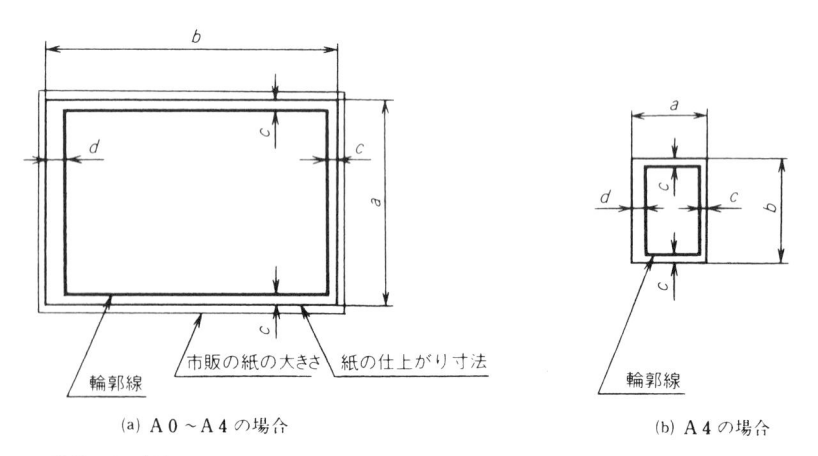

A列サイズ					延長サイズ				
			d（最小）					d（最小）	
呼び方	寸法 $a \times b$	c（最小）	とじない場合	とじる場合	呼び方	寸法 $a \times b$	c（最小）	とじない場合	とじる場合
—	—	—	—	—	A0×2	1189×1682	20	20	25
A0	841×1189	20	20	25	A1×3	841×1783	20	20	25
A1	594× 841	20	20	25	A2×3	594×1261	20	20	25
					A2×4	594×1682	20	20	25
A2	420× 594	10	10	25	A3×3	420×891	10	10	25
					A3×4	420×1189	10	10	25
A3	297× 420	10	10	25	A4×3	297× 630	10	10	25
					A4×4	297× 841	10	10	25
					A4×5	297×1051	10	10	25
A4	210× 297	10	10	25	—	—	—	—	—

(a) A0～A4 の場合

(b) A4 の場合

備考　d の部分は，図面をとじるために折りたたんだとき，表題欄の左側になる側に設ける．

（3） 図面には，表2.3の寸法により，太さ0.5mm以上の輪郭線を設ける．

（4） 図面には，その右下隅に表題欄を設け，原則として，図面番号，図名，企業（団体）名，責任者の署名，図面作成年月日，尺度および投影法を記入する（図3.120参照）．

（5） 図面には，JIS Z 8311によって，中心マーク，比較目盛，必要に応じて図面の区域や折りたたみ線の指示を行う（図2.17）．

（6） 複写した図面を折りたたむ[4]場合には，その折りたたんだ大きさは，原則としてA4とする．

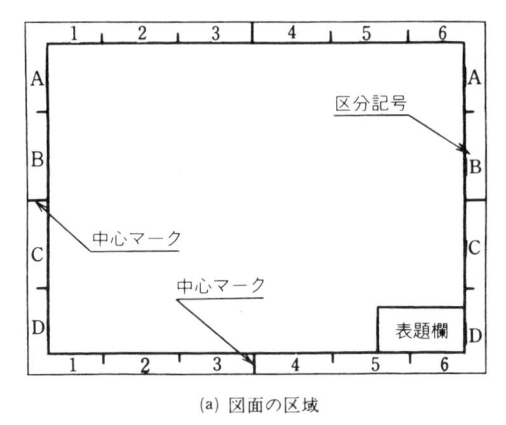

図 2.17　図面の区域，中心マークおよび比較目盛

4） 原図は，折りたたまないのが普通である．原図の保管は，平らのままか，巻いて行う．巻く場合には，その内径を40mm以上にするのがよい．

2.3　機械製図に用いる尺度*

機械およびその部品の寸法は，極めて大きいものから極めて小さいものまでさまざまある．これに対して，この形を描き表す用紙の大きさはA0～A4の5種類に限られている．このため，図面に描かれる図形の大きさは，常に実物と同じ寸法，すなわち，現尺というわけにはいかず，場合によっては実物の寸法よりも小さい寸法，すなわち，縮尺で図を描いたり，あるいは，実物の寸法よりも大きい寸法，すなわち，倍尺で描く必要が起こる[5]．

5） 組立図や装置図などは，縮尺で描くのが普通であるが，部品図は，なるべく

---

*参照 JIS 規格：JIS Z 8314　尺度および　JIS B 0001　機械製図 5.尺度

2章 製図の基礎

現尺で描くようにする．

（1） 尺度は，A：Bで表す．ここで，Aは描いた図形の寸法，Bは対象物の実際の長さとする．なお，現尺の場合には，A，Bともに1，縮尺の場合には，Aを1，倍尺の場合には，Bを1として示す．

（2） 尺度の値は，**表 2.4** による．

表 2.4 尺度の値

尺度の種類	使用区分	推奨尺度	中間の尺度
現 尺		1 : 1	
縮 尺		1 : 2　　1 : 5　　1 : 10	1 : $\sqrt{2}$　　1 : 2.5
		1 : 20　　1 : 50　　1 : 100	1 : $2\sqrt{2}$　　1 : 3　　1 : 4
		1 : 200	1 : $5\sqrt{2}$
倍 尺		2 : 1　　5 : 1　　10 : 1	$\sqrt{2}$: 1
		20 : 1　　50 : 1	$2.5\sqrt{2}$: 1　　100 : 1

備考　中間の尺度はISOには規定していない．尺度$\sqrt{2}$ はコピー機でA0図面をA1図面に縮尺したときの図形寸法は，もとの寸法の1：$\sqrt{2}$になる．

（3） 尺度は，図面の表題欄に記入する．なお，多品一葉図面や部分拡大図などで，同一図面の中で異なる尺度を用いるときは，その異なる尺度をその図の付近に記入する．

図形が寸法に比例しない場合には，その旨を適当な個所に明記する．

なお，尺度の表示は，見誤るおそれがない場合には，記入しなくてもよい．

2.4　機械製図に用いる線*

2.4.1　線の性質と線の種類

紙類の上に描かれる線に属する性質には，色，濃さ，形，太さ，長さ，つながりなどがある．機械製図では図形その他多くの指示が線や文字，記号などによって行われるが，図面を見る人に対して見にくさや見誤りなどによる間違いや不便を与えないためには，図面に描かれている線が，それぞれの使

---

*参照 JIS 規格：JIS Z 8312　製図に用いる線および　JIS B 0001　機械製図 6．線

2.4　機械製図に用いる線

用区分に従って明瞭に描かれ，これによってきれいな複写図が得られるようにしなければならない．

（1）線の色と濃さ

鮮明な複写図を得るためには，十分に濃い黒色の線を用いる．なお，鉛筆書きの場合の判定は，線を水平に近い斜め方向から見た場合，線から十分な反射光が得られる程度とする．ただし，鉛筆書きの線を指でこすっても線がぼけない程度に鉛筆が紙に十分乗っている必要がある．

（2）線の形と太さ

機械製図では上述のように黒一色の線しか使わないので，図形その他の表

表 2.5 用途別[1]による線の形と太さの種類[2]の組合わせ

線の太さ[3] ＼ 線の形	実　線		破　線		一点鎖線		二点鎖線	
極太の線	薄肉部の単線図示線	──						
太い線	外形線	──	かくれ線	━ ━ ━	特殊指定線	─・─		
細い線	破断線	∿	かくれ線	- - - -	中心線[4]	─・─	想像線	─・・─
					基準線	─・─	重心線	─・・─
	寸法線寸法補助線	↔			ピッチ線	─・─		
	引出線	／／			切断線[5]	┐└		
	回転断面線							
	ハッチング	/////						
	特殊な用途の線							

備考　1）表2.5に示した用途別の線によれない線を用いた場合には，その線の用途を図面中に注記する．
　　　2）図面で2種類以上の線が同じ場所に重なる場合には，外形線，かくれ線，切断線，中心線，重心線，寸法補助線の順序で優先させて描く．
　　　3）細線，太線及び極太線の太さの比率は1：2：4とする．なお，線の太さの基準は0.18mm，0.25mm，0.35mm，0.5mm，0.7mm，1mm，1.4mm および 2mm
　　　4）中心線が短いときには，細い実線で描く．また簡略に表す場合には，細い実線を用いる．
　　　5）他の用途と混用のおそれのないときは，端部及び方向の変わる部分を太くする必要はない．

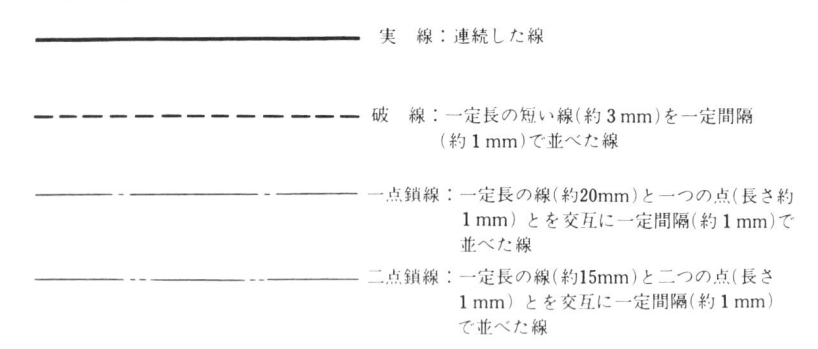

2章　製図の基礎

```
━━━━━━━━━━━━━━━━━━━　実　線：連続した線

━━ ━━ ━━ ━━ ━━ ━━ ━━　破　線：一定長の短い線(約3mm)を一定間隔
　　　　　　　　　　　　　　　　　　　(約1mm)で並べた線

━━━━ ・ ━━━━ ・ ━━━━　一点鎖線：一定長の線(約20mm)と一つの点(長さ約
　　　　　　　　　　　　　　　　　　　1mm)とを交互に一定間隔(約1mm)で
　　　　　　　　　　　　　　　　　　　並べた線

━━━━ ・・ ━━━━ ・・ ━━━━　二点鎖線：一定長の線(約15mm)と二つの点(長さ
　　　　　　　　　　　　　　　　　　　1mm)とを交互に一定間隔(約1mm)
　　　　　　　　　　　　　　　　　　　で並べた線
```

図 2.18　線の形による種類

示をはっきりさせるため，JIS規格では線の形と太さの組合わせを定め，用途に応じて使い分けるようにしている．すなわち，線の形による種類は**図 2.18** に示す4種類とし，線の太さについては，細線，太線，極太線の3種類（太さの比率は1:2:4）とする．なお，太さの基準は，0.18 mm，0.25 mm，0.35 mm，0.7 mm，1 mm，1.4 mm および 2 mm であるが，通常細線は 0.25〜0.35 mm，太線は 0.5〜0.7 mm とする．線の用途に応じた形と太さの組合わせを**表 2.5** に示す．

（3）　線の位置と間隔

線の太さ方向の中心は，線の理論上描くべき位置の上にあるようにする．

互いに近接して描く線と線の間隔（中心距離）は，原則として平行線の場合，線の太さの3倍以上とし，線と線のすきまは 0.7 mm 以上にすることが望ましい（**図 2.19**(a)）．

また，密集する交差線の場合には，その線間隔を線の太さの4倍以上とする（**図 2.19**(b)）．さらに，多数の線が一点に集中する場合には，紛らわしくない限り，線

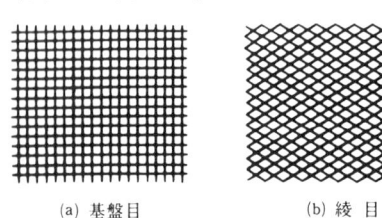

　(a) 基盤目　　　　(b) 綾目

図 2.19　平行線および交差線の場合の線間隔　　図 2.20　放射線の場合の線間隔

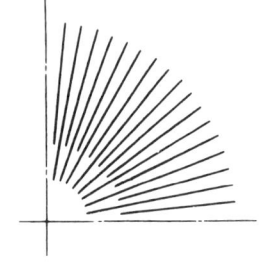

2.4 機械製図に用いる線

間隔が線の太さの約3倍になる位置で線を止め，点の周囲をあけるようにする（図 2.20）．

2.4.2 用途による線の種類

表 2.5 に示す用途による線の種類について説明すると次のようになる（図 2.22 参照）．

　（1）　**実線**（continuous line）

　a）　**外形線**（visible out line）（太い実線）　この線は，対象物の見える部分の形状を示す（図 2.22 参照）．外形線を描く場合の注意事項としては，①同一図面においては，線の濃さと太さが一定していること，②線のつながり部分に段が付かないこと，③角の部分が崩れたり離れたりしないこと，④余分の線がはみ出さないこと，⑤曲線と接線の描き方に注意すること（以上の②～⑤については図 2.21 参照）などである．

　b）　**破断線**（break line, line of limit of partial or interrupted view and section）（不規則な波状の細い実線またはジグザグ線）

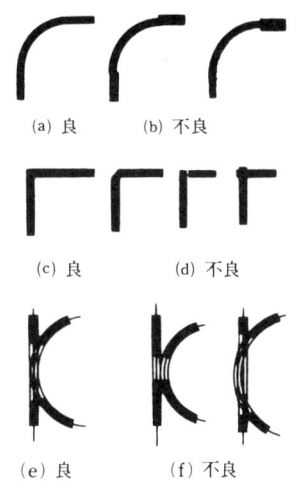

図 2.21　線のつなぎ目（拡大図）

この線は，対象物の一部を破った境界，または一部を取り去った境界を表すのに用いられる線で，不規則な波形を描くにはフリーハンドによる（図 2.22 参照）．

　c）　**寸法線**（dimension line）および**寸法補助線**（projection line または extension line）（いずれも細い実線）　寸法線は，対象物の寸法を記入するために，その長さや角度を測定する方向に外形線に平行に引く線が寸法線であり，通常は両端に矢印を付ける．

寸法補助線は，寸法線を記入するために図形から引き出す線で（図 2.22 参照），寸法線から 2～3 mm 出張るようにする．なお，場合によっては寸法線を直接図形中に描き込んで，寸法補助線を使わないこともある（図 3.60 参照）．

2章 製図の基礎

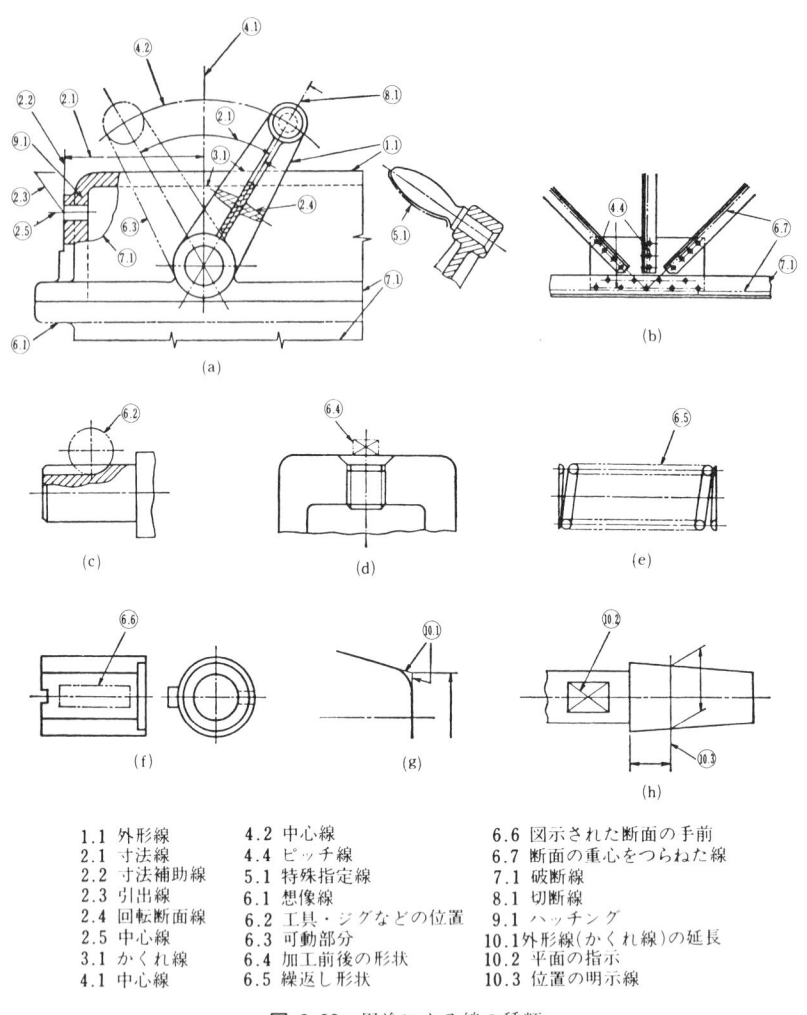

```
1.1 外形線          4.2 中心線           6.6 図示された断面の手前
2.1 寸法線          4.4 ピッチ線         6.7 断面の重心をつらねた線
2.2 寸法補助線      5.1 特殊指定線       7.1 破断線
2.3 引出線          6.1 想像線           8.1 切断線
2.4 回転断面線      6.2 工具・ジグなどの位置  9.1 ハッチング
2.5 中心線          6.3 可動部分         10.1 外形線(かくれ線)の延長
3.1 かくれ線        6.4 加工前後の形状   10.2 平面の指示
4.1 中心線          6.5 繰返し形状       10.3 位置の明示線
```

図 2.22 用途による線の種類

d) 引出線 (leader line)（細い実線）　この線は，加工上の注意書その他を書く場合や部品番号の記入の場合に使う線で，先端には矢印を付ける．ただし，狭い場所の寸法線に引出線を付けて寸法を示す場合には矢印を付けない．また，部品に引出線を付ける場合，部品の外部からの場合には矢印を，内部から引き出す場合には先端に黒星を付ける（図 2.22 および図 3.118 参照）．

2.4 機械製図に用いる線

e) **回転横断線** (outline of revolved sections in place)(細い実線) この線は，図形内にその部分の切口を90°回転して表すとき使う．

f) **ハッチング** (hatching；section line)(細い実線で，規則的に並べたもの) この線は，切口などを明示する目的で，その面上に施す平行線の群[6]である．ただし，ハッチングを描くことは，非常に手数がかかるので，特に必要がある場合以外は使用しない[7]．ハッチングは，水平線に対して右上がりまたは左上がりの45°の線を2～3 mmの等間隔で引く．ただし，図形の関係で45°の線では図形と平行になって図形が見にくくなるような場合には，角度は適当に変更する（**図 2.23**）．なお，二つ以上の部品が接触している場合には，斜線の方向を変えるか間隔を変える（図2.23参照）．また，同一品物の場合には，切口が離れていても同一の斜線を引く．

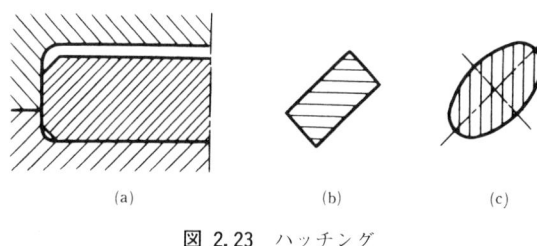

図 2.23　ハッチング

6) ハッチングの線はできるだけ細いのがよく，遠くから見た場合に目立たず，その上に直接文字を書いても差し支えない程度にすることを推賞する人もいる．
7) 切口を示すには，ハッチングの代わりにスマッジング (smudging)（切口などを明示する目的で，その面上に施す色付け）を施すことが多い．スマッジングは，通常トレース紙の裏面から切口の周辺を幅3～5 mmで赤鉛筆などで薄く塗る．なお，この原図を使ってゼログラフィ法で複写すると，線とスマッジングの区別がつかなくなるおそれがあるので注意を要する．

　以上のように，切口を特に示すためには，ハッチングとスマッジングの方法があり，特に外国の図面ではハッチングを施すことになっている場合が多いが，図をよく見るとどこが切口であるかが分かるので，日本の図面では必ずしもハッチングをしなくてもよい．

g) **特殊な用途の線** (line for special requirement)(細い実線および極太の実線) 細い実線は外形線やかくれ線の延長を表したり，平面であることを示したり，位置を示す場合に使用する（図2.22参照）．なお，極太の実線は薄肉部を単線で示す場合に使用する（図3.53参照）．

41

(2) 破線 (dashed line)

この線は，かくれ線（hidden outline）（細い破線または太い破線）としてだけ使われるもので，対象物の見えない部分の形を表す．細い破線と太い破線はいずれを使ってもよいことになっているが，人によってどちらかを推賞している（旧 JIS では，破線は中間の太さとなっていた）．考え方によっては，外形線がかくれた場合には太く，ねじ底の線などの場合には細くするのも一方法かもしれない．いずれにしても破線をきれいに描くには時間がかかり，また図形が複雑になって分かりにくくなることもあるので，必要最小限に止めるべきである．かくれ線を描く場合の注意事項は，図 2.24〜図 2.28 参照のこと．

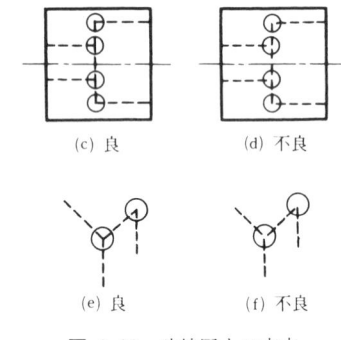

(c) 良　　(d) 不良

(e) 良　　(f) 不良

図 2.26　破線同士の交点

(a) 良　　(b) 不良

図 2.24　破線の拡大図

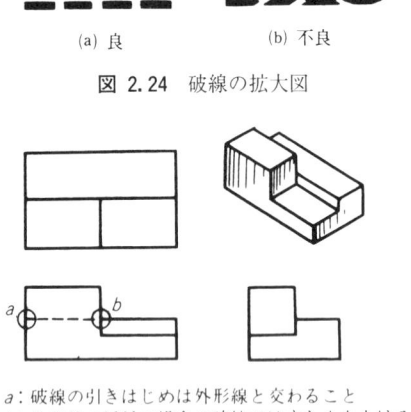

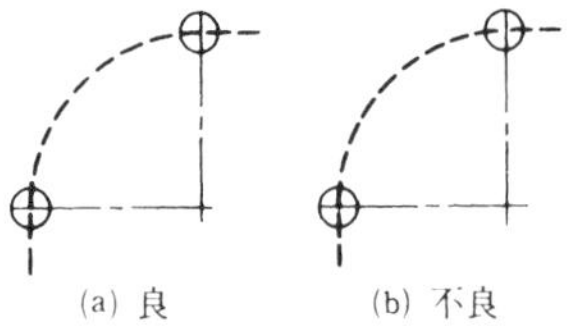

(a) 良　　(b) 不良

図 2.27　破線の円弧

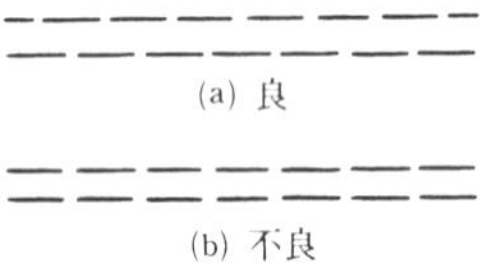

a：破線の引きはじめは外形線と交わること
b：外形線の延長の場合の破線ではすきまをあける

(a) 良

(b) 不良

図 2.25　破線と外形線の交わり

図 2.28　接近して平行している破線

(3) 一点鎖線 (chain line)

a) 特殊指定線（太い一点鎖線）　この線は，品物の一部に特殊な加工を施す場合，その範囲を外形線に平行にわずかに離して引き，特殊な加工に関する必要事項を指示する（図 2.29）．

2.4 機械製図に用いる線

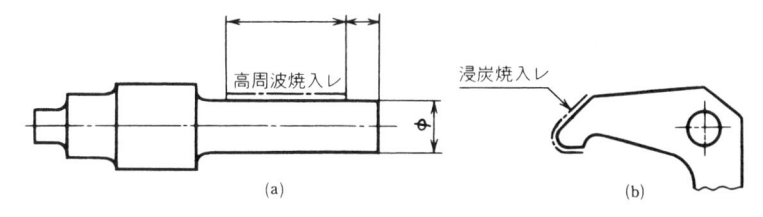

図 2.29 特殊な加工を施す部分を示す線

b） **中心線**（center line） （細い一点鎖線を使うのが普通で，簡略に表すには細い実線を使うことができる）（図2.22 参照） この線は，外形線とともに図形表示上主要な役割をするもので，図形の中心，すべての円の中心（この場合には縦横に十字に入れる．ただし，一方が円弧であれば，それを代用する），穴の中心，対称の中心，機構上の中心，運動の中心などに入れる．中心線についての注意事項としては，

(1) ダッシュの長さは 20～30 mm とする．
(2) 中心線が短い場合には，細い実線で描く．
(3) 中心線は外形線より 3～4 mm 出るようにし，不必要に長く出してはいけない．
(4) 中心線の交差は，短線部分を避ける．また円の中心線では中心が空白になったり，一方の線だけになることをしない．
(5) 軸，棒，みぞなどの長手方向に垂直な中心線，板の厚さや幅の中心線などは，図形上は対称であっても製作上や機能上不必要であれば描かない．
(6) 丸みの半径の中心には，特別の場合以外中心線は描かない．
(7) 正面図，側面図，平面図などがある場合，中心線は図形ごとに独立して描き，隣の図形にわたってつなげて描いてはいけない．

中心線のうち図形全体に対するものを基本中心線（primary center line），図形の一部分に関するものを副中心線（secondary center line）といい，図形を描く場合には，まず基本中心線から描き始めるようにする．また図形各部の寸法は中心線を基準として示される．

c） **ピッチ線**（pitch line）（ピッチ線が円になる場合にはピッチ円（pitch circle）という）（細い一点鎖線） この線は，繰返し図形のピッチをとる基準

2章　製図の基礎

となる線で，数個の穴が1組となって同一円周上に配置されているような場合の円周を示す円をピッチ円という（図2.30）．なお，歯車の場合，歯先と歯元の境界を示す線もピッチ線（ラックの場合）またはピッチ円という．

d）**切断線**（line of cutting plane）（細い一点鎖線）　この線は，断面図を描く場合，その切断位置を対応する図に表す線で，その両端およ

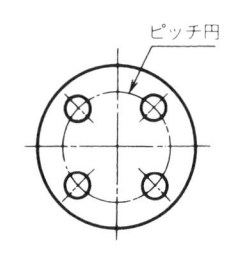

図2.30　同一円周上にある穴に関するピッチ円

び屈曲部などの要所を太い線（長さ約5 mm）とする．なお，両端に入れる太い短い線は，外形線からわずかに離して，他の線とまぎらわしくないようにする．また，切断線の両端に投影方向を示す矢印を付ける（図2.22参照）．ただし，矢印によって投影の方向を示す必要がない場合には，これを省略してもよい．

(4)　二点鎖線（chain double-dashed line）

a）**想像線**（imaginary line）（細い二点鎖線）　この線は，図示上の便法として，品物の外形を下記のように仮想的に表す場合に使用する．

(1)　図示された断面の手前にある部分を表す場合（図2.22(f)）．
(2)　隣接部分を参考に表す場合（図2.22(a)）．
(3)　加工前の形を表す場合（図2.22(d)）．加工後の形を表す場合，例えば素材図に加工後の形を想像線で示す．
(4)　移動する部分を移動した個所に表す場合（図2.22(a)）．
(5)　工具，ジグの位置を参考に示す場合．
(6)　繰返しを示す場合で，一部分の形が違うだけで他は全く同じ形をした2種の部品の場合，同様な図を二度繰り返して描く手数を省くためと，両者の相違点を明らかにするため，一つの部品図上に異なる部分だけを想像線で示すことがある（図2.31）．

半数ハ穴ヲコノ位置ニアケル

穴の位置を異にする二つの部品

図2.31　繰返しを示す線

b）**重心線**（centroidal line）（細い二点鎖線）　この線は，軸に垂直な断面の重心を連ねた線（図2.22(b)）．

2.4.3 線の優先順位

図形の中で種類の異なる線が重なる場合には，重なった部分だけを次の優先順序で上位にあるもので描く（**図 2.32**）．

①外形線，②かくれ線，③切断線，④中心線，⑤重心線，⑥寸法補助線．

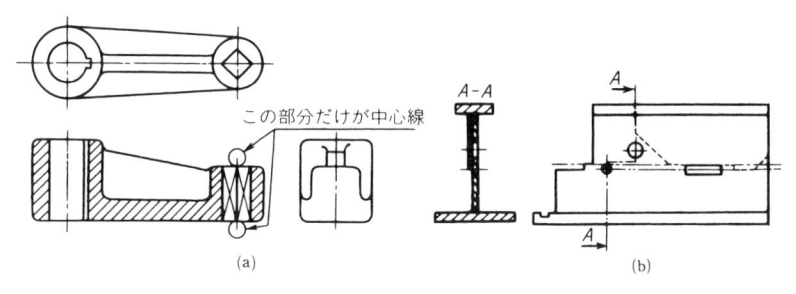

図 2.32 種類の異なる線の重なり

2.5 文　　字*

製図では図形が正しくきれいに描かれて見やすくなければならないと同様，文字についても誤読のおそれのないよう正確，明瞭，ていねいな美しい字体（JIS で定められている）で書き，自己流は避けなければならない．なお，図面の利用者は，原図よりも質の低下している複写図を使うが，これは使用中の汚れや破損によって不鮮明になることが多い．また，複写図をマイクロフィルムから作る場合やゼログラフィによることもあるので，原図の文字は極力はっきりさせておく必要がある．

（1） 漢字と仮名

機械製図に用いる漢字はかい書，外来語は片仮名とする．従来は，図面上の仮名はすべて片仮名であったが，今後は外来語以外は平仮名でもよいことになっている．ただし，混用をしてはいけない．なお，外来語の片仮名は混用とみなさない．

---

*参照 JIS 規格：JIS Z 8313　製図に用いる文字および　JIS B 0001　機械製図　7.文字・文章

2章　製図の基礎

（2）　文字の大きさ

表 2.6　文字の大きさ

文字	大きさ mm		大きさの例
漢字	3.5, 5, 7, 10	14, 20	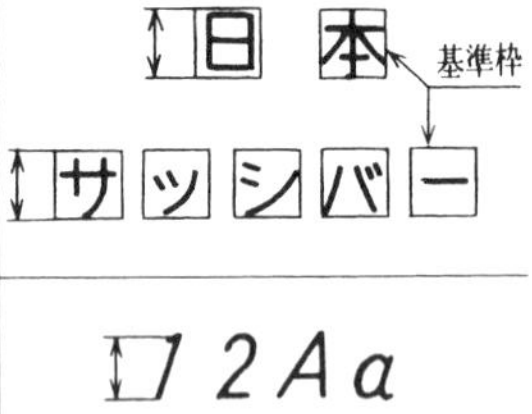 日本　基準枠
片仮名 平仮名	2.5, 3.5, 5, 7, 10	14, 20	サッシバー
数字 英字	2.5, 3.5, 5, 7, 10	14, 20	2Aa
規定している規格	JIS B 0001　機械製図		
	JIS Z 8313　製図に用いる文字		

注　1）漢字および仮名の大きさは正方形の基準枠の高さとする．
　　2）漢字，仮名，数字などを一連の記述に用いるときは，各々の文字の大きさの比率は次のようにするとよい．
　　　　　漢字：仮名，数字，英字＝1.4：1.0
　　3）文字の線の太さは文字の大きさに対して次の比率にするとよい．
　　　　　漢字　1：14
　　　　　仮名，数字，英字＝1：10

文字の大きさは文字の高さで規定している（**表2.6**）．また，文字の大きさの使用区分は**表2.7**に示す．

（3）　漢字および仮名の書体
（図 2.33）

漢字の書体は，JIS Z 8903　機械彫刻用標準書体（常用漢字）に準じる．

表 2.7　文字の大きさの使用区分

適用個所	文字の高さ　mm
特に必要な場合	14〜20
図面番号，図面名称	7〜10
部品番号	5〜7
部品欄，注記	3.5〜7
一般寸法数字	3.5
はめあい記号，粗さ記号	3.5

仮名の書体は，JIS Z 8904　機械彫刻用標準書体（片仮名）およびJIS Z 8906　機械彫刻用標準書体（平仮名）に準じる．

（4）　数字および英字の書体（図 2.34）

数字は主として斜体[8]のアラビア数字を用いる．英字は主としてローマ字のJ形[9]斜体またはB形[9]斜体を用い，混用してはいけない．

　　8）斜体の文字は垂直に対して右に15°傾ける．
　　9）J形の書体は，日本において永く製図用文字として使ってきたもののうち

2.5 文　　字

大きさ　10mm　断面詳細矢視側図計画組

大きさ　7mm　断面詳細矢視側図計画組

大きさ　5mm　断面詳細矢視側図計画組

大きさ　3.5mm　断面詳細矢視側図計画組

大きさ　10mm　アイウエオカキクケ

大きさ　7mm　コサシスセソタチツ

大きさ　5mm　テトナニヌネノハヒ

大きさ　3.5mm　フヘホマミムメモヤ

大きさ　2.5mm　ユヨラリルレロワン

大きさ　10mm　あいうえおかきくけ

大きさ　7mm　こさしすせそたちつ

大きさ　5mm　てとなにぬねのはひ

大きさ　3.5mm　ふへほまみむめもや

大きさ　2.5mm　ゆよらりるれろわん

図 2.33　漢字と仮名の字体

大きさ　10mm　1234567890

大きさ　5mm　1234567890

大きさ　7mm　ABCDEFGHIJKLMN
OPQRSTUVWXYZ
abcdefghijklmn
opqrstuvwxyz

図 2.34　アラビア数字とローマ字の字体（J 形）

1, 4, f, i および t の文字を修正したものであり，B 形の書体は，ISO 3098 に規定する書体 B（肉太のもの）に基づくものである（本書では B 形を割愛した）．

図 2.35 および図 2.36 には，参考までに文字の書き順の一例を示す．

2章 製図の基礎

文字中のすきまは書き方を示すためのもので実際にはすきまをつけない

図 2.35 ローマ字（J 形）の書き方

文字中のすきまは書き方を示すためのもので実際にはすきまをつけない

図 2.36 アラビア数字（J 形）の書き方

（5） 文章の書き方

図面中に表れる文章としては，加工上の注意書（ちゅういがき）とか備考書（びこうがき）くらいのものであるが，原則として文章口語体で左横書きとする．なお，必要に応じて分かち書きとする．

2.6 用器画法

用器画法は，製図用具を使って幾何学的に平面図形や立体図形を紙の上に描くことで，これには平面幾何画法と立体幾何画法とがある．

用器画法は製図の基礎として心得ていなければならないものであるので，その中の主なものについて示す．

2.6.1 平面幾何画法

（1） 直線を2等分する法（図2.37）

線分 AB を2等分する点 E を求めるには，①半径 $AC=BC>\dfrac{1}{2}AB$ で円弧を描き交点を C および D とする．② C と D を結ぶと，CD と AB の交点 E

2.6 用器画法

(2) 与えられた直線の一端に垂線を立てる法
　　（図 2.38）

　直線 AB の一端 B に垂線 BF を立てるには，①B を中心とする円弧 CDE を描く．②CD = DE = CB に取る．③D, E を中心として DF = EF の半径で円弧の交点を F とし，⑤FB を結ぶ．

図 2.37　直線の 2 等分

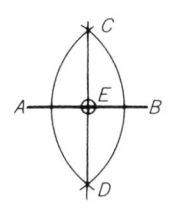

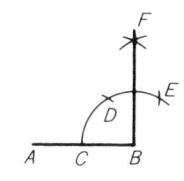

図 2.38　直線の一端に立てた垂線

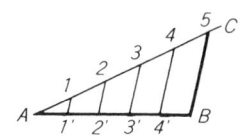

図 2.39　直線の 5 等分

(3) 直線を任意の数に等分する法（図 2.39）

　線分 AB を 5 等分してみる．①A から任意の方向に直線 AC を引く．②AC 上に A1 = 12 = 23 = 34 = 45 を取る．③5B を結びこれに平行に，④44′, 33′, 22′ および 11′ を引く．⑥1′, 2′, 3′, 4′, 5′ によって AB は 5 等分される．

(4) 角を 2 等分する法（図 2.40）

　角 A を 2 等分する直線 AD を引くには，①A を中心として任意の半径で円弧を描く．②円弧と角をはさむ 2 辺との交点を B, C とする．③B, C を中心として任意の半径で円弧を描く．④両円弧の交点を D とし，DA を結ぶ．

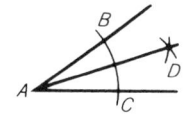

図 2.40　角の 2 等分

(5) 与えられた 3 点（ただし一直線上にない）を通る円を描く法
　　（図 2.41）

　与えられた 3 点 A, B, C を通る円を描くには，（1）と同様にして AB と BC の垂直 2 等分線を引き，その交点を求めると，それが求める円の中心である．

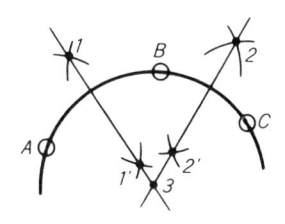

図 2.41　与えられた 3 点を通る円

49

2章　製図の基礎

（6） 一定点より与えられた円に接線を引く法（図2.42）

一定点 P より与えられた円 O に接線を引くには，①PO の中点 C を求め，②C を中心とし，PO を直径とする円を描き，この円が円 O と交わる点を A, B とする．③PA, PB を結ぶとこれらが求める接線である．

（7） 与えられた2直線に接する一定半径の円弧を描く法（図2.43）

与えられた2直線の内側に一定半径 R の円弧を描くには，①2直線の内側にそれぞれ R だけ離れた平行線を引く．②その交点を C とし，C を中心とする半径 R の円弧を描く（図2.43(a)）．

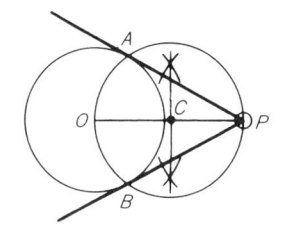

図2.42　定点より与えられた円に接線を引く法

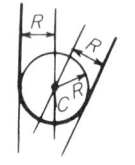

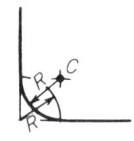

(a) 2直線が任意の角度で交わる場合　　(b) 2直線が直角をなす場合

図2.43　2直線に接する一定半径の円弧

2直線が直角になっている場合には，①2直線の交点を中心として半径 R の円弧を描く．②この円弧と2直線の交点をそれぞれ中心として半径 R の円弧を描く．③両円弧の交点を C とし，C を中心として円弧を描く（図2.43(b)）．なお，実際の製図の場合には，一方の直線の上に，接点になると思われる点を目測で求め，半径 R に開いたコンパスの鉛筆を正確に線の上に乗せ，針を C の付近に下す．これを仮の中心として軽く円弧を描き，他方の直線に接するかどうかを試み，食違いを修正するように2～3回繰り返すことによって正しい円の中心を求めるようにする．このような試行錯誤法（cut and try method）は，慣れることによって早くかつ正確に実施できる．

（8） 三角形に内接する円を描く法（図2.44）

$\triangle ABC$ に内接する円を描くには，①三角形の $\angle B$ の2等分線と $\angle C$ の交点を O とし，O から辺 BC に垂線を下し，その脚を E とする．O を中心に OE を半径とする円が求める内接円で

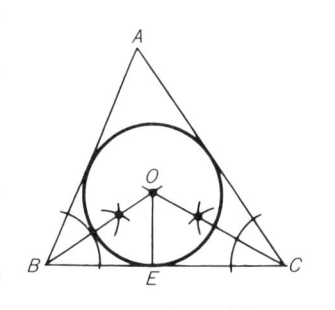

図2.44　三角形の内接円

ある.

(9) 定円に内接する正五角形を描く法（図2.45）

定円に内接する正五角形を描くには，①直交する円の直径ABおよびCDを引く．②OBの中点Eを求める．③Eを中心としECを半径とする円弧とABの交点をFとする．④Cを中心としCFを半径とする円弧と円Oとの交点をGとする．⑤CGが求める正五角形の一辺である．

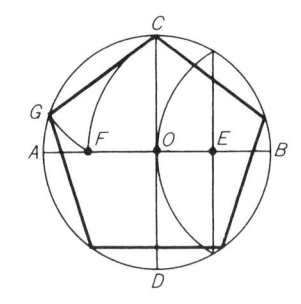

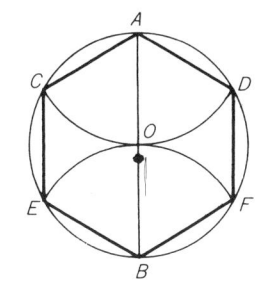

図 2.45 円に内接する正五角形　　**図 2.46** 円に内接する正六角形

(10) 定円に内接する正六角形を描く法（図2.46）

定円に内接する正六角形を描くには，①任意の直径ABを引く．②AおよびBを中心とし，円Oの半径で円弧を描き，円Oとの交点をそれぞれC，DおよびE，Fとする．③$ACEBFD$を結ぶとこれが求める正六角形である．

(11) 二つの焦点および曲線上の点からの距離の和を与えてだ円を描く法（図2.47）

二つの焦点F_1，F_2およびだ円上の点から二つの焦点までの距離の和$2a$を与えてだ円を描くには，①F_1とF_2を結ぶ直線の中点Cを求める．②C点の両側に$CA_1=a=CA_2$をとる．③F_1C上に任意の点1，2，3，……を取る．④F_2を中心として半径$A_2 1$の円を描く．⑤F_1を中心として半径$A_1 1$

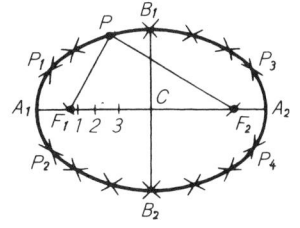

図 2.47 曲線から焦点までの距離の和によりだ円を描く法

の円を描き，両円の交点をP_1とすると，P_1はだ円上の一点となる．⑤同様にしてP_2，P_3……を求めてつなぐと求めるだ円が得られる．

2章　製図の基礎

(12) 糸を用いてだ円を描く法（図2.47参照）

糸を用いてだ円を描くには，①長さ $2a$ の糸の両端を F_1 と F_2 に固定し，P 点に鉛筆を立て，②糸を緊張させたまま鉛筆を動かして曲線を描けば，求めるだ円が得られる．

(13) 長軸と短軸とを与えてだ円を描く法（その1）（図2.47参照）

長軸 A_1A_2 と短軸 B_1B_2 とを与えてだ円を描くには，①B_1 を中心として半径 $\frac{A_1A_2}{2}=a$ を半径とする円を描く．②この円と長軸の交点を F_1 および F_2 とする．③F_1，F_2 はこのだ円の焦点であるから，前述の方法でだ円を描くことができる．

(14) 長軸と短軸とを与えてだ円を描く法（その2）（図2.48）

長軸 AB と短軸 CD とを与えてだ円を描くには，①両軸の交点 O を中心として AB，CD を直径とする同心円を描く．②大円の直径を多く描く．③大円との交点から CD に平行に EG を引く．④小円との交点 F から AB に平行に FG を引く．⑤両線の交点 G はだ円上の一点である．⑥同様にして多くの交点を求めてこれらをつなげると求めるだ円が得られる．

図 2.48　長軸と短軸を与えてだ円を描く法

(15) 長軸と短軸とを与えて近似だ円を描く法（図2.49）

これには，①長軸の端 A と短軸の端 B を結ぶ．②AB 上に $\frac{長軸-短軸}{2}$ の長さ AC をとる．③AC の垂直2等分線と直軸の交点を D，短軸の延長線との交点を E とする．④D を中心として半径 DA，E を中心として半径 EB の円を描く．この二つの円によってだ円の1/4の部分が描ける．

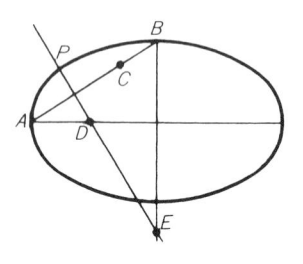

図 2.49　近似だ円

(16) 頂点と主軸が与えられ，任意の点を通る放物線を描く法（図2.50）

頂点 A と主軸 AX が与えられた放物線のうち点 P を通るものを求めるには，①長方形 $AXRQ$ を描く．②AQ と RQ をそれぞれ同じ任意の数に等分す

る（$1'$, $2'$, $3'$……および1, 2, 3……）．③RQの分点1, 2, 3……とAを結ぶ．④AQの分点$1'$, $2'$, $3'$……からAXに平行な線を引き，両者の交点を$1''$, $2''$, $3''$……とする．⑤これらの点を滑らかに結ぶと求める放物線の上半分が得られる．

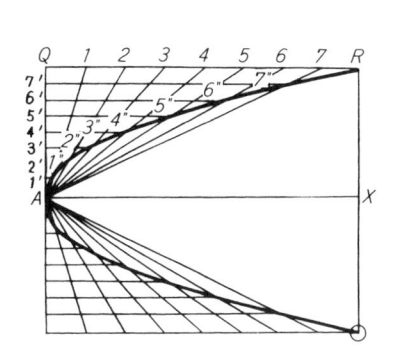

図 2.50 頂点と主軸を与えて任意の点を通る放物線を描く法

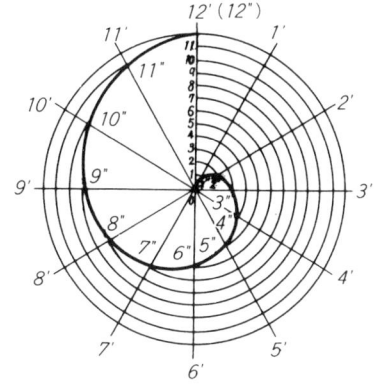

図 2.51 アルキメデスのうず線

(17) 定円内にアルキメデスうず線を描く法（図 2.51）

定円Oの中にアルキメデスうず線を描くには，①定円Oの円周を$1'$, $2'$, $3'$……$12'$と12等分する．②半径$O12'$を12等分して1, 2, 3……12とする．③Oを中心とし$O1$を半径とする円を描く．④この円と半径$O1'$の交点を$1''$とする．⑤$O2$を半径とする円と半径$O2'$との交点を$2''$とする．⑥同様にして$3''$, $4''$……$11''$を求め，これらの点を滑らかにつなげば，$O1''$, $2''$, $3''$……$12''$が求めるアルキメデスうず線である．上記の12等分をさらに数の多い等分にすれば，それだけ正確な曲線が得られる．

(18) 定円のインボリュート曲線を描く法（図 2.52）

定円Oのインボリュートを描くには，①定円Oの円周を任意に等分する．②円周上の一点Aから円Oの接線ABを引きその長さを円周の長さに等しくとり，③円周の等分数と同じに等分する．④円周の分点1

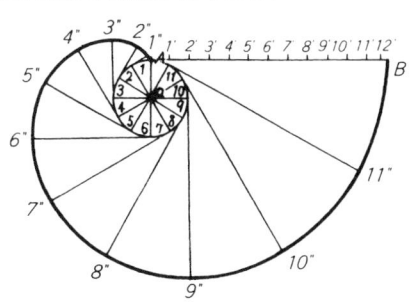

図 2.52 インボリュート曲線

より接線を引いて $1''=A1'$ にとる．⑤同様に $22'=A2'$……にとる．⑥これらの点 $1'', 2'', 3''$……を滑らかに結ぶと求めるインボリュート曲線が得られる．

(19) 円弧の長さに等しい直線を描く法（図2.53）

円弧 AB の中点を C とし，弦 BA の延長上に弦 AC に等しく AD をとる．点 A における弧 AB の接線上に $DE=DB$ となるように E 点をとれば，線分 $AE = \overparen{AB}$ となる（$\overparen{AB}$ の中心角が $90°$ のとき，$AE/\overparen{AB}=0.999573$）．

(20) スパナの大端部の描き方（図2.54）

スパナの大端部の一例についての描き

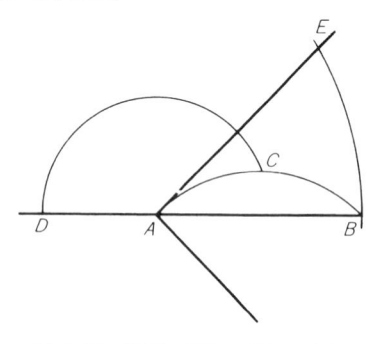

図 2.53 円弧の長さに等しい直線

方を示す．図2.54においては，まず①基本中心線を引く．次に②開口部の中心線を引く．③半径 71 の中心位置，④半径 83 の中心位置，⑤半径 42 の中心位置をそれぞれ開口部中心線上に取る．⑥ A から 61 の距離に中心線に垂直に線を引く（下書き）．⑦半径 83 の円弧を描く（下書き）．⑧開口部中心線と基本中心線の間の角度に対する角度寸法線を引く．⑨半径 71 の円弧を描

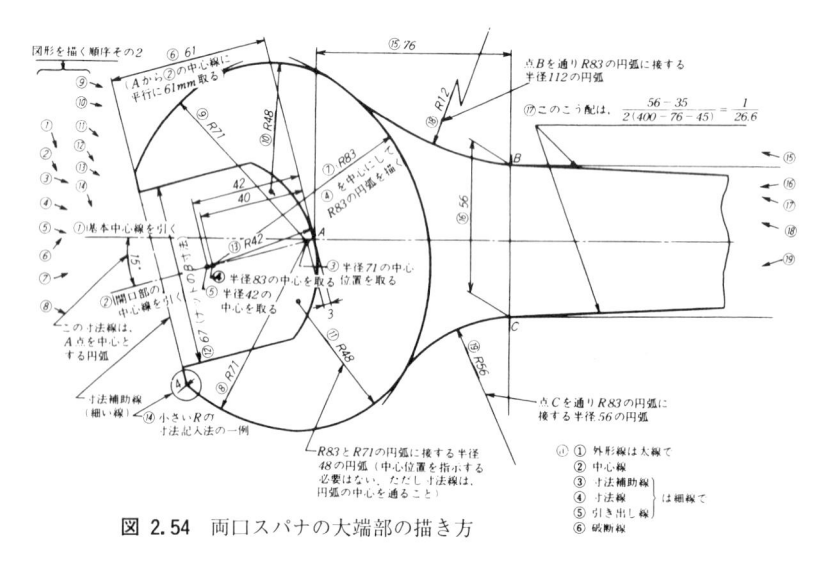

図 2.54 両口スパナの大端部の描き方

く（下書き）．⑩半径 *48* の円弧を描く（下書き）．以下省略するも同様にして作図し，最後に仕上げる．

2.6.2 立体幾何画法

立体幾何画法は，1.5.2で述べた投影画法を含めて，かなり範囲の広いものであるが，ここでは，機械製図に直接関係あると思われることについて簡単に述べる．

（1） 立体の展開

工場においては，一般に，板金作業を行う場合に展開図が必要となる（図2.55）．

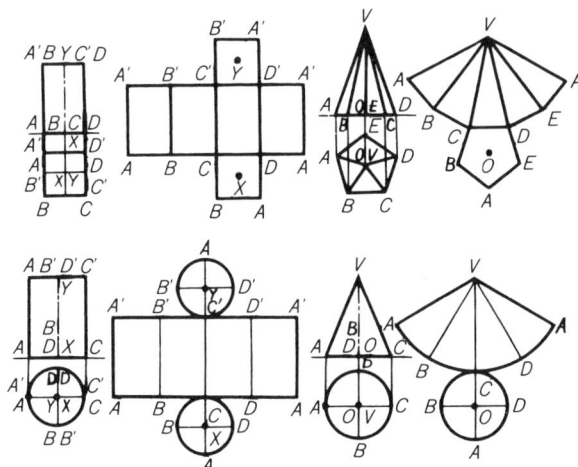

図 2.55 立体の展開図

（2） 立体の切断

機械製図では，対象物の一部を平面で切断する場合の切口を描かなければならないことがある．

図2.56は，連接棒の端部の形を示す．

図2.57は，直立円筒面を45°傾いた平面で切断した場合の切口およ

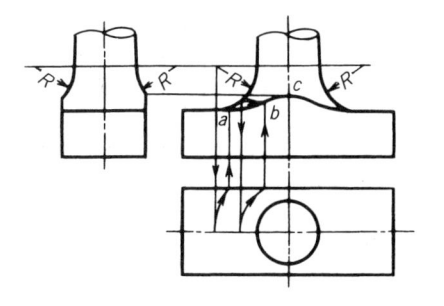

図 2.56 ラッパ状湾曲部の切断面

2章 製図の基礎

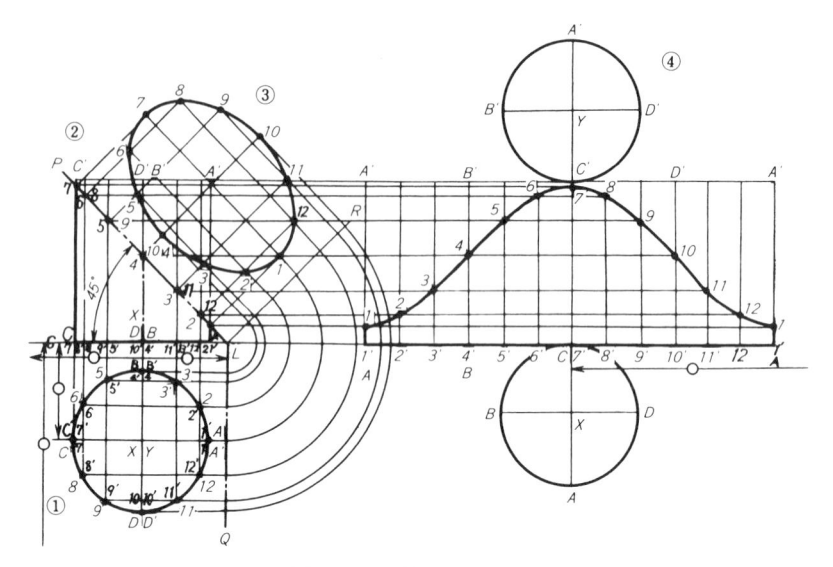

図 2.57 円筒の切断と展開

び展開図の描き方を示す．

(3) 立体の相貫

2個以上の立体が互いに相交わって貫通したものを相貫体といい，立体の相交わる部分に表れる線を相貫線という．

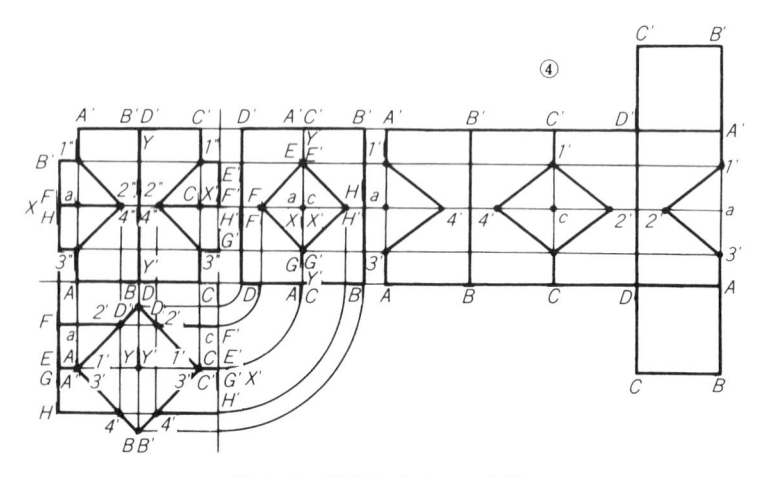

図 2.58 相貫体（2個の四角柱）

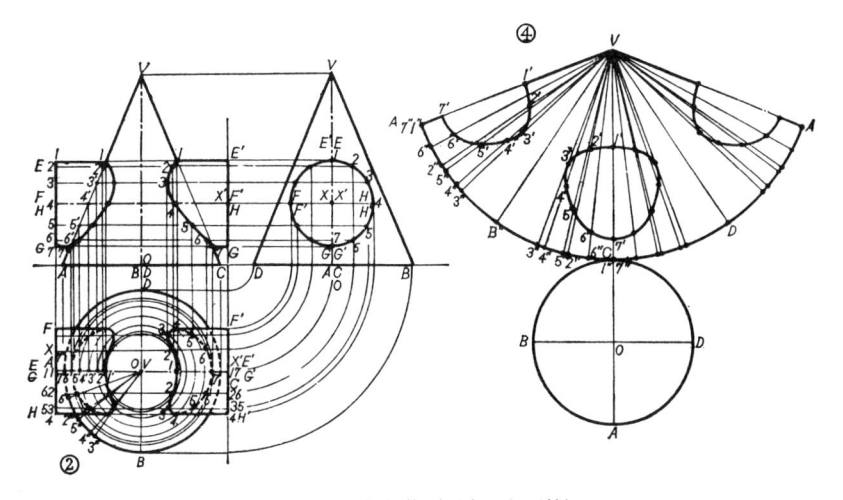

図 2.59 相貫体（円すいと円筒）

　図 2.58 は，2 個の正四角柱の相貫体の投影図およびその展開図を示す．
　図 2.59 は，円すいと円筒の相貫体の投影図および展開図を示す．
　図 2.60 は，2 個の円筒が任意の角度で交わる場合の相貫線の描き方を示す．

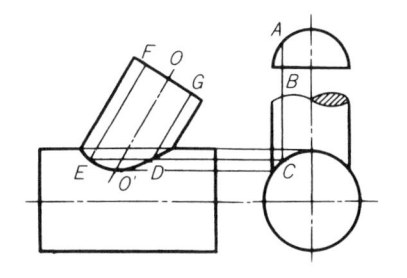

図 2.60 相貫体（2 個の円筒）

3章　機械製図法

3.1 機械製図における品物の形状表示

3.1.1 機械製図と正投影法

　機械製図で品物の形を紙の上に表すには，1章で述べたように，形と寸法を正確に示すことのできる正投影法のやり方を利用する．ただし，機械製図の目的は，単に品物の形を幾何学的に忠実に描き表すということだけではなく，その図面によって実際に品物を作ることが真の目的である．したがって，品物を作る人に品物の形が容易にかつ間違いなく理解してもらえるため，図形表示方法を後述のように正投影法とは多少違えてある．すなわち，補助投影図，回転投影図，部分投影図，省略，断面図などによる形状表示を行っている．このため，正投影法を心得ている人でも，このような機械製図における図形の表示方法に関する約束を理解していないと機械図面の読み書きは十分にできない．

　機械製図と正投影法の主な相違点は，下記のようなものである．

(1) 正投影法では，品物を置く位置については制限がないが，機械製図では，品物の形が最も分かりやすく表せる位置に置く．すなわち，品物の主な平面あいは軸を投影面に平行に置く．

(2) 機械製図では，図形を簡単明瞭に図示しようとするので，基線，投影線，その他不要な破線などは省略する．

(3) 機械製図では，正投影法の場合のように投影点に a, b, c などの符号は付けない．反面，品物の大きさを示す寸法や必要な注記などを記入する．

(4) 正投影法では，第一角法によるのが主であるが，機械製図では，第三角法による（なお，ISO 規格では，図面はすべて第一角法で描かれている）．

(5) 正投影法では，立体的品物の場合，少なくとも立面図（正面図）と平面図が必要であるが，機械製図では，極端な場合正面図だけのこともある．

(6) 正投影法では，線の使用区分がはっきりしていないが，機械製図では，規格によって定められている．

3.1.2 機械製図における図形の配置

(1) 第三角法と第一角法

第三角法または第一角法は 1.5.3 で述べたとおり，原理的にはそれぞれ品物を第三象限または第一象限に置いて正投影する方法であるが，機械製図の場合には，配置される図形の関係を理解するには次のように考えると便利である．

a) 第三角法の場合 第三角法では正面図の上方に平面図（上面図ともいう）を，正面図の右側に右側面図を置くのが通常の配置であるが（図 1.15 参照）．①品物を正面から見た形を正面図とし，この正面図の真上の位置に品物を上面から見た形を示す平面図を置く．正面図の右側に品物の右側を見た形を右側面図とすると理解する．あるいは，②品物をガラス板で作った箱の中に入れ，外から見た品物の形をガラス板に描いた後，正面図を中心にして箱を平面に展開した場合に得られる図形の関係と考えておけばよい．また，描かれている図形を見た場合，相隣る二つの図形の間に折目をつけて外側に 90° 折り曲げて見た場合，立体的な品物の形に対応するようであれば，これらの図形群は第三角法で描かれているものであることが分かる．

b) 第一角法の場合 第一角法では，正面図の下に平面図（上面図）を，正面図の右側に左側面図を置くのが通常の配置であるが，この場合には，①まず品物の正面を上にして紙の上に乗せて上から見える形をそのまま紙に描いて正面図とする．②次に品物を手前に 90° 倒して上から見える形を紙に描くとこれが平面図となる．③正面図を描いた位置から品物を右に 90° 倒して

3.1 機械製図における品物の形状表示

上から見える形を描くとこれが左側面図となる．また，描かれている図形を見た場合，一つの図形と一致するように品物を置いたと考え，品物を 90°倒すことによって隣の図形と同じ形が表れる場合には，この図形群は第一角法で描かれたものであることが分かる．

なお，品物の形によっては，第三角法か第一角法のいずれによったものであるかを明示しておかないと，希望の品物と違うものができるおそれのある場合がある（図 3.1）．このため第三角法か第一角法かの区別を必要とする場合には，図面の表題欄の投影法記入欄かあるいはその近くに図 3.2 に示す記号を記入する．

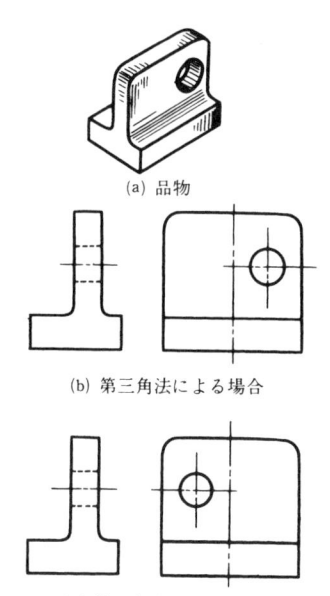

(a) 品物

(b) 第三角法による場合

(c) 第一角法による場合

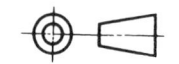

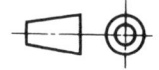

(a) 第三角法の記号　(b) 第一角法の記号

図 3.2　投影法を示す記号

図 3.1　投影法を指示しておく必要のある図形

c）投影図が第三角法による正しい配置に描けない場合
紙面の都合その他によって，投影図を第三角法による正しい配置に描けない場合や図の一部が第三角法による位置に描くと，かえって図形が理解しにくくなる場合には，相互の関係を矢印と文字を使って示すようにする．なお，文字は投影の向きに関係なくすべて上向きとする（図 3.3 および図 3.4）．

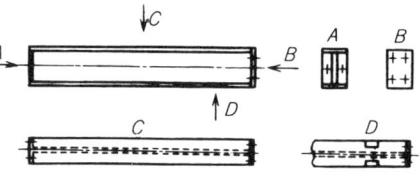

図 3.3　矢印を用いる方法の例（その 1）

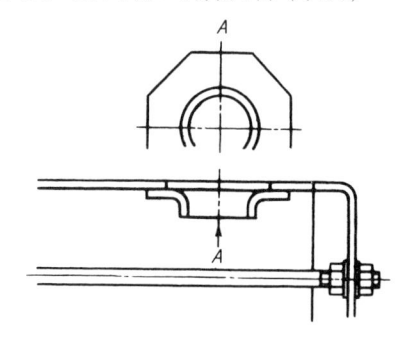

図 3.4　矢印を用いる方法の例（その 2）

3章　機械製図法

(2)　主 投 影 図

機械製図でいうところの品物の正面とは，常識的な正面ではなく，品物の形や機能の特徴を最もよく表す面[1]を選ぶ．この投影図を主投影図といい，正面図の位置に描き表す．

 1) 例えば，電車，自動車などについていうと，常識的には前進するほうの面を正面というが，機械製図ではそれらを真横から見た，普通には側面といわれる側を正面すなわち主投影図とする．

なお，主投影図を使用すると，形が分かりやすいとともに寸法を集中して記入できるので，図面全体が見やすくなって間違いが起こりにくくなる．

品物のどの面を主投影図に選ぶかは，個々の品物によって一概にはいえないが，円筒形をした部品では，その部分を横から見るように置く場合が多い．その他の部品では上述のように，品物の形状や機能を最も明瞭に表す面を主投影図に選ぶ（**図 3.5**）．

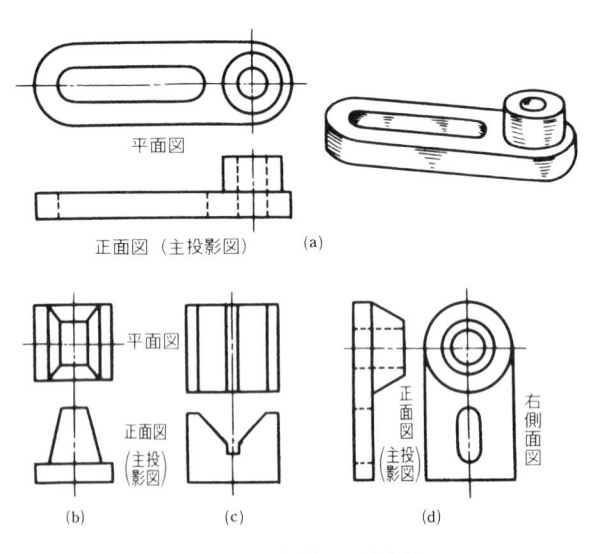

図 3.5　主投影図の選定例

なお，主投影図の向きは，まず取付け位置，使用時の位置あるいは加工時の位置で表しても不都合がなければそれに従う．また，平面図や側面図にか

3.1 機械製図における品物の形状表示

くれ線が少なくてすむように考えて，主投影図の向きを決める(**図 3.6**)．なお，縦に長い部品の場合には，主中心線を水平に置いて図示する．

主投影図を加工時の位置で選ぶ場合には，加工量の多い工程を基準とする(**図 3.7**(a), (b))．また，平削盤や形削盤などで加工する部品では，加工方向を水平に置き，さらに加工面が投影面と平行になるように置く(**図 3.7**(c))．

左側面図　主投影図　　　右側面図

(a) 不可　　　　　　　(b) 可

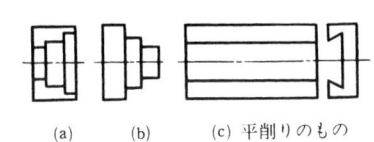

図 3.6 関係図は破線を避けるように配置する

(a)　(b)　　(c) 平削りのもの
丸削りのもの

図 3.7 工程を考えた図形の向き

(3) 図形の数

前述のようにして主投影図が決定されると，それだけで品物の形が示されるかどうかを検討する[2]．主投影図だけでは不十分の場合には，必要に応じて平面図，左右の側面図その他を追加していく(**図 3.8**)[3]，さらには補助投影図や断面図なども利用する．

2) 立体的な品物の形を一平面に投影した図形だけで表すことは，正投影法ではできないわけであるが，機械製図では図形に適当な記号や文字を付加することによってこれが可能になる場合がある．ただし，このようなことはほとんど丸削りに属する場合に限られる．

3) 紙面の関係で，この配置によれないときは，その旨を注意書きで示す(図 3.16(b) 参照)．

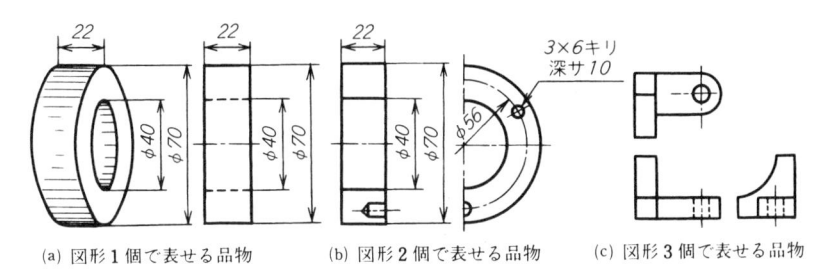

(a) 図形 1 個で表せる品物　　(b) 図形 2 個で表せる品物　　(c) 図形 3 個で表せる品物

図 3.8 必要な図形の数

(4) 図形の間隔

2 個以上の投影図で品物の形を表す場合には，図形と図形の間隔は見にく

3章 機械製図法

くならないよう適当にとる必要がある．特に後述のように寸法を記入する場合には，寸法線が何本入るかを考慮に入れて間隔を決めなければならない．

3.1.3 外形の図示法

(1) 外形の図示とかくれ線による図示

正投影法によって品物の形を表すと，①投影面に平行な平面の投影図はその実形図を示す．②投影面に垂直な平面の投影図は直線となって表れる．③投影面と傾きをなす平面の投影図は実形よりも縮小される．④投影面に平行な直線の投影図はその実長を示す．⑤投影面に垂直な直線の投影図は点となって表れる．⑥投影面と傾きをなす直線の投影図はその実長より短く示される．投影図は以上の法則によって描かれるが，品物の形によっては，その投影方向からは直接見えないこともある．このような場合，その見えない部分の形を描き表す必要があれば，かくれ線（2.4.2(2)参照）．しかし，破線による表示は図形が複雑となり見にくくなるので，真にやむを得ない場合以外は，これを避けるようにする．

(2) 交差線および丸み部分の図示

外形の図示については前述のとおりであるが，面と面が交差してできる交差線のうち，直線以外の数例について述べると次のようになる．

a) 2個の円筒の交差線の正確な描き方は**図 3.9**(a)に示すとおりであるが，これでは手数がかかるばかりで実用上の効果はないので，機械製図では

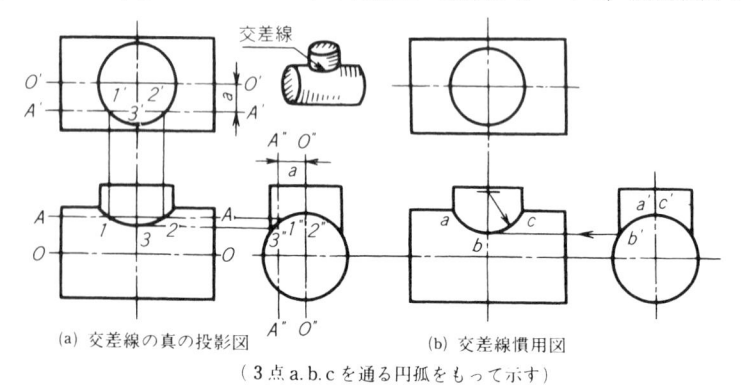

(a) 交差線の真の投影図　　　(b) 交差線慣用図
（3点 a, b, c を通る円弧をもって示す）

図 3.9　2個の円柱の交差線に関する慣用図（その1）

3.1 機械製図における品物の形状表示

慣習上図 3.9(b) のようにする[4]. 場合によっては図 3.10 のようにすることもある.

> 4) このような図を慣用図という. 後述の回転図, 展開図などはこれに属するが, 理論的に正しい投影図を描いてもかえって分かりにくくなったり, まだ製図が困難になるだけで実用上の利点がない場合に, 後述の省略図とともに慣用図が使われる.

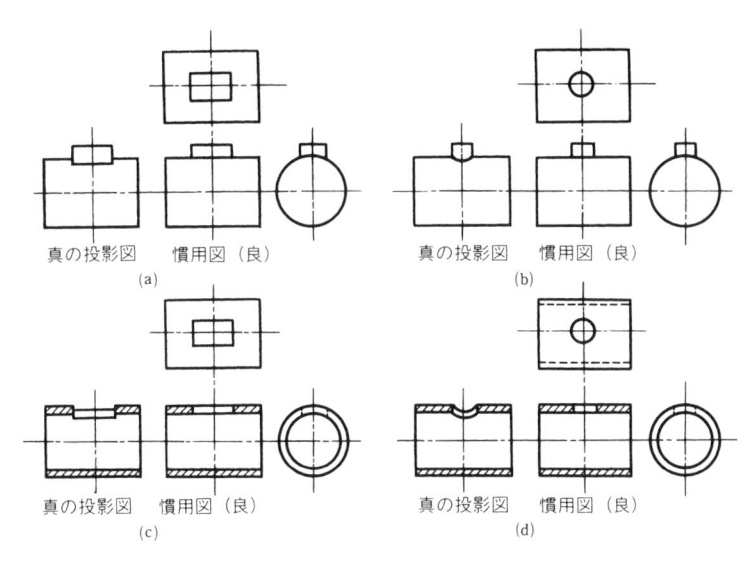

図 3.10 2 個の円柱の交差線に関する慣用図 (その 2)

b) 平面と曲面との交差線の例を図 3.11 に示す.

c) アームとボスの交差線の例を図 3.12 に示す.

d) 丸みの部分の図示法については図

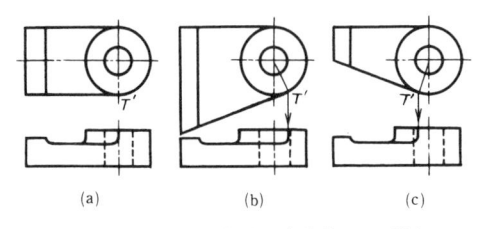

図 3.11 平面と曲面の交差線の図示例

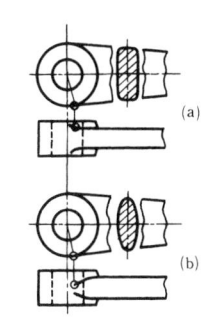

図 3.12 アームとボスの交差線

3 章　機械製図法

3.13 に例示する．

互いに鈍角をなす二つの傾斜面が円弧によって接続されている場合には，厳密にいえば丸みの部分は，平面図に表れないはずであるが，それでは，品物の形を理解しにくく，また，誤解を生ずる場合も起こる．鋳物や

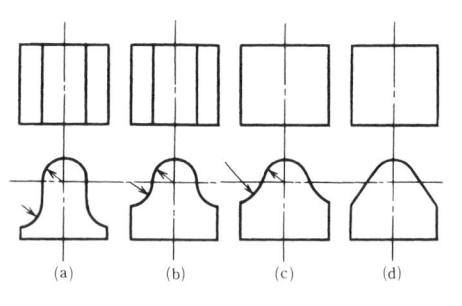

図 3.13　丸みの部分の図示法（その1）

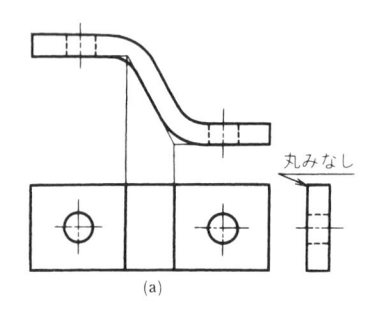

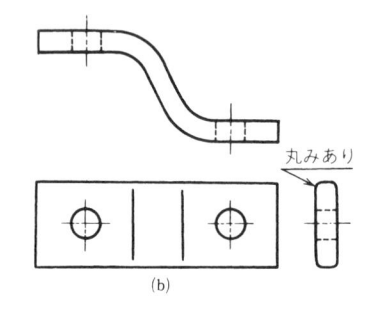

図 3.14　丸みの部分の図示法（その2）

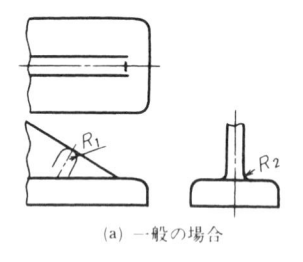

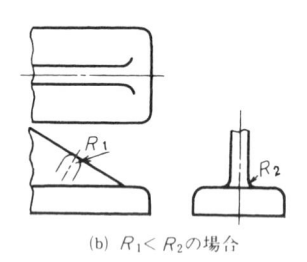

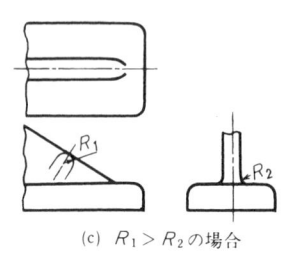

(a) 一般の場合　　(b) $R_1 < R_2$ の場合

(c) $R_1 > R_2$ の場合

図 3.15　リブの端末

3.1 機械製図における品物の形状表示

鍛造品のすみ肉部 (fillet) や角部 (かどぶ) (round) などのように比較的小さい丸みを付ける場合には，図 3.14(a), (b) に示すように図示する[5]．

 5) これと同様な方法は，プーリとアームの付け根その他の場合にはしばしば適用される．

e) リブなどを表す線の端末の図示は，図 3.15 による．

3.1.4 正投影法による図を補足する他の投影図

品物の形によっては通常の正投影法だけで十分に図示することのできないものがある．このような場合に使用されるのが下記のような投影図である．

(1) 補助投影図

傾斜部をもつ品物で，その斜面の実形を示す場合にこの図が使用される[6]（図 3.16）．

 6) 斜面の実形を図示する必要がある場合には，その斜面に平行な補助投影面を設け，第三角法の要領で補助投影図を描く．

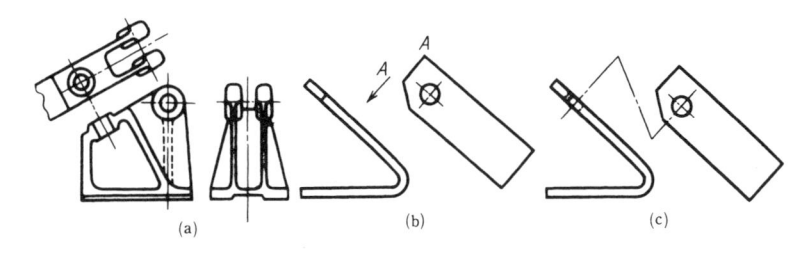

図 3.16 補助投影図

(2) 局部投影図

品物の一局部の形だけを図示するだけで足りる場合には，その必要部分を局部投影図として表す（図 3.17）．

(3) 部分投影図

図形の一部分を示せば足りる場合には，そ

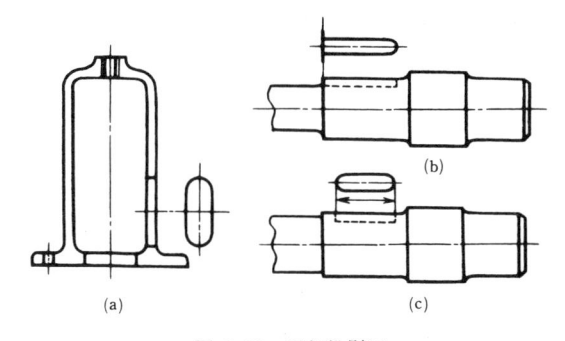

図 3.17 局部投影図

の必要な部分だけを部分投影図として表す。この場合，省いた部分との境界は破断線で示す（図 3.18）。

（4） 回転投影図

ボスからある角度で腕が出ている場合，補助投影図によらずにその部分を回転して実形を図示することができる。これを回転投影図という（図 3.19）。

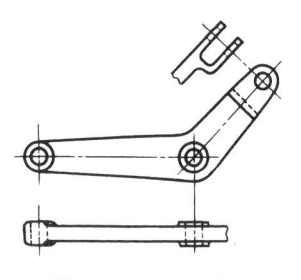

図 3.18 部分投影図

なお，中心が一直線上にない多くの歯車がかみ合いを示す図では，歯車の中心間の実距離を一直線上に展開した状態で投影することがある（図 5.36 参照）。ま

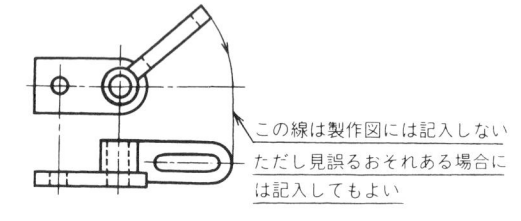

図 3.19 回転投影図

た，ハンドル車のアームは後述の長手方向の断面にしてはいけないものの一つであるが，これを図示するには回転（図示）投影図による（図 3.20）。さらにフランジ穴を示す場合にも回転投影図を使うことがある（図 3.21）。

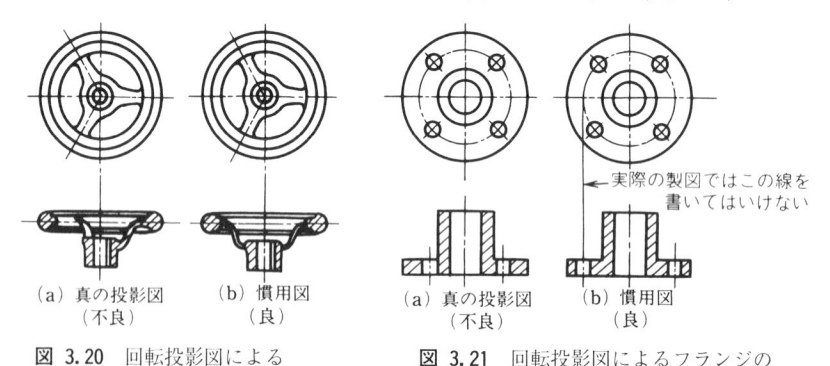

(a) 真の投影図　　(b) 慣用図
　　（不良）　　　　（良）

図 3.20 回転投影図によるハンドルアームの図示

(a) 真の投影図　　(b) 慣用図
　　（不良）　　　　（良）

図 3.21 回転投影図によるフランジの穴の図示

3.1.5 想像図

図示してある品物の働きを理解しやすくするために，その品物の形とともに実際には存在しない形を参考までに図示するのが想像図で，その応用範囲

3.1 機械製図における品物の形状表示

は非常に広い．想像図は2.4.2（4）で述べたように，二点鎖線を用いて描く．想像図が主として使われるのは，次のような場合である．

(1) 隣接部または相対物を参考に図示する場合（図2.22(a))．
(2) 運動部分の運動範囲を図示する場合（図2.22(a))．
(3) 断面図の場合，切り去った手前の部分を図示する場合（図2.22(f))．
(4) 機械加工前の素材の形，大きさを表す場合，すなわち仕上げしろを示す場合．
(5) 工程途上の形を図示する場合（図2.22(c)参照)．

3.1.6 省　略　図

製図では生産に差し支えない限り，図面を簡潔に描き表すことが必要である．このため内容が不正確になったり誤解を生じたりしない範囲で，製図の手数やむだを省いて簡単に図示するようにする．このような場合に省略図が利用される．

（1） 対称図形の省略図

図3.22(a)に示すような対称形をした端面を図示するには，全体を描かずに対称図示記号を用いて半分だけを示す場合が多い．まぎらわしい場合には，対称中心線を越えて外形線を少し延長する（**図3.22**(b))．

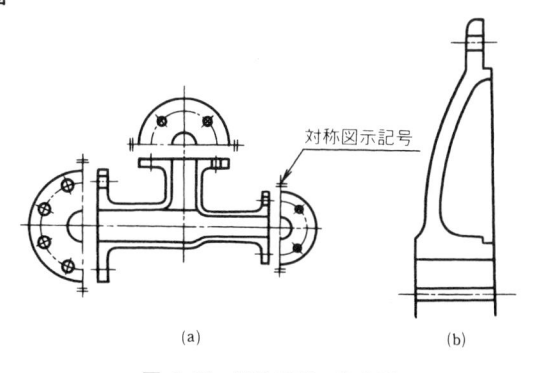

図 3.22 対称図形の省略図

（2） 繰返し図形の省略

同種のリベット穴，ボルト穴，管穴，ひかえ穴，管，ひかえ，はしごのふみ棒その他同種のものが連続して多数並ぶ場合には，その両端部または要所だけを図示し（**図3.23**(a)，(b))，他は中心線または中心線の交点によって示す（**図3.23**(c)，(d))．なお，多数の中心線の交点の中で，特定の交点にだけ同種同形のものがある場合には，その交点だけを黒丸で示す（**図3.23**(e))．

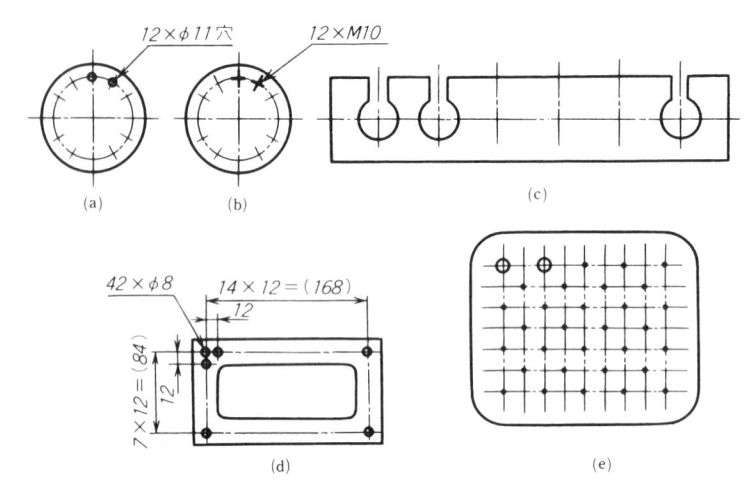

図 3.23 繰返し図形の省略図

(3) 中間部の省略

軸，棒，管，形鋼，テーパ軸，その他同一断面の部分またはテーパ部分が長い場合には，図 3.24，図 3.25 のように中間部分を切り去り短縮して図示することができる．この場合，切り去った端部は破断線（2.4.2(b) 参照）で示す．なお，要点だけを図示する場合，破断線を描かなくても破断してあることが明らかな場合には，これを省略してもよい（図 3.25, 図 3.101 参照）．

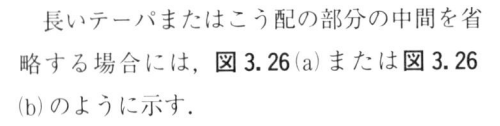

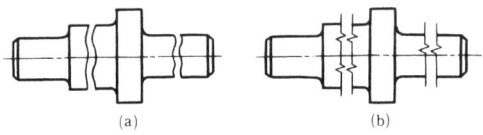

長いテーパまたはこう配の部分の中間を省略する場合には，図 3.26(a) または図 3.26(b) のように示す．

図 3.24 同一断面形の中間部省略

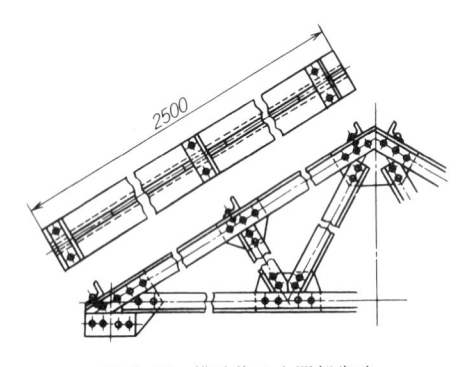

図 3.25 構造物の中間部省略

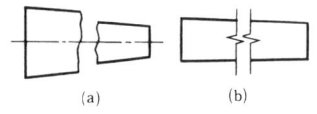

図 3.26 こう配の中間部の省略

（4） ローレットは金網などの省略図

工具類のつまみなどに付ける滑り止めのローレットは，全体にわたって示すことをせず，一部だけを図示し，記事によって刻み方とピッチを示す（**図3.27**）．

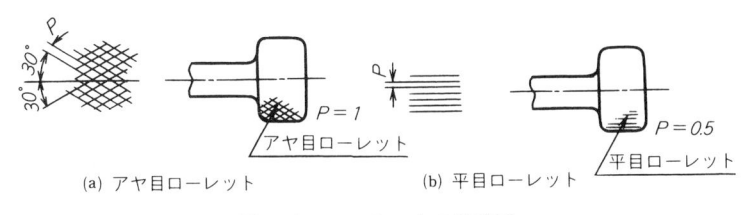

(a) アヤ目ローレット　　　(b) 平目ローレット

図 3.27　ローレットの省略図

図3.28と**図3.29**はそれぞれ同様にして金網としま鋼板を略示する場合を示す．

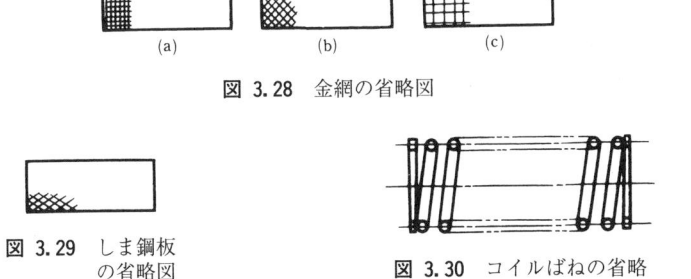

図 3.28　金網の省略図

図 3.29　しま鋼板の省略図

図 3.30　コイルばねの省略

（5） ばねなどの省略

図3.30に示すように，同一形状のものが同一条件で多数連続しているときには，図形を簡略にするため細い二点鎖線で結んで途中で省略することがある．

（6） 線の省略

図3.31のように切断面の先方に見える線は，理解を妨げない場合には省略するほうがよい．また，補足の投影図に見える部分を全部表すと図がかえって分かりにくくなる場合（**図3.32**(a)）には，局部投影図（**図3.32**(b)）または補助投影図（**図3.32**(c)）として表すのがよい．

(a) 線を省略しない場合

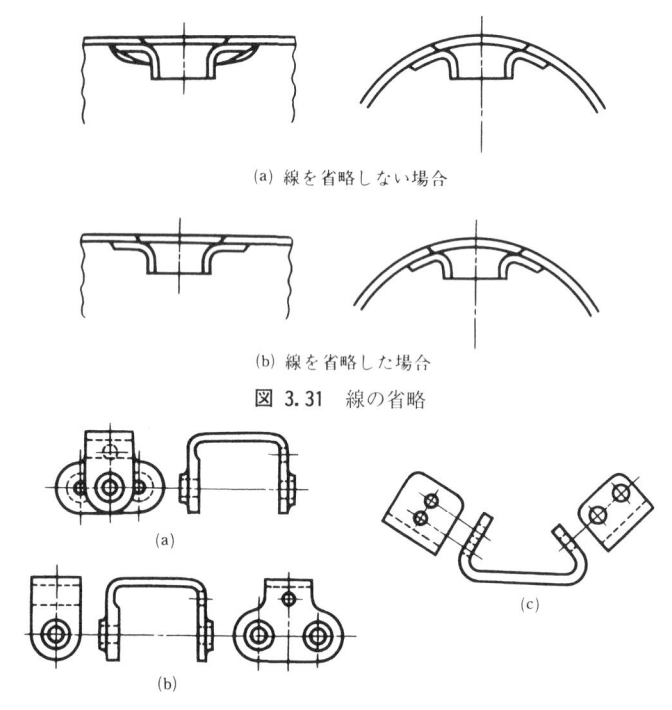

(b) 線を省略した場合

図 3.31 線の省略

図 3.32 端面の部分投影図または補助投影図による表示

(7) かくれ線の省略

外から見てかくれている部分を示すには，かくれ線によるわけであるがこれを描くには手数を要し，また，品物の形が複雑な場合には破線が多くなって図形が分かりにくくなる．このような場合，かくれ線で示さなくても明確に図を理解できる場合にはこれを省略する（図3.33）．

また互いに関連する図の配列は，なるべくかくれ線を用い

図 3.33 かくれ線の省略

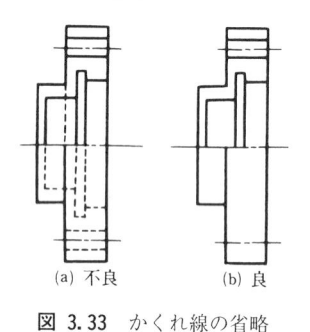

図 3.34 かくれ線を使わない場合と使う場合

3.1 機械製図における品物の形状表示

なくてもすむようにする（**図 3.34**(a)）．ただし比較対照することが不便な場合にはこの限りでない（**図 3.34**(b)）．

3.1.7 特別な図示法

（1） 展 開 図

板金や針金などの工作のように，元来平面あるいは直線的素材を加工して複雑な形とするものでは，でき上がった形だけを示されても工作上不便である．このような品物の場合には，実形を正面図として描くとともに，曲げ加工前の素材の形に展開した図を描きそえるようにする．これを展開図という．この場合，展開図の付近に"展開図"と記入するのがよい（**図 3.35**）．

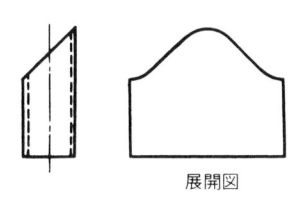

図 3.35 展開図

（2） 平面の表示

品物の一部が平面であるこを表すために用いる方法で（図2.22(h)参照），平面が紙面に対して傾斜している場合に主として用いられる（**図 3.36**）．

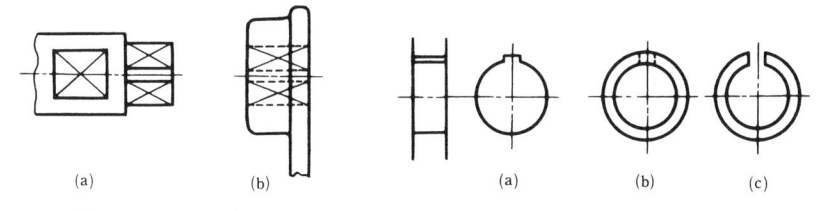

図 3.36 平面の表示　　**図 3.37** 一部に特定の形をもつものの表示法

（3） 一部に特定の形をもつものの表示法

キーみぞをもつボス穴，壁に穴またはみぞをもつ管やシリンダ，切割りをもつリングなどを図示する場合には，その部分が図の上側に現れるようにする（**図 3.37**）．

（4） 特殊な加工部分の表示

特殊な加工を施す部分など特別な要求事項を適用すべき範囲を表すのに用いる（図 2.29 参照）．

3.1.8 断面による図示法

品物の外部から見えない部分は，かくれ線（破線）を使って図示することができる．品物の形が簡単な場合にはこれで十分に目的を達せられるが，内部の形状が複雑な場合には，かくれ線を使うと図面が混雑して分かりにくくなる．このような場合，内部構造を明確に示すのに断面図示法を利用する．これは**図 3.38**(a)に示すように，品物を仮想の切断面で切断して品物の手前の部分を取り去った後に残る部分を投影して内部を示そうとするもので，この断面の投影図[7]を断面図（sectional view）という（**図 3.38**(b)）．

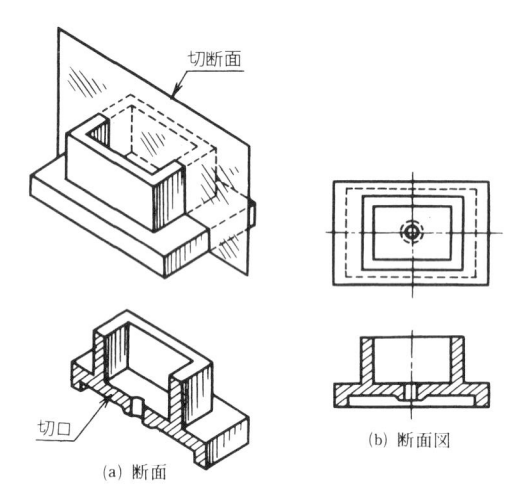

図 3.38　断面の表し方

[7] 断面図を描く場合には，切口を外形線で描くだけでなく，先方に見える線も必ず描くようにする．また，主投影図は，断面図で描いても，平面図や側面図は，切断しない場合の品物について描く．

(1) 断面の表示

断面であることをはっきりさせる必要がある場合には，切口にハッチング（hatching）またはスマッジング（smudging）を施す[8]（2.4.2(f)参照）．

[8] ハッチングを描くには多大の労力と時間を要するので，切口が分かりにくい場合に施すようにするが，学校製図では断面の認識を深める意味で必要であろう．

(a) ハッチングを施す部分の中に文字，記号などを記入する場合，必要に応じてその部分のハッチングを空白にする．

(b) ねじ部のハッチングについては図 5.14 を参照のこと．

(c) 外国規格では各種のハッチングで鉄鋼その他の材質を示す方式をとっ

3.1 機械製図における品物の形状表示

ているものもあるが，JIS では採用されていない．ただし，非金属材料で特に材料を示す必要のある場合には，原則として図 3.39 に示す表示方法を使うことができる．この場合でも部品図には材質を別に文字で記入する．なお，この表示は外観図の場合にも適用してよいことになっている．

ガラス		
コンクリート	
木材		
液体	

図 3.39 非金属材料の断面

(2) 断面図の種類

品物にはいろいろな形をしたものがあるので，切断の仕方はそれぞれに応じて最も適当なものを選ばなければならない．断面図には切断の方法によって以下のような種類がある．

a) 全断面図 品物を基本中心線その他を含む一つの平面で切断し，その切断面に垂直な方向から見た形状をすべて描いた図（図 3.40 参照）．

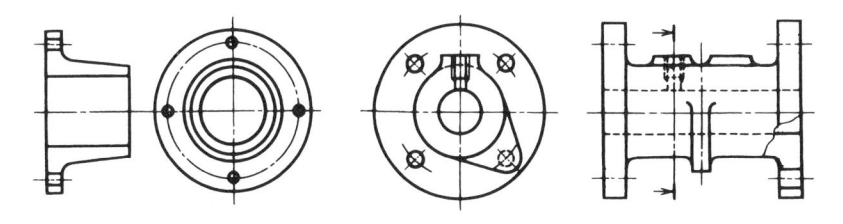

(a) 基本中心線での切断　　　　(b) 基本中心線以外での切断

図 3.40 全断面図

b) 片側断面図（半断面図） 対称形の品物の全断面図の半分と外形図の半分とを組み合わせると，品物の内部と外形を同時に示すことができて便利である（図 3.41）．なお，断面図と外形図の境目は中心線のままとし実線で描くことはしない．なお，断面にする側は通常上側か右側とする．

c) 部分断面図 品物の一部分の内部だけを示したい場合には，その部分を破断線（フリーハンドの細線）で切断して断面図を作る（図 3.42）．

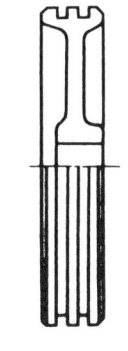

図 3.41 片側断面図

(a) 不良　(b) 良　　(c) 不良　　　　　(d) 良

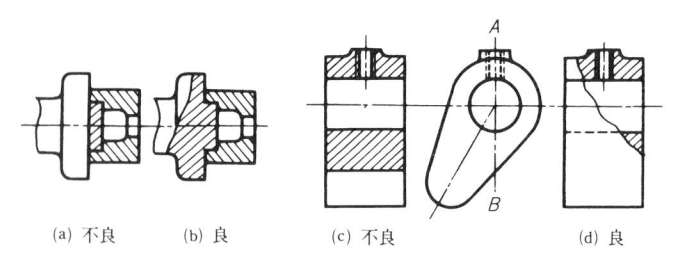

図 3.42　部分断面図

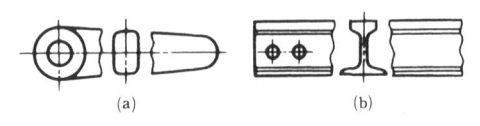

図 3.43　回転図示断面図（その1）

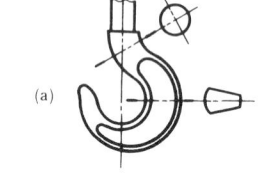

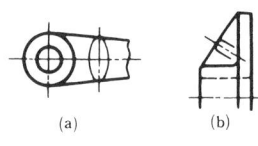

図 3.45　回転図示断面図（その3）

d）回転図示断面図　投影面に垂直な切断面によってできる切口の図形を示したもの．

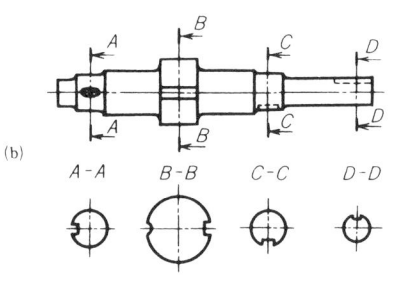

(1) 切断個所の前後を破断してその間に描く（切断位置は切断面の中心線の位置とする）（**図 3.43**(a), (b)）．

図 3.44　回転図示断面図（その2）

(2) 切断線の延長上に描く（**図 3.44**(a), (b)）．
(3) 図形内の切断個所に重ねて細い実線で描く（**図 3.45**）．

e）組合わせによる断面図　二つ以上の切断面による断面図を組み合わせて行う断面図示で，これには下記のものがある．

(1) 鋭角断面図（**図 3.46**）
(2) 直角断面図（**図 3.47**）
(3) 階段断面図（**図 3.48**）
(4) 曲面断面図（**図 3.49**）

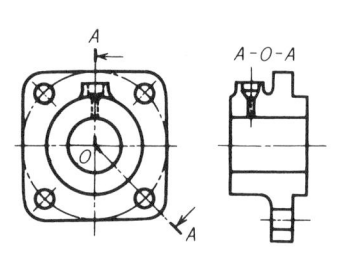

図 3.46　鋭角断面図

3.1 機械製図における品物の形状表示

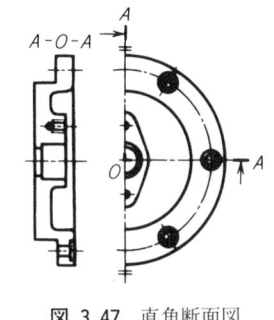

図 3.47 直角断面図

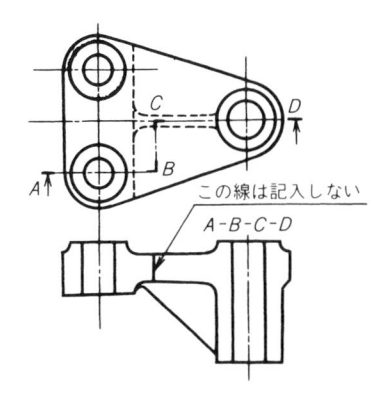

図 3.48 階段断面図

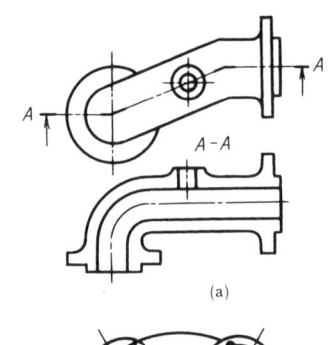

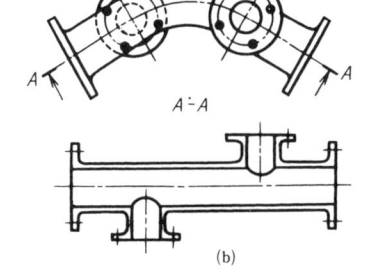

図 3.49 曲面断面図

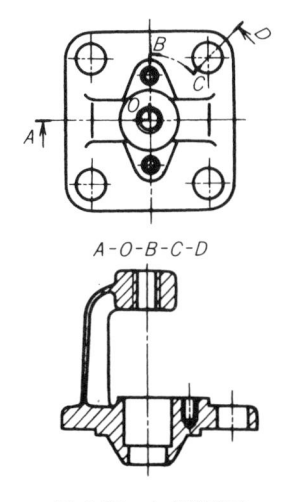

図 3.50 合成断面図

(5) 合成断面図（**図 3.50**）

　f）多数の断面図による図示　多数の断面図による図示には下記のものがある．

(1) 多数の断面図を必要とする場合（**図 3.51**，図 3.44 参照）．

(2) 一連の断面図の配置（**図 3.52**，図 3.44(b) 参照）．

　g）薄肉部の断面図　ガスケット，薄板，形鋼などで，切口が薄い場合に

77

3章　機械製図法

(a)

(b)

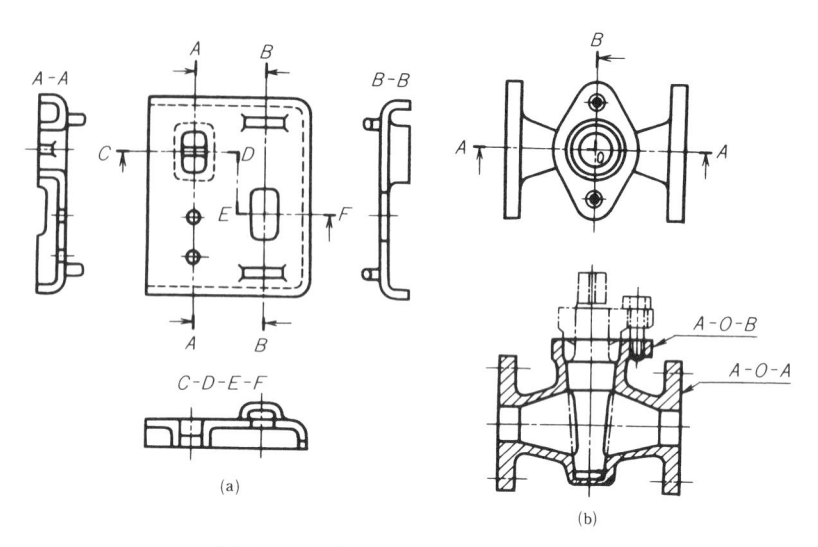

図 3.51　多数の断面図を必要とする場合

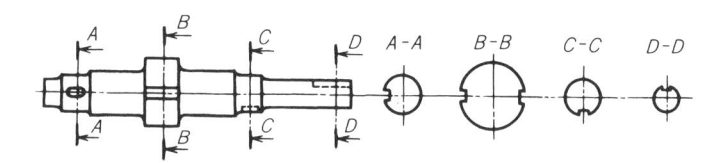

図 3.52　一連の断面図の配置

は，次による．
(1) 切口を黒く塗りつぶす（図 3.53(a)）．
(2) 実際の寸法にかかわらず，1本の極太の実線で表す．なお，これらの切口が隣接している場合には，それを表す図形の間に 0.7 mm 以上のすきまをあける（図 3.53(b)）．

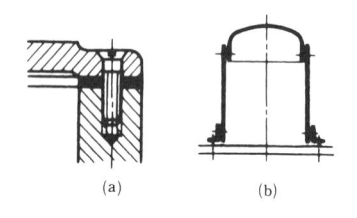

図 3.53　薄物の断面図

h）切断してはならないもの　断面図の目的は，品物内部の形や構造を明らかに示すことにある．ところが品物の部分によっては，断面を示すとかえって図が混乱して読みにくくなる場合や，断面を示しても意味のない場合などがある．このような場合には，切断面がその部分を通ってもそこだけは

3.1 機械製図における品物の形状表示

断面を示さないようにする.
(a) これらの部品の中で方向にかかわらず切断しないものとして
(a-1) 軸類（軸（shaft），車軸（axle），棒類（rod））
(a-2) ねじ部品（ボルト，ナット，座金など）
(a-3) リベット
(a-4) キー，コッタ
(a-5) ピン類（平行ピン，テーパピンなど）
(b) 原則として長手方向に切断しないものとして
(b-1) 品物の一部にあるリブ（rib），ウェブ（web），壁（wall）の類
(b-2) 歯車，ベルト車，はずみ車などのアーム（arm）

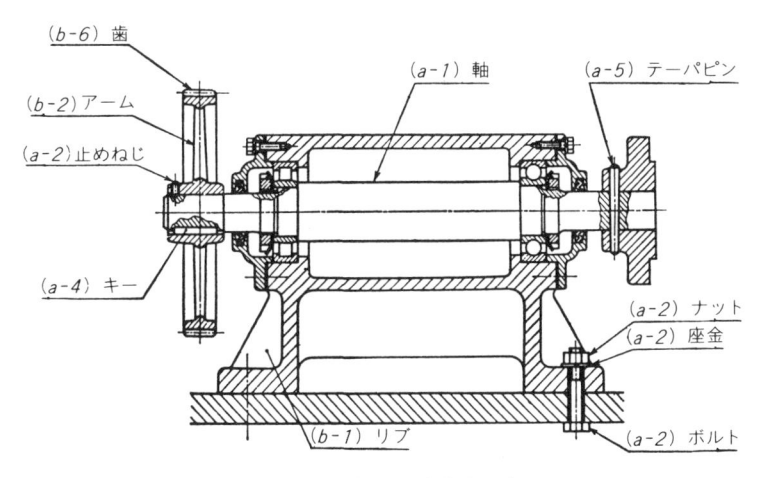

図 3.54 切断してはならないもの

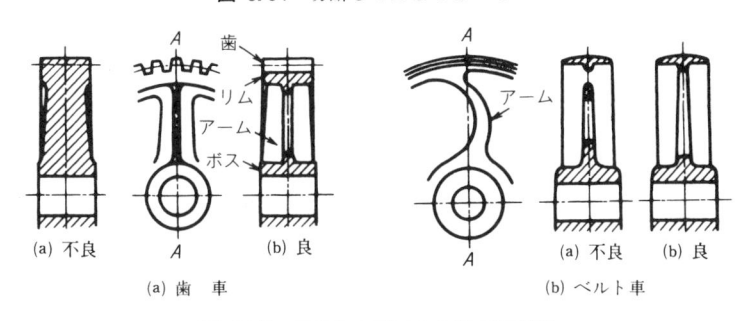

図 3.55 歯車およびベルト車の断面図

(b-3) 車輪のスポーク（spoke）
(b-4) 歯車や鎖歯車などの歯（teeth）
(b-5) 羽根車（impeller）の羽根（blade）

などがある．図 3.54 には以上のうちの主なものを示す．また，図 3.55 および図 3.56 はそれぞれ歯車，ベルト車および羽根車の断面図である．

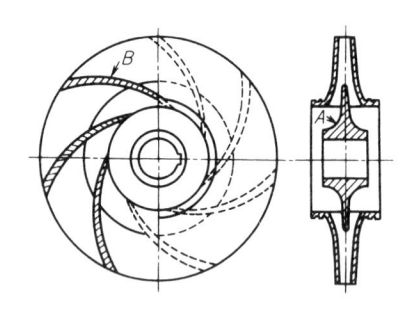

図 3.56 羽根車の断面図

3.2 寸　　法

3.2.1 製作図における寸法記入の重要性

図面特に製作図においては，図形とともに寸法は極めて重要で，図形がいかに正確に描かれていても，寸法数字の誤りや記入漏れがあると正しい部品は作れない．さらに記入方法が適当でないと作業者が図面を読んで理解するのに時間がかかったり，誤解を生ずるなど作業能率に大きな影響を及ぼす．

寸法を適正に記入するためには，後述のような各種の寸法記入技術を身につけるとともに，品物を製作する過程の各作業にも精通して，作業が容易に行われるための合理的な寸法記入ができるようにならなければならない．

3.2.2 図面に示される寸法*

品物の寸法には，仕上がり寸法，素材寸法，材料寸法などがある．ここで，仕上がり寸法とは，製作図で意図した加工を終わった状態における品物の寸法であり，素材寸法とは，その部品を作るため，特別に用意された鋳造品または鍛造品で，機械加工される前の状態における寸法である[9]．材料寸法とは，各種の品物を作るための材料として，一般的に用意された市販されている棒材，型材，管材，板材などを使用する場合の加工前の材料の寸法で，品物の仕

---

*JIS Z 8317 製図における寸法記入方法，JIS B 0001 機械製図 10.寸法の表し方

3.2 寸　　法

上がり寸法に比べると切りしろや仕上げしろを含んだだけ大きくなっている．

　通常の図面では，特に明示しない限り，記入されている寸法は，仕上がり寸法だけであり，素材寸法や材料寸法は，素材図，材料図あるいは工程図など特殊な場合以外には図示されない．なお，このような場合には，図面に素材寸法あるいは材料寸法であることを明記しておく必要がある．

　なお，寸法には，その部品の機能に直接かかわる**機能寸法**（functional dimension），加工や検査の参考となるような**非機能寸法**（non-functional dimension）と情報などの補助的に指示する**参考寸法**（auxiliary dimension）に分類される．参考寸法は括弧で示し，公差を与えることはできない．

　9）鋳物肌や鍛造肌がそのまま製品に残るような個所は，素材の状態ですでに仕上がり寸法となっており，機械加工する個所にだけ仕上げしろが付けてある．

3.2.3　寸法の単位

　a）　長さ　長さの寸法は，ミリメートル単位で記入して，単位記号の mm は付けず，無名数のまま記入する．特に他の単位を用いる必要のある場合には，これを明示しなければならない．

　数字の示し方は，例えば 1253 mm の場合には 1253，または 1 m 253 と記入し，1,253 とはしない．小数点は，下付きの点とし，125.35 のように数字を適当に離してその中間に大きめの点を書く．

　なお，従来の μ（ミクロン，1000 分の 1 mm）は国際単位法（SI）の採用で，μm（マイクロメートル）に変更されている．

　b）　角度　角度は一般に度（°）で表し，必要のある場合には，分（′）および秒（″）を併用することができる．例えば，22 度 3 分 21 秒は 22°3′21″ と書く．

3.2.4　標　準　数

　品物各部の寸法は，一般に強度計算その他の計算や各種の規定あるいは経験などによって決めらる．しかし，これらの寸法は特に必要でない限り，それに近い標準数（**表 3.1**）に従うのがよい．この標準数は理論に基づいて幾何級数的に配置された等比標準数であるが，製図の場合，無制限に数字を使うことをせずに，これらの数列に示された数を使えば，たいていの場合，実用

81

3章 機械製図法

上差し支えない範囲で希望の数字に近いものを選ぶことができ，これによって生産能率と経済性の向上が図られる．

3.2.5 寸法記入に用いるられる線と端末記号

図面に寸法を記入するには，寸法線，寸法補助線，引出線，矢印，斜線または黒点などを使う．

表 3.1 標 準 数（JIS Z 8601）

基本数列の標準数				基本数列の標準数			
R 5	R 10	R 20	R 40	R 5	R 10	R 20	R 40
1.00	1.00	1.00	1.00	2.50	3.15	3.15	3.15
			1.06				3.35
		1.12	1.12			3.55	3.55
			1.18				3.75
	1.25	1.25	1.25		4.00	4.00	4.00
			1.32				4.25
		1.40	1.40			4.50	4.50
			1.50	4.00			4.75
1.60	1.60	1.60	1.60		5.00	5.00	5.00
			1.70				5.30
		1.80	1.80			5.60	5.60
			1.90				6.00
	2.00	2.00	2.00		6.30	6.30	6.30
			2.12				6.70
		2.24	2.24			7.10	7.10
			2.36	6.30			7.50
2.50	2.50	2.50	2.50		8.00	8.00	8.00
			2.65				8.50
		2.80	2.80			9.00	9.00
			3.00				9.50

備考： 1) R5，R10，R20，R40 及び R80 はそれぞれ 10 の正又は負の整数べきを含み，公比がそれぞれ $\sqrt[5]{10}$，$\sqrt[10]{10}$，$\sqrt[20]{10}$，$\sqrt[40]{10}$ 及び $\sqrt[80]{10}$ である等比級数の整列で，実用上便利な数値に整理したものである．
2) 表 3.1 の数列は 1 から 10 までの間しか定めてないが，それ以外については上記の小数点を移動して希望範囲の数を得ることができる．

3.2 寸　　法

(1) 寸法線と寸法補助線

図形中のある部分の寸法を示すには，長さを示すべき個所の両端からその部分に垂直に細い実線を図形の外に向かって引く（寸法補助線）．次に外形線から適当に離れたところに長さを示すべき個所と平行，すなわち，寸法補助線と垂直に細い実線を引き（寸法線），寸法補助線と接する部分に矢印を書く．寸法数字は寸法線の上側に沿い，寸法線からわずかに離して書く（図 3.57）．

a) 寸法線

① 寸法線は寸法を入れるべき図形の外形線から 8〜10 mm 離す（図 3.58）．

② 寸法線を多数接近して引く場合には，それらは等間隔に 6〜8 mm 程度離す（図 3.58）．ただし，この寸法は図形の大小，精粗などによって加減する．

③ 寸法線は図形に近い側ほど短いものとし，寸法線と寸法補助線との交差を極力避ける（図 3.58）．

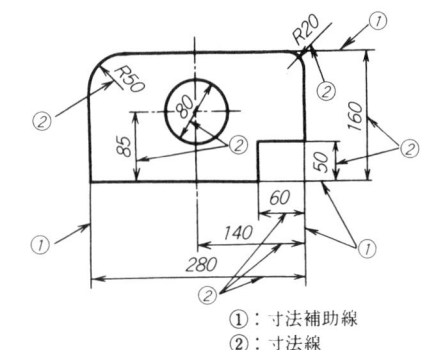

図 3.57 寸法記入法

①：寸法補助線
②：寸法線

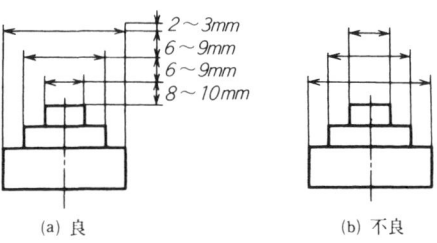

図 3.58 寸法線の引き方（その 1）

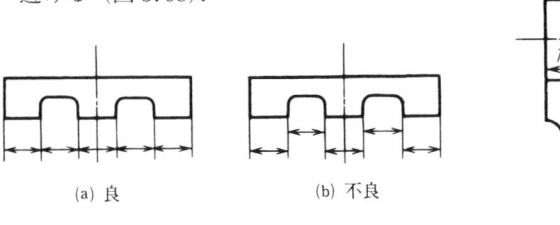

図 3.59 寸法線の引き方（その 2）

3章 機械製図法

④ 寸法線が隣接して並ぶ場合には，これを同一直線上にそろえ，階段状にならないようにする（**図 3.59**）．

⑤ 寸法線は原則として，寸法補助線の間に引くものであるが，寸法補助線が長すぎたり，図形との交差が多くなると図面が見にくくなるので，寸法線を直接図形の中に記入したほうがよい（図3.59(c)，**図 3.60**）．

⑥ 寸法線は他の線（外形線や中心線など）で代用させてはいけない（**図 3.61**）．

⑦ 寸法線の両端には矢印を付け，寸法線は中断しないでその上側に沿って寸法数字を記入するのが原則であるが，寸法補助線の間隔が狭い場合には，引出線を用いるとかその他による（**図 3.62**）．ただし，方法1と2を混用してはいけない．

(a) 良

(b) 不良

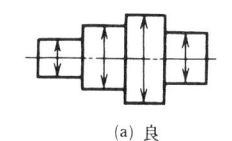

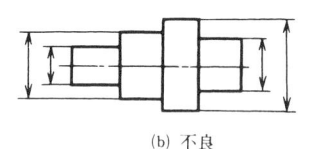

図 3.60 寸法を直接図形の中に記入したほうが分かりやすい例

（不良）

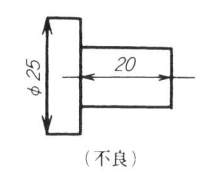

図 3.61 中心線や外形線を寸法線に兼用してはいけない

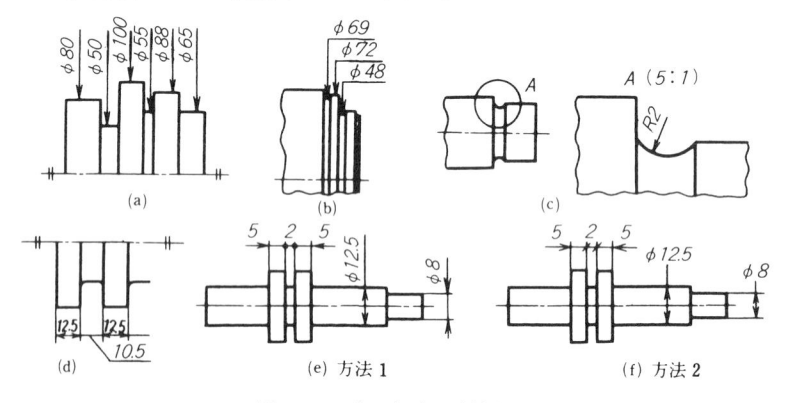

(a)   (b)   (c)   A (5:1)

(d)   (e) 方法1   (f) 方法2

図 3.62 狭い部分の寸法記入

b） **寸法補助線**

① 寸法補助線は寸法を示そうとする図形の外形線の太さの中央から引き出す．

84

3.2 寸　　　法

② 寸法補助線は，長さを示すべき部分と垂直になるように引くものであるが，テーパ軸の任意の部分の直径を示す場合のように，図形が分かりにくくなる場合には，図 3.92 のように，長さを示すべき部分の両端から中心線に対して約 60°の方向に平行に引き出す．ただし，寸法線は長さを示すべき部分と平行にする．

③ 寸法補助線の長さは，寸法線の位置から 2〜3 mm 出る程度とする（図 3.58 参照）．

④ 鉛筆書きの図面などで，外形線と寸法線の太さの差が少ないような場合には，寸法補助線を外形線から 0.5〜1 mm 程度離して書くと見やすくなる（**図 3.63**）．

⑤ 互いに傾斜している二つの面の間に，丸みまたは面取りが施されている場合，二つの面の交わる位置を示すには，丸みまたは面取りを施す以前の形状を細い実線で表し，その交点から寸法補助線を引き出す（**図 3.64**(a),(b)）．この場合，交点を明らかにする必要があれば，それぞれの線を交差させておくか，または交点に黒丸を付けてもよい（**図 3.64**(c)）．

⑥ 角度を示す場合の寸法補助線は，**図 3.65** に示すように，角度を構成する 2 辺を延長して引き，寸法線は，その 2 辺の延長の交点を中心とする円弧で表す．

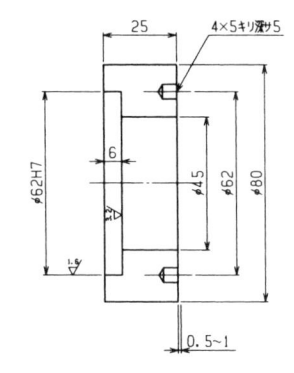

図 3.63　寸法補助線を図形から離して引く場合

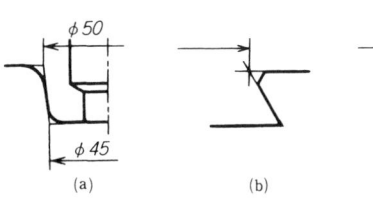

図 3.64　丸みやかどの部分よりの寸法補助線の引出し方

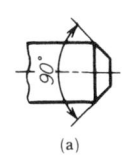

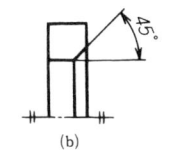

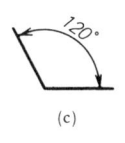

図 3.65　角度を示す場合の寸法補助線と寸法線

（2） 端末記号

寸法線が寸法補助線に接するところには，端末記号（矢印，黒丸，斜線）を付ける（**図 3.66**）．ただし，これらは同一図面では混用しない．従来は，矢の開き角 30°または中を塗りつぶした角度 10°〜30°のものであったが，現在ではこの角度は 90°以下の適宜の角度でよいことになっている．矢印はフリーハンドで一筆か二筆で，またはテンプレートを使って描く．矢の大きさは図形の大小精粗によって変え，図面全体として見よいものにする必要がある．なお，寸法補助線の間が狭くて矢印を付ける余地のないときは，黒丸か斜線を使う（図 3.62 参照）．

矢印は，1 枚の図面の中に数多く描き込まれるものであるから，形や大小をそろえてていねいに描く（**図 3.67**）．

図 3.66 端末記号

図 3.67 矢印の形

（3） 引 出 線

図形の一部について，寸法，加工法，注記，部品番号などを記入する場合に引出線（細い実線）を使用する（図 3.63，**図 3.68** 参照）．引出線を引く方向は，水平，垂直方向を避け，必ず斜め方向とし，引出線が外形線に接するところには矢印を，外形線の内側を指す場合には黒丸を付ける（図 3.68）．また，寸法線に接する場合には無印とする（図 3.62(d)）．引出線の他端に部品番号を記入する円を描く場合には，円の中心は引出線の延長上にあるようにし，注記を書く場合，寸法を書く場合には，引出線の端を水平にまげてその上に書く（図 3.68(a) 参照）．

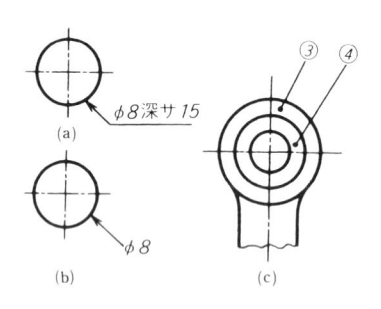

図 3.68 引出線の引き方

3.2.6 寸法数字の記入法

(1) 寸法線と数字の関係

長さの寸法を記入するには，図 3.69(a) のように書き，図 3.69(b)，(c) のようにはしない．

(2) 寸法数字の向き

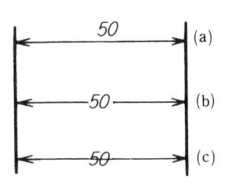

図 3.69 寸法線と寸法数字

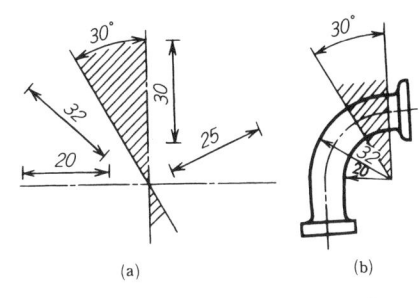

図 3.70 寸法数字の向き（その 1）

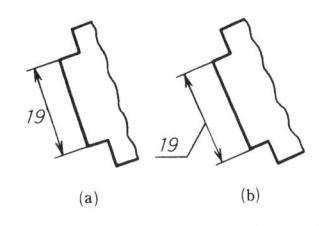

図 3.71 寸法数字の向き（その 2）

A3 以上の図面は，長手方向を横に置いて見るのが原則で，これが正位であるが，図面を回して見たい場合には，正位の場合の右辺が下になるように，図面を時計回りにして見，この方向以外から図面を見てはいけない．寸法数字はこの両方の場合に対して見やすいことを考えて記入する（図 3.70）．寸法線が垂直方向から左へ 30°傾いている場合には，誤解を生じやすいので記入しないのを原則とする（図 3.70）．やむをえず記入するときは，図 3.71 のように記入する．

(3) 角度の記入法

角度を記入する場合の寸法線は，角度を構成する 2 辺またはその延長線の交点を中心として，両辺またはその延長線の間に引いた円弧で表す（図 3.65）．

角度を記入するには，前述の円弧（寸法線）に沿って行うが，円弧が角の頂点を通る水平線に上にあるか下にあるかによって図

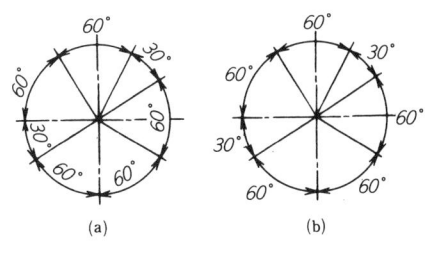

図 3.72 角度を示す数字の向き

3.72(a)のように数字を記入する．なお，必要のある場合には，図 3.72(b) のように記入してもよい．

(4) 寸法数字の配置

a) 寸法線が多数接近して平行に引かれている場合に，寸法数字を記入するには，図 3.73(a)のように数字の位置をそろえて記入するが，寸法線が接近しすぎている場合には図 3.73(b) のようにする．

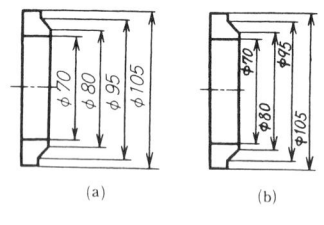

図 3.73 平行な寸法線が多数接近している場合の寸法数字の記入

b) 寸法数字は，線で切り離される個所や，二つの寸法線の交わる個所には記入を避ける（図 3.74）．

c) 狭い部分に寸法を記入するには，前述の図 3.62(a)～(c)のようにするか，または(d)のように引出線を用いて記入する．

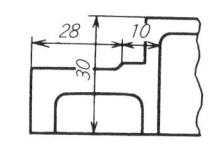

図 3.74 線で中断されるような寸法数字の記入は避けること

3.2.7 寸法補助記号

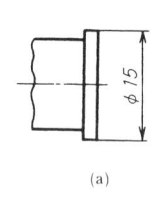

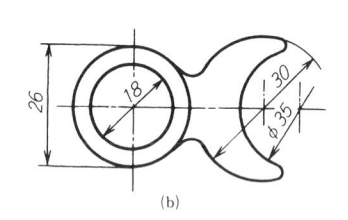

図 3.75 直径の記号

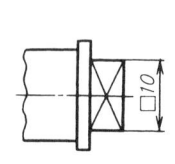

図 3.76 正方形の記号

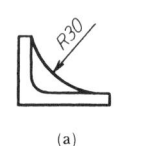

図 3.77 半径の記号

（半径を示す寸法線を円弧の中心まで引く場合には，Rを省略してもよい）

3.2 寸　　法

製図では寸法数字の前に数字と同じ大きさの記を付けて，数字の意味を明示するようにしている（**表3.2**参照）．

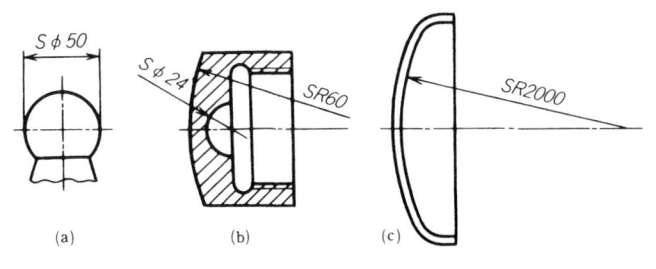

(a)　(b)　(c)

図 3.78　球の直径と球の半径の記号

表 3.2　寸法補助記号

区　分	記　号	呼び方	用　法	参　照
直　径	φ	まる	直径の寸法の，寸法数値の前に付ける．	図 3.75
半　径	R[1]	あーる	半径の寸法の，寸法数値の前に付ける．	図 3.77(a)
球の直径	Sφ[1]	えすまる	球の直径の寸法の，寸法数値の前に付ける．	図 3.78(a),(b)
球の半径	SR[1]	えすあーる	球の半径の寸法の，寸法数値の前に付ける．	図 3.78(b),(c)
正方形の辺	□	かく	正方形の一辺の寸法の，寸法数値の前に付ける．	図 3.76
板の厚さ	t[1]	てぃー	板の厚さの寸法数値の前に付ける．	図 3.80(c)
円弧の長さ	⌒	えんこ	円弧の長さの寸法の，寸法数値の上に付ける．	図 3.83(a),(d)
45°の面取り	C[1]	しー	45°面取りの寸法の，寸法数値の前に付ける．[2]	図 3.80
理論的に正確な寸法	▭	わく	理論的に正確な寸法の，寸法数値を囲む．	図 4.46(b)
参考寸法	( )	かっこ	参考寸法の，寸法数値（寸法補助記号を含む）を囲む．	図 4.15

1) JIS Z 8317 製図における寸法記入方法表1ではB形の文字で示してあるが，ここではJ形の文字にしてある．
2) 45°の面取りの場合，記号Cを使わないで示す方法及び45°以外の面取りを示す方法は，図3.79に示す．

図 3.79　面取り部の表示

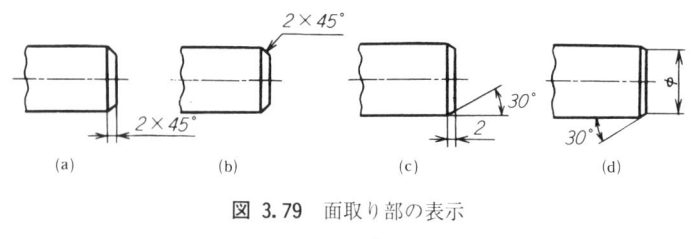

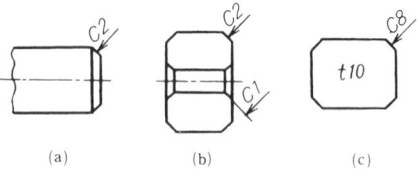

図 3.80　面取り記号と板の厚さ記号

3.2.8　特殊形状に対する寸法記入

（1）円弧の半径

円弧の半径を示す寸法線は，**図 3.81**のように常に斜め方向に引き，水平または垂直には引かない．

寸法線に付ける矢印は円弧側だけとし，中心側には付けてはいけない（図 3.81(a)）．中心を特に示す必要がある場合には，点または十字を付ける（図 3.81(b)，**図 3.82** 参照）．矢印は一般に円弧の内側に付けるが，円弧が小さい場合には，図 3.81(c)のようにする．

円弧の中心が離れすぎているとき，それを示す必要があれば図 3.82 のようにする．

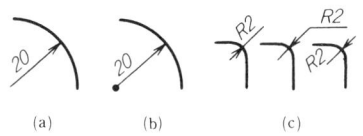

図 3.81　円弧の半径

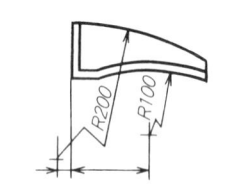

図 3.82　円弧の半径が大きい場合

（2）円弧および弦の長さ

円弧の長さおよび弦の長さを示すには，それぞれ**図 3.83**(a)および**図 3.83**(b)のようにする．いずれの場合でも寸法補助線を図 3.83(c)のようにはしないが，円弧が長い場合には許される（図 3.83(d)）．

3.2 寸　法

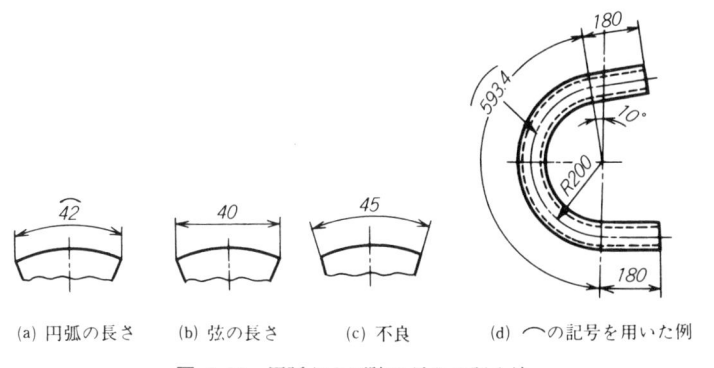

(a) 円弧の長さ　(b) 弦の長さ　(c) 不良　(d) ⌒の記号を用いた例

図 3.83　円弧および弦の長さの記入法

(3) 曲線の表示

曲線が円弧から成り立っているときには，曲線を構成する円弧の半径とその中心または円弧の接線の位置で曲線を表す（図 3.84）.

円弧でない曲線の場合には，図 3.85 のような方法によって表す．なお，この方法は曲線が円弧からできている場合に適用しても差し支えない．

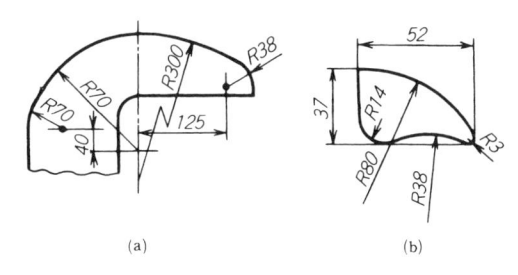

図 3.84　円弧で構成される曲線の表示法

(4) 穴 の 表 示

機械部品などにあけられている穴は，その使用目的によってあけ方が異なっていて，きり穴，リーマ穴，打ぬき穴，いぬき穴などがある．これらの穴の区別を示す必要がある場合には，原則として寸法にその区別を付記する（図 3.86，図 3.89 参照）.

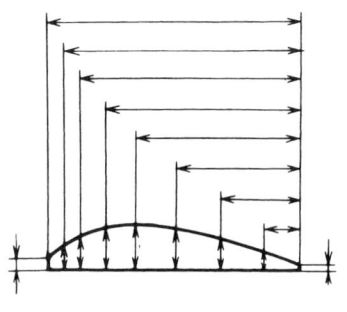

図 3.85　一般曲線の表示法

a）　きり穴　きり (drill) であける穴をきり穴といい，寸法としては，きりの直径寸法を記入する（図 3.86）．貫通しないきり穴は先端部の形を 120°

91

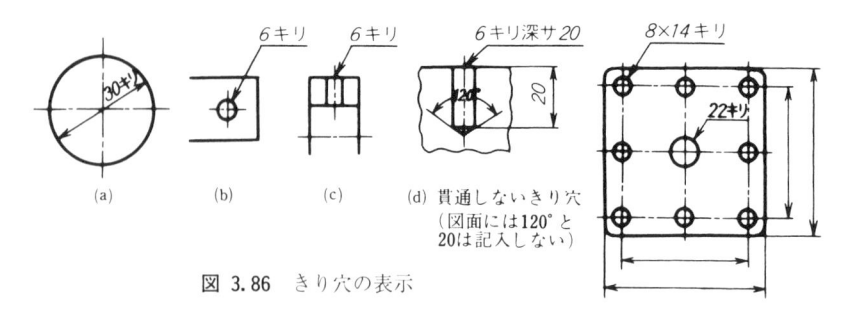

3章　機械製図法

図 3.86　きり穴の表示

図 3.87　多数のきり穴の寸法記入例

の山形とする．

　同種のきり穴が多数あるときには，一つのきり穴に対して8×14キリと記入して，直径14 mmのきり穴が8個あることを示す（図3.87）．

　b）　**リーマ穴**　きり穴をさらにリーマ（reamer）でさらって正確な寸法に仕上げた穴をリーマ穴という．リーマ穴をあけるには，まずリーマより少し直径の小さいきり穴をあけてからリーマでさらう．リーマ穴の寸法を記入するには，図3.88のようにする．

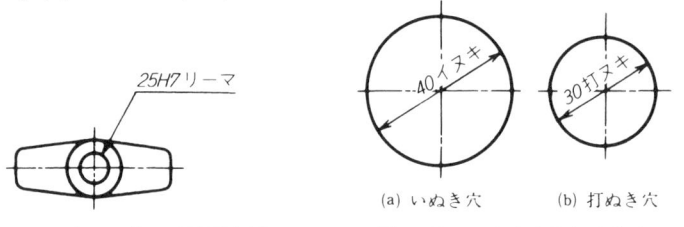

図 3.88　リーマ穴の寸法記入例

図 3.89　いぬき穴と打ぬき穴

　c）　**いぬき穴と打ぬき穴**　いぬき穴は鋳物を作るときに中子を用いて穴があくようにするものであるから，あまり正確な寸法を必要としない場合にしか用いられない．また，穴の寸法は一般に呼び寸法より相当大きく作られるのが普通であるが，直径10～20 mm以下の穴には用いられない（図3.89(a)）．

　打ぬき穴は板金や型鋼などにダイスとポンチを用いてプレスで打ち抜いた穴で，大きい穴の場合が多い（図3.89(b)）．

　d）　**その他の穴**　以上のほか，穴に属するものとしては，ざ（座）ぐり，深座ぐり，皿座ぐり（以上図3.90），ボルト穴（後述），小ねじ穴，ピン穴，

3.2 寸　　法

旋削穴（研削穴，ラッピング穴，ホーニング穴などを含む）などがあるが，旋削穴以外のものについては，必要に応じて加工法や用途などの記事を寸法に併記する．

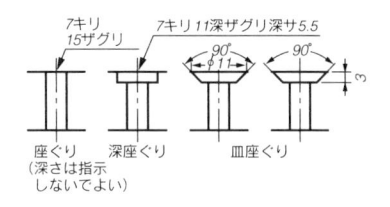

図 3.90　座ぐり，深座ぐりおよび皿座ぐりの寸法記入法

（5）テーパおよびこう配

テーパ (taper) とは，図 3.91 (a) に中心線の両側での傾斜をいい，両辺のなす角をテーパ角 (taper angle) という．また，こう配 (slope) とは，図 3.91 (b) で示すように片側だけの傾斜を

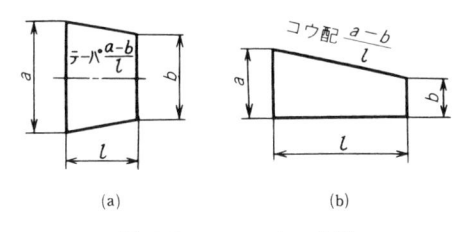

図 3.91　テーパとこう配

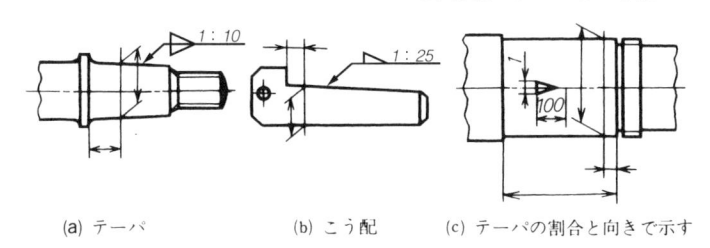

図 3.92　テーパとこう配の寸法記入法

いう．

これらの値を式で示せば

$$テーパ = \frac{a-b}{l} = \frac{1}{p}$$

$$こう配 = \frac{a-b}{l} = \frac{1}{p'}$$

となり，いずれも傾斜の両端における高さの差の減少率を示し，分子を1とした分数で表す．なお，水平線に対する1辺の傾きが等しいテーパとこう配では，$p' = 2p$ となる．

テーパの表示は，通常中心線に沿って記し，

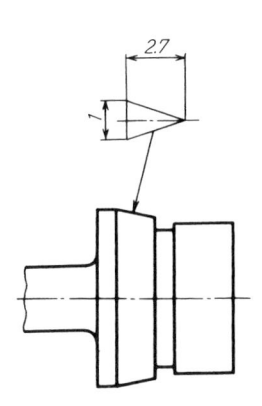

図 3.93　テーパを明瞭に示す場合の寸法記入法

こう配は辺に沿って記入する（図 3.92(a), (b)）．テーパまたはこう配の割合と向きを明示する必要がある場合には，図 3.92(c) または図 3.93 のようにする．

なお，テーパやこう配の記入は，正確にはめあうことを必要とする個所にだけ行って，はめあわない部分に対しては記入しない．

（6）キーみぞ

キーは回転運動をする軸に歯車，ベルト車，ハンドル車などのボスを固定するときに使用されるものであるが，キーの入るキーみぞ（普通は軸とボスの両方にある）の寸法記入例を図 3.94 に示す．またキーみぞが断面に現れているボスの内径の寸法記入法を図 3.95 に示す．

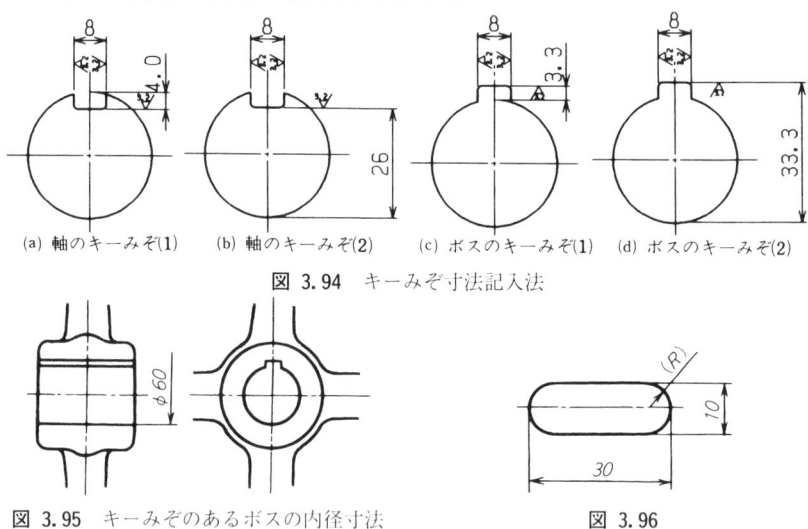

(a) 軸のキーみぞ(1)　(b) 軸のキーみぞ(2)　(c) ボスのキーみぞ(1)　(d) ボスのキーみぞ(2)

図 3.94　キーみぞ寸法記入法

図 3.95　キーみぞのあるボスの内径寸法の記入法

図 3.96

（7）キーみぞの端部が R である場合，半径の寸法が他に指示した方法によって自然に決定されるときには，半径の寸法線と半径の記号とで円弧であることを示し，半径の寸法数値は記入しない（図 3.96）．

3.2.9　寸法記入法の簡略化

以上は，通常の場合の寸法記入法について述べたものであるが，誤りを生じにくい特別の場合には，寸法記入を簡略に行って手数を省くとともに，図面を簡潔に分かりやすくすることがある．

3.2 寸　　法

（1） 片側を省略した図形

対称形をした品物の中心線の片側だけを示す図では，寸法線は図 3.97(a)のように，中心線を越えて延長するが，その先には矢印を付けない．図形が大きなものや，小さくても多数の直径を記入しなければならないものでは，図 3.97(b)のようにして記入することができる．

円を半分だけ示してある場合の寸法記入例は図 3.97(a) に示す．

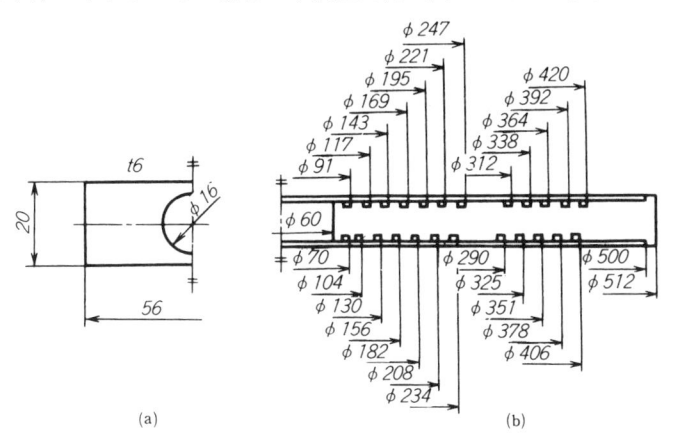

図 3.97　片側を省略した図形における寸法記入法

（2） 同一間隔で連続する同一寸法の穴

ボルト穴やリベット穴など同一寸法の穴が同一間隔で連続してあけられている鉄骨構造などの場合，それらの穴の配置を示す寸法は図 3.98 のように（間隔の数）×（間隔の寸法）＝（合計寸法）の形で表す．この際，間隔の数と寸法とを考え違いさせないためには，図中に 1 個所だけピッチ寸法を入れておくとよい．

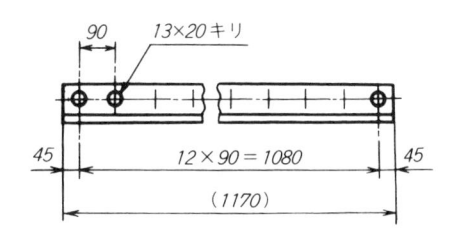

図 3.98　同一間隔で連続する穴の寸法記入法

（3） 円形フランジのボルト穴

円形のフランジの同一円周上で等間隔に同じボルト穴が設けられている場合には，その数と大きさを引出線で記入する．ただし，ボルト穴の中心を通

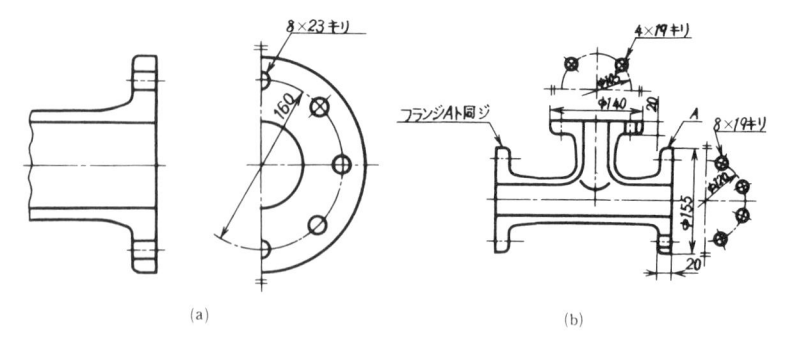

図 3.99 円形フランジのボルト穴の寸法記入法

る円（ピッチ円）の直径も同時に記入しておく（図 3.99）．

（4） 構造線図

鉄骨構造および建築物の構造図では，寸法線を省略して，構造を示す線の片側に寸法数字を記入して表すことができる（図 3.100）．

（5） 平鋼および形鋼

鋼の断面形状記号および長さは，その形鋼の図形に沿って記入する（図 3.101）．形鋼の断面形状記号および寸法表示は図 3.102 による．

（6） 記号文字による寸法記入法

図 3.103 のように全体としては同一形状で，その中の二，三の寸法だけが違っている場合には，その部分の寸

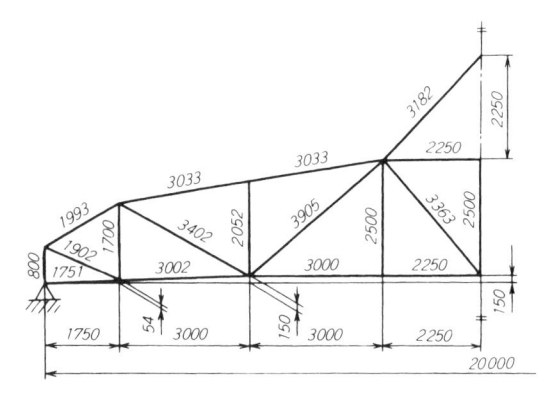

図 3.100 構造線図に対する寸法記入

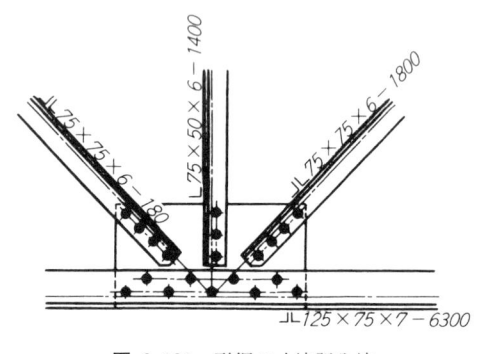

図 3.101 形鋼の寸法記入法

3.2 寸　　法

種類	断面形状	表示方法	種類	断面形状	表示方法
等辺山形鋼	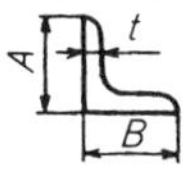	L$A \times B \times t-L$	軽 Z 形鋼	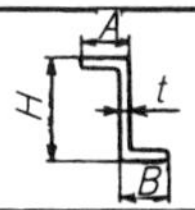	٢$H \times A \times B$ $\times t-L$
不等辺山形鋼	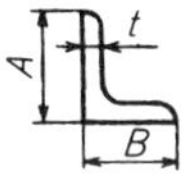	L$A \times B \times t-L$	リップ溝形鋼		⊂$H \times A \times C$ $\times t-L$
不等辺不等厚山形鋼	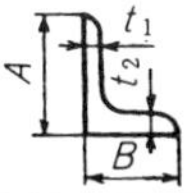	L$A \times B \times t_1$ $\times t_2-L$	リップZ形鋼	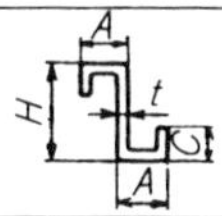	٢$H \times A \times C$ $\times t-L$
I 形鋼	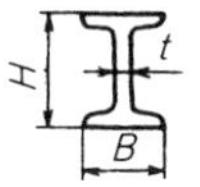	I$H \times B \times t-L$	ハット形鋼	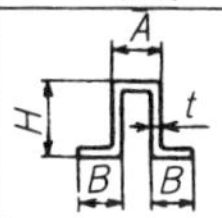	∏$H \times A \times B$ $\times t-L$
溝形鋼	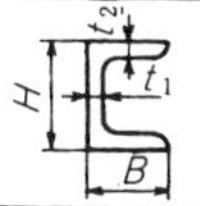	⊂$H \times B \times t_1$ $\times t_2-L$	丸　　鋼		普通$\phi A-L$ 異形$DA-L$
球平形鋼	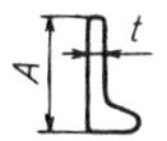	J$A \times t-L$	鋼　　管	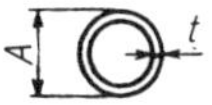	$\phi A \times t-L$
T 形鋼	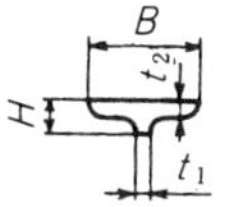	T$B \times H \times t_1$ $\times t_2-L$	角鋼管	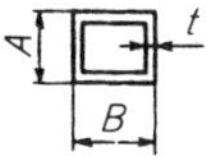	□$A \times B$ $\times t-L$
H 形鋼	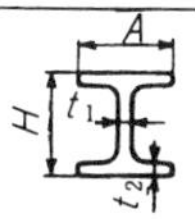	H$H \times A \times t_1$ $\times t_2-L$	角　　鋼	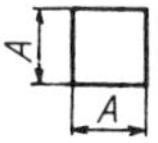	□$A-L$
軽溝形鋼	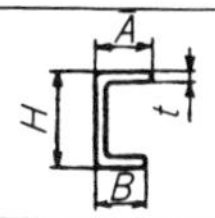	⊂$H \times A \times B$ $\times t-L$	平　　鋼	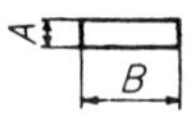	▭$B \times A-L$

備　考　Lは長さを表す．

図 3.102　形鋼の記号と寸法の表し方

数字の代わりに記号文字を用いて図示し，各々の数値は別表で示すようにする．この方法によれば，何枚も図面を描く手間を省いて，1枚の図面で二つ以上の異なる品物を作ることができる．ただし，この方法は使用記号の数の少ない場合以外は使わないほうがよい．

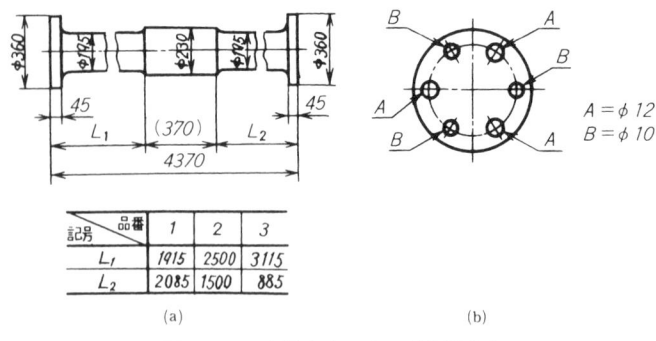

図 3.103 記号文字による寸法記入法

3.2.10 寸法の許容限界の記入およびはめあい

品物を作る場合，各部の寸法を図面に指示されているとおりに作ろうとしても，これは極めて困難である．このため，図面には目標とする寸法を指定するとともに，機械の機能を害さない程度で，誤差の範囲を定め，寸法の許容限界を示しておく必要がある．このことは，特にはめあわせる二つの部品の寸法の場合に重要である．これらについては，4章の寸法の許容限界およびはめあいの項で詳述する．

3.2.11 図面と一致しない寸法の表示その他

(1) 図面と一致しない寸法の表示

完成した図面を必要に応じてその一部の寸法を変更したり，あるいは尺度によらないで描いた部分があると，そこのところは，図形の寸法と寸法数字が一致しなくなる．この場合，見る人に疑問をもたせないようにするため，寸法数字の下に図3.104のように太い線をひいておく．ただし，中間の一部を切断省略して図示してある場合には，はじめから図形が寸法と一致していないことがはっきりしているので，寸法数字の下の太い実線は省略する（図3.25参照）．

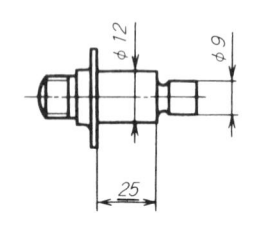

図 3.104 図面寸法と寸法数字が一致しない場合の記入法

3.2 寸　　法

（2）　寸法訂正による図面変更

　図面が作成された後，いろいろな理由で内容の一部を変更する必要がある場合，特に寸法変更の場合には，変更前の図形はそのままにして，訂正すべき数字を横線1本で抹消した後，その傍らに新たに訂正した寸法数字と△，△など適当な記号を付記する．同時に訂

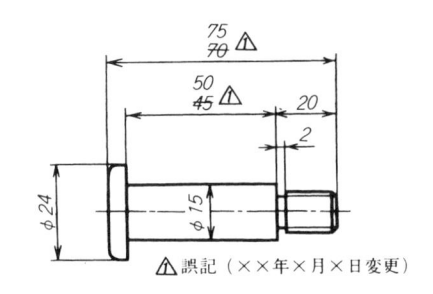

図 3.105　図面寸法を訂正した場合の記入法

正欄を設けて変更の日付，変更の理由その他の必要事項を記入しておく（図3.105）．

（3）　参考寸法の表示

　寸法のうち重要度の少ない寸法を参考として示す場合には，寸法数字に括弧を付けて記入する（図 3.103(a)）．

3.2.12　寸法表示の原理

　部分的な寸法記入法については，前述のとおりであるが，品物全体について間違いなく寸法を記入して，製作を容易にするためには，寸法表示の原理を心得ている必要がある．これにより寸法の記入漏れや重複を防ぐことができる．

　品物の形は，複雑なようでも，部分的に見ると角柱や円筒，角すい，円すいなどの比較的簡単な立体の形をしていることが多く（実体の部分と空間の部分を含めて），これらがいろいろな関係位置を保って一つの品物を形づくっているものと考えることができる．このように考えると，品物に関する寸法には，個々の立体の大きさを示す"大きさの寸法"と

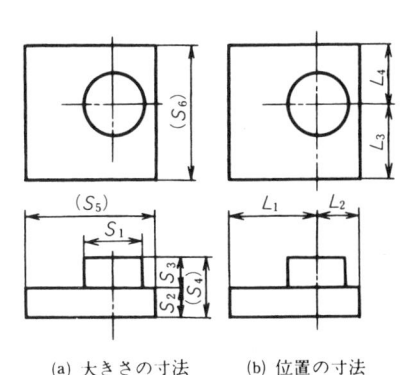

(a) 大きさの寸法　　(b) 位置の寸法

図 3.106　大きさの寸法と位置の寸法

99

個々の立体の位置を示すための"位置の寸法"があることが分かる．図 3.106 において，(a)は大きさの寸法を示し，(b)は位置の寸法を示す．実際の図面の場合には，これらが同時に記入されるものであることはいうまでもない．なお，"大きさの寸法"のうち品物全体の大きさを表す寸法，すなわち，品物の端から端までの寸法を外法寸法といい，図 3.106 では(S)で示してある．

（1）大きさの寸法

一般的に，立体を表す寸法としては，長さ L，高さ H，厚さ W の三つがあり，これらを総称して立体寸法という．寸法表示の一般的法則としては，通常，立体寸法のうち L と H を正面図（主投影図）に記入し，W を平面図に記入する（図 3.107）．しかも，L は正面図と平面図の間に，H は正面図と側面図の間に置くようにする．なお，この際，寸法を入れる必要のない投影図が出てくるようであれば，その図は描く必要がなかったということになる．

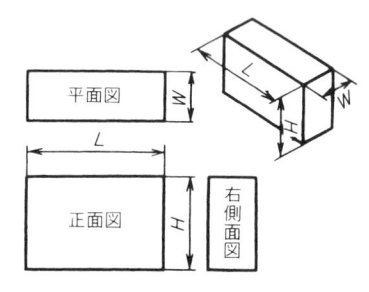

図 3.107 立体を表す寸法

なお，円筒形の場合には，同一図形について直径と長さを示すようにする（図 3.108）．ただし，円筒形の部分が隅肉（fillet）や丸味（round）である場合，また，きり穴やリーマ穴である場合には，作業の関係を考えて円弧や円形の示されている図形に寸法を記入する（図 3.109）．

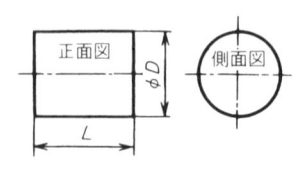

図 3.108 円柱の大きさ寸法記入法

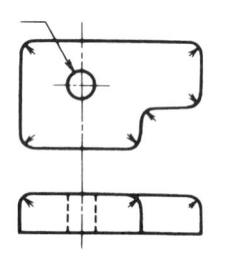

図 3.109 きり穴，隅肉，丸みの寸法記入法

以上の法則に従って，いろいろな形についての寸法入方法を図 3.110(a)〜(e)に示す．

3.2 寸　　法

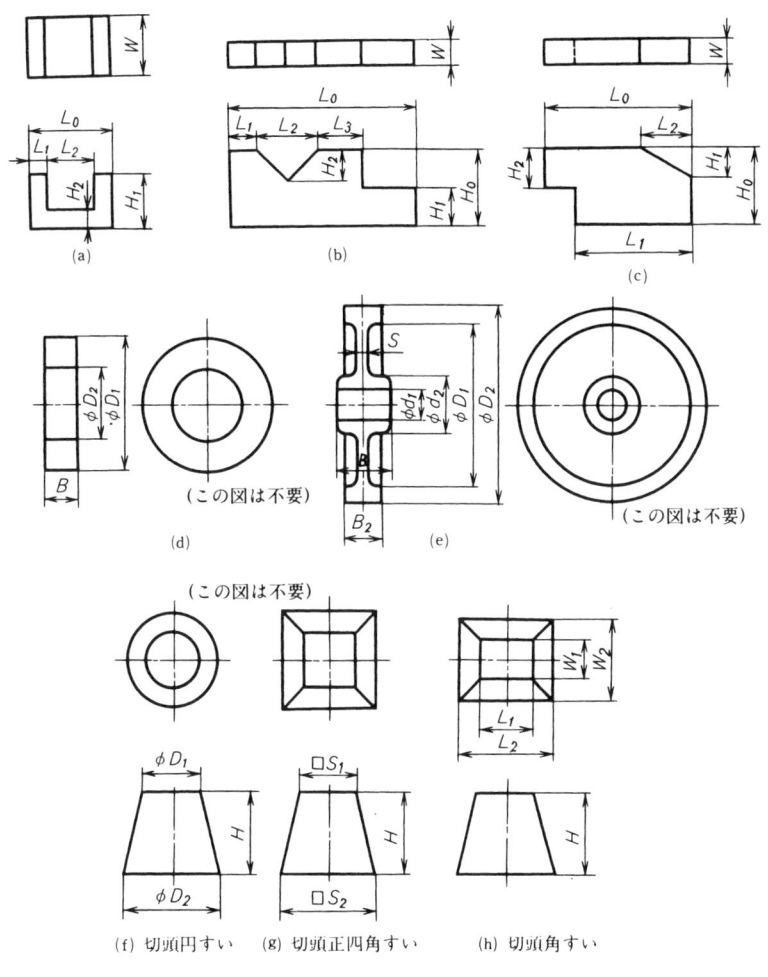

図 3.110　大きさの寸法記入法

(f) 切頭円すい　(g) 切頭正四角すい　(h) 切頭角すい

（2）位置の寸法

　品物を構成する各立体部分の寸法表示の次には，各部分相互の位置を示す位置の寸法の記入が必要となる．この場合の位置の寸法は，品物を加工するときの手順や隣接部との組合わせなどを考えて記入する．このためには，大きさの寸法を記入する際，その部分の位置をどのようにして表すかを検討しておき，後で位置の寸法を記入できる余地を残しておくようにする．

一般に位置の寸法は，基準面[10]から品物各部の中心線まで，中心線から中心線まで仕上げ面（基準面を頼りに加工された面）から仕上げ面（次に加工される面）までの距離を記入する．

なお，角柱部分の位置を定めるには，その部分の軸（中心線）の位置と角柱に属する2面の位置を示す3寸法を指定すればよく（図 3.111(a)），また，円柱部分の位置を定めるには，軸（円の中心位置を二つの寸法で指定する）と円柱の底面を示す3寸法を指定すればよい（図 3.111(b)）．

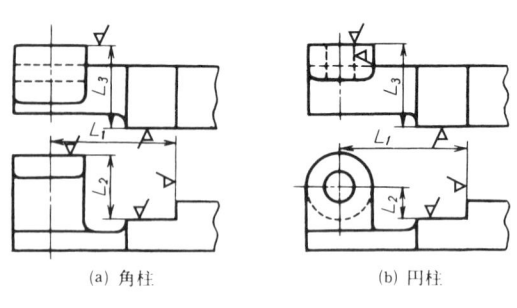

(a) 角柱　　(b) 円柱

図 3.111　角柱と円柱の位置の寸法

10) 素材（鋳造品または鍛造品）を加工する場合には，そのうちのある面を仮の基準面として工作機械に取り付け，反対側の面を加工する．次にこの加工した面を真の基準面として他の部分の位置を決める．
あるいは，けがき（罫書）その他によって品物の中心穴をあけ，それを頼りに旋削その他の加工を進めていく．

3.2.13　寸法記入上の注意と記入順序

図面に寸法を記入するには，寸法表示の原理と各部に対する寸法記入方法を心得たうえ，次の注意事項に従って記入漏れやむだな記入をしないようにし，また，加工者が容易に理解できるような寸法表示を行わなければならない．以下に原則的な注意事項を取りまとめておく．

(1) 寸法記入上の注意

(1) 寸法線は，原則として寸法補助線を引き出した間に引くようにする．ただし，寸法補助線が長くなりすぎたり，寸法を指示する個所と寸法線が極端に離れる場合，その他の寸法と接近して見にくくなる場合などには，図形の中に直接寸法線を入れる（図 3.57 および図 3.60 参照）．

(2) 図形の外に記入する寸法は，なるべく投影図と投影図の間に入れる

3.2 寸　　法

（図 3.110 参照）．

(3) 寸法は正投影図になるべく集中して記入し，正投影図で示せない寸法は，側面図，平面図などに記入する（図 3.107 参照）．

(4) 中心線や外形線を寸法線に兼用してはいけない（図 3.61 参照）．

(5) 寸法線の交差はなるべく避けるようにするため，大きい寸法ほど外側に記入する（図 3.58）．

(6) 長さ，高さ，厚さの外法寸法は，他の寸法の外側に記入する（図 3.110 参照）．

(7) 多数の寸法線を平行に引く場合，寸法数字は前後をそろえて記入する．ただし，寸法線が接近しているときは，数字の密接を防ぐため，対称中心線の両側に交互に記入する（図 3.73 参照）．

(8) 多くの寸法を隣り合わせに記入する場合には，寸法線が一直線になるように入れる（図 3.59 参照）．

(9) 狭い部分に寸法を記入するには，外側から内側に向けて矢を描き，狭い部分が連続するときには，中間の矢印は点(・)とする．寸法数字は寸法補助線の外側か，または引出線を用いて示す（図 3.62 参照）．

(10) 円形部の位置の寸法は必ずその中心線で定める．周囲からの位置の寸法を入れることは，絶対にやってはならない．

(11) 円形の大きさを表す寸法は，必ず直径で入れ半径で入れてはならない．

(12) 円弧の部分の寸法は，円弧が180°までは原則として半径で表し，それを越える場合には直径で表す（**図 3.112**(a), (b)）．ただし，円弧が180°以内であっても，加工上特に直径の寸法を必要とするものに対しては，直径の寸法を記入する（**図 3.112**(c)）．また，対称形の品物の片側半分を省略した図で

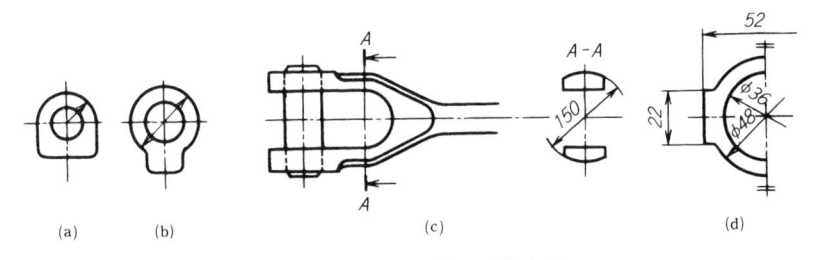

図 3.112　欠円に対する寸法表示

は，図示された円弧が 180°であっても直径の寸法を記入する（図 3.112(d))．この場合，寸法数字の前に記号 φ を付ける．

(13) 寸法は品物の大きさ，形を明瞭に表すのに必要にして十分な程度に記入し，原則的に，同一品物については，寸法の重複記入を避け，また不必要な寸法記入しないようにする．ただし，正投影図と平面図など互いに関連する図において，特に図の理解を容易にするために，ある程度重複して寸法記入をすることがある．この場合，重複して記入してあることを明記する．

(14) 加工または組立の際，基準とすべき個所がある場合には，寸法はその個所を基にして記入する（図 3.113(a), (b))．特に基準であること示す必要が

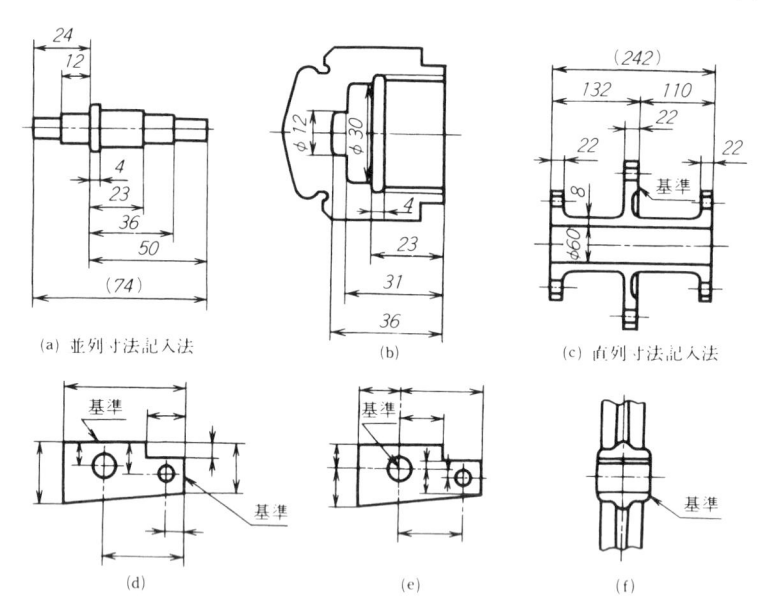

(a) 並列寸法記入法　　(b)　　(c) 直列寸法記入法

図 3.113　寸法記入時の基準の取り方の例

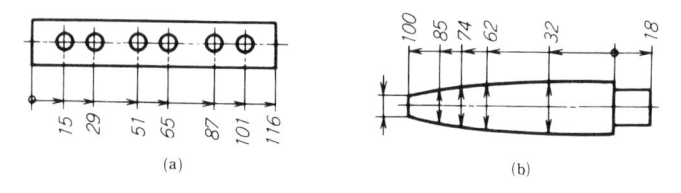

図 3.114　累進寸法記入法（その1）

3.2 寸　法

ある場合には，その面の付近に"基準"と記入する（**図 3.113**(c)～(f)）．ただし，混乱のおそれのないときには，基準とする個所を基にして**図 3.114**(a), (b) および **図 3.115** のように寸法を記入することができる．この場合，基準の位置を起点記号（白ぬきの丸○）で示し，寸法数字は，寸法補助線に並べて記入する（図 3.114 および図 3.115 のような寸法記入方法を累進寸法記入法という）．

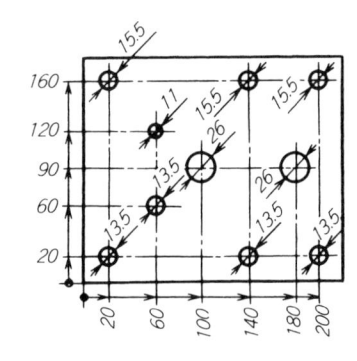

図 3.115 累進寸法記入法（その 2）

なお，このような場合，**図 3.116** に示すように寸法は図と別に表を用い，座標によって示すことができる．

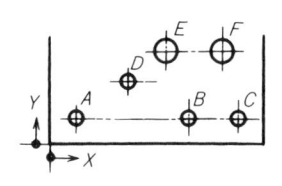

(15) 加工工程を異にする部分の寸法は，なるべくその配列を分けて記入する（**図 3.117**）．

図 3.116 座標による寸法記入方式

	X	Y	φ
A	20	20	13.5
B	140	20	13.5
C	200	20	13.5
D	60	60	13.5
E	100	90	26
F	180	90	26
G			
H			

(16) 現場で必要な寸法が，加えたり引いたりしなければ出ないような記入をしてはいけない（図 3.113(b)）．

(17) 作業者が図面をスケールで測ることは絶対にさせてはならない．図面が不備で(16)のようなことや寸法の記入漏れがあると，このようなことが起こりがちとなるので，十分に注意を要する．

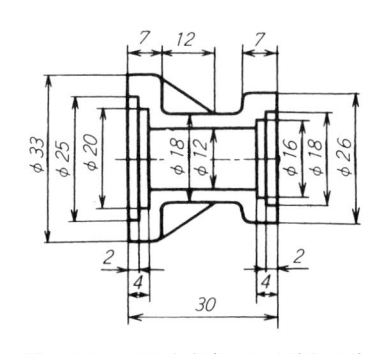

図 3.117 工程を考慮した寸法記入法

(18) 互いに関連す寸法は，なるべく 1 個所にまとめて記入する．例えば，フランジの場合のボルト穴の寸法は，穴のピッチ円が描かれているほうの図にまとめて記入するのがよい（図 3.99(a), (b)）．

(19) T 形管継手，弁箱，コックなどのフランジのように，1 個の品物に全く同一寸法の部分が二つ以上ある場合には，寸法はそのうちの 1 個所にだけ記

105

入すればよい．この場合，必要に応じて寸法を記入しないフランジも同一寸法であるとの注意書きをする（図 3.99 (b)）．

⒇　組立図には主要寸法を記入すること．元来，組立図の目的は，機械の構造，働き方，大体の大きさ，外部との接続，据付け関係などを示すためであるから，主要な寸法例えば，外法寸法，外部に出る軸の高さ，軸間距離，軸の直径，据付け穴の関係位置および穴の直径などは記入の必要がある．その他機械の種類によっては，その機能を表す最も重要な寸法，例えば，内燃機関であればシリンダの内径,工程などはぜひとも記入しなければならない．

(2) 寸法記入の順序

製図をする場合には，寸法記入を順序正しく組織的に行うことが，製図の能率を上げるうえに極めて大切である．一例を示すと，

⑴　大きさの寸法と位置の寸法を考えて寸法補助線を引く．

⑵　寸法線を引く．この際，外形線に一番近い寸法線は外形線から 8〜10 mm 離し，寸法線同士は，6〜8 mm 離すようにする．

⑶　矢印および引出線を引く．

⑷　寸法数字および文字を記入する．なおこの際，正投影図だけを完成してから平面図その他に移ることをせず，正投影図で寸法を記入した個所に対応する他の図の個所にも寸法を記入するようにしていけば，記入漏れを防止することができる．

3.3　機械製図の手順

3.3.1　鉛筆書きの順序

鉛筆書きは白紙に対して行われるので，あらかじめ諸計画を立て，組織的な手順に基づいて製図を進めなければならない．

⑴　図形の配置に対する構想を立てる．

これから製図しようとする品物の形に応じて，正投影図の選定，その他の投影図の数と配置をどのようにしたらよいかを検討して方針を立てる．

⑵　尺度と図面の大きさを決める．

品物の大きさと⑴と図面の大きさを考え合わせながら尺度を決定する．

3.3 機械製図の手順

なお，部品図はできるだけ現尺で描くようにする．

(3) 輪郭，表題欄，部品欄の位置．

用紙の大きさを決めたならば，輪郭，表題欄，部品欄などの枠を描く．これらを後から描こうとすると，図形が所定の輪郭内に収まらなくなったり，表題欄や部品欄を置く余地がなくなることが起こる．

(4) 図形や配置を決めて中心線を引き，主要寸法をとる．

正投影図や平面図，側面図などの配置をよく考え（寸法記入の余地を含め），後になって図形の一部が紙の外へはみ出したり，また，図形が図面の中で片寄りすぎないようにする．

図形の配置が決まれば，各図形の基本中心線と寸法測定の基準となる基準線を水平線，垂直線の順序で引き，それらからさらに主要寸法をとる．

(5) 図形の骨組を完成する．

各投影図の骨組を描く際には，互いに関連するものを平行的に描いていくようにし，一つの投影図を完成してから次に移ることはしないほうがよい．この際，所要の個所にはすべて中心線が入っていること，円の中心となるべきところが2本の中心線（一方は円弧でもよい）の交点として示されていることを確認する．

(6) 円と細部を描く．

(7) 円弧や円，すみ肉，丸味などを描く．

(8) 以上までに引けなかった線を引く．

円弧と接する部分などいままでに濃く描けなかった所を仕上げる．

(9) 寸法補助線，寸法線，引出線を引く．

(10) 寸法数字，表面性状 (4.2 参照)，溶接記号 (4.4 参照)，各種の説明事項などを記入する．必要に応じ幾何交差を記入する．

(11) 必要に応じて断面にハッチングまたはスマッジング（薄い縁どり）をする．

(12) 照合番号，部品欄，表題欄に記入する．

(13) 検図（6章参照）をする．

製図完了後製図者は，図面を使用する者の身になって図形が完全に品物を表していること，寸法に誤記がないこと，記事の類に誤り書き落としのない

107

ことなどを確認する．

3.3.2 墨入れの順序

墨入れの順序は，鉛筆書きの元図の上にトレース紙を乗せて引写しする（トレース，写図，tracing）場合でも，トレース紙に描かれた鉛筆書きの上に墨入れする場合でも同様で，下記のようにする．なお，墨入れの場合には，線の不ぞろい，線の継目の食違い，文字のきたなさ，図面の汚損などには十分気をつけて，きれいな見やすい図面を作るようにする．

(1) 外形線を引く前に，円や弧，曲線を小から大の順に引く．垂直線を上から下に，水平線を左から右に，斜線を上から下の順に引いていく．
(2) かくれ線，切断線，想像線を外形線の場合と同様に引く．
(3) 中心線を引く．
(4) 必要に応じハッチングを入れる．
(5) 寸法補助線，寸法線，引出線を引く．
(6) 矢印や寸法数字を記入する．
(7) 仕上げ記号，はめあい記号，照合番号などを記入する．
(8) 注意事項，説明事項を記入する．
(9) 表題欄，部品欄などに文字を記入する．

3.4 照合番号（部品番号），表題欄および部品欄（部品表）その他

3.4.1 照合番号（部品番号）

機械は多数の部品によって構成されているので，個々の部品に番号を付けて整理している．この整理番号を照合番号（組立図の中の部品に製作図がある場合，図面番号または部品番号を付けてもよい）という．組立図中の部品と部品図，部品欄などとの関連は，照合番号によって行われるので，照合番号は機械を完成するための諸手続き上極めて大切である．

照合番号は，まず第一に組立図に記入されるが，原則として円内にアラビア数字で記入し，部品の図形から引出線を用いて記入する（図 3.118）．この

3.4 照合番号（部品番号），表題欄および部品欄（部品表）その他

際，引出線が，寸法線や中心線などとまぎらわしくないよう，水平方向や垂直方向に引くことは避けるようにする．

　引出線の先端には，矢印を付けて部品の外形線に接触させる．ただし，外形線を越えて部品の内部で指示する場合には，矢印の代わりに黒丸（・）を付ける．引出線の他の端には，照合番号を記入する円を描くが，この円の中心では，引出線の延長上にあるようにする．なお，多くの円の配列は乱雑にせず，一直線上に置いて，水平または垂直に配列し，円の間隔はできるだけ一様になるようにする．また，この円や中に記入する文字の大きさの一例は図 3.119 に示す．

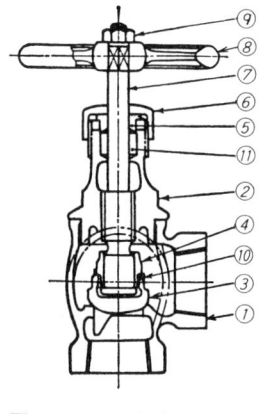

図 3.118　照合番号の配列　　　　　図 3.119　照合番号

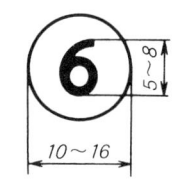

3.4.2　表題欄と部品欄

　図形を描き，寸法や記事を記入した後，図面にはさらに図面の整理や管理を容易にするため，表題欄や部品欄などを設ける．

（1）**表題欄***

　図面には必ず表題欄（title block；title panel）を設ける．表題欄の位置は，用紙の右下隅に置いて，表題欄を見る方向を図面の正位とする．表題欄には，図名番号，図名，企業名，責任者の署名，図面作成年月日，尺度，投影

---

*参照 JIS 規格：JIS Z 8311　図面の大きさおよび様式，6.表題欄
　　　　　　　　　JIS B 0001　機械製図 4.図面の大きさ・様式(4)

3章　機械製図法

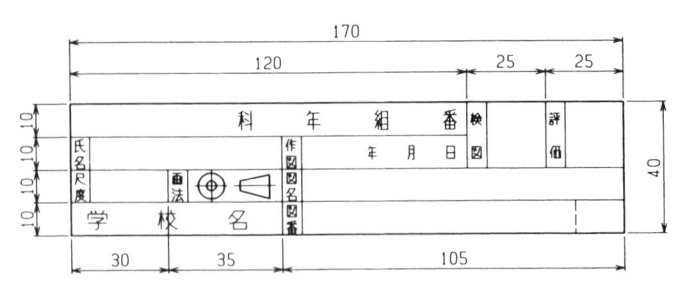

図 3.120　学校製図用表題欄の一例

法などを記入する．図3.120には，学校製図用表題欄の一例を示す．通常，トレース紙にはあらかじめ輪郭線とともに表題欄，部品欄の一部を印刷したものを製図用紙としていることが多い．

　a）　**図面番号**　表題欄中の図面番号の位置については，従来いろいろであったが，図面の整理，探索の便利さからすると，図3.122のように右下隅に置くのが合理的である．なお，これと同時に，図面番号だけを図面の左上隅に逆さまに記入して，図面整理をいっそう便利にすることも行われている．

　図面番号の付け方にはいろいろな方式があり，製品の性質，工場の習慣などによって一定していない．従来は，図面の製作順や用紙の大きさ別を考慮したもの，機種を示す数字や記号，機械の構造区分などを取り入れて示すものなど，なかばいわゆる記憶式による番号の付け方をしたものが多かったが，最近では電子計算機の普及に伴ってコード番号で付けるようになった．これは記憶式ではないため，番号と品物の関連は分からず，番号も桁数が多く，筆記するのには不便ではあるが，図面に関連したあらゆる手続きが電子計算機で処理されるので，事務能率は著しく向上する．

　b）　**図名**　一品一葉式の場合の部品図では，その部品の名称が，部分組立図では組み立てた部分の名称が，組立図では機械の名称が入る．また，多品一葉式の図面では機械の名称が入る．

　c）　**尺度**　組立図では縮尺を使っても，部品図ではできるだけ現尺とする．

　d）　**投影法の指示**　図3.2に示す記号を記入する．

3.4 照合番号（部品番号），表題欄および部品欄（部品表）その他

e） **製作所名** 図面を作製した工場の名称を記入する．

f） **図面作成年月日** 図面のできあがった年月日を記入する．

g） **責任者の署名** 設計者，製図者（写図者），検図者および承認者などは，署名をしなければならない．

（2） 部品欄（item block, block for item list）

部品欄は，図面に描いてある各部品に関して，照合番号（部品番号），名称，図面番号，材料，質量，個数および備考などを記載する欄で，多品一葉式の図面では，その図面に，一品一葉式の場合には，組立図かあるいは別の部品表（parts list）に取りまとめる．部品欄の例を**図 3.121** に示す．

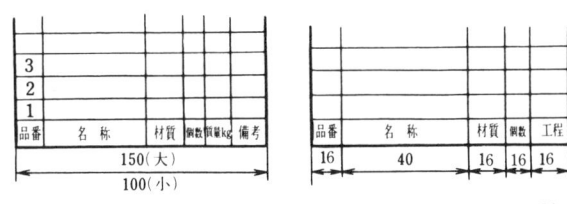

図 3.121 部品欄の例

a） **品番** 組立図に示されている照合番号（部品番号）を記入する（(a)と(b)の相違に留意のこと）．

b） **名称** 部品の名称あるいは呼び名を記入する．

c） **図面番号** 一品一葉式の図面では，組立図に部品欄を設けて，各部品図の図面番号を記入しておく．

d） **材質** 部品の材料を材料記号で記入する．

e） **質量** 部品1個の質量を kg 単位で記入する．これは，材料準備や価格計算，機械の質料推定などのために必要なものであるから，小物でない限り必ず記入するようにする（ただし概算でよい）．

f） **個数** 1台の機械に必要な個数を記入する．

g） **備考** ボルト，ナット，座金などの標準部品を使用する場合の JIS

111

の規格番号を示したり，その他必要事項を記入する．

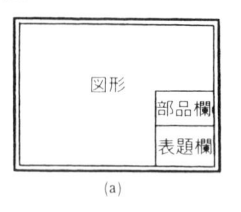

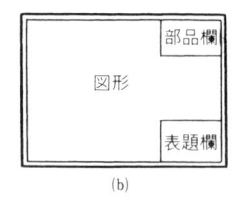

（3） 表題欄と部品欄の位置

表題欄と部品欄の位置を任意の場所に置くと図面管理上混乱をきたすので，通常は図 3.122 に示すようにする．

図 3.122 表題欄と部品欄の位置

3.4.3 その他の欄

（1） 訂正欄（notice of change；revision）

図面を訂正する場合，原図から1枚も複写図が作られていないときであれば，関係責任者の許可あるいは承認を得て原図の訂正をすることができるが，この場合には，訂正個所を跡の残らないように消してその上に新しく書く．

複写図が，その使用目的のためにいったん出図された後に，一部分の誤りあるいは材質や熱処理の変更，また設計の変更が必要となった場合には，出図済みの図面に対しては，訂正伝票を出すとともに，原図に対しては，変更前の図形，寸法その他の記述などを分かるように残しながら訂正を加え（完全に消すことは許されない），必ず変更個所に適当な記号（△などの）を付記して変更の日付と理由を明記しなければならない．この変更記事は変更個所に記入することもあるが，一定の訂正欄を設けて，第1回の訂正から日付の順に一連の符号を付けて整理するのがよい．

（2） 図面配布欄

図面によっては，図面の左下隅に図面配布欄を設けて，図面の配布先（通常略称で）を記入することがある．これにより関係職場と配布枚数をはっきりさせることができる．

（3） 出　図　印

複写図を関係方面に配布する際には，必ず出図日付と出図部署名の入っている出図印を押すことが望ましい．これにより現場では未訂正の旧図によって作業するなどの誤りを防ぐことができる．

4章　機械製図に必要なその他の表示事項

4.1 寸法公差およびはめあい*

4.1.1 概　　説

(1) 寸法と形状

品物の長さ寸法は，ほとんど2点測定で測られるが，これによって品物は，製作，検査が行われ，寸法公差その他の取扱いもこれに基づいて考える．後述の幾何公差方式は，品物の形状のゆがみについて考えるものであるが，特別の指示がない限り，寸法公差と幾何公差は，それぞれ独立していて互いに規制を及ぼさないことになっている．ただし，両者を関連させなければならない場合には，最大実体公差方式，または包絡の条件で関連づける(4.3.4および4.1.5(d)参照)．

JIS B 0401 寸法公差およびはめあいは，基準寸法が3150 mm以下の形体の寸法公差方式，はめあい方式の対象となる機械部品の部分で主として円筒形体または平行2面の形体などの単純な幾何形状に適用する．

(2) 寸　法　公　差

部品各部の寸法を図面指示どおり正確に作ることは，極めて困難なことで，実際にでき上がってくる寸法には，必ずばらつきがある．一方，そのばらつき程度がある範囲に収まっていれば，実用上その部品の機能に支障をきたすことはなく，互換性も確保される．この寸法のばらつきの範囲を狭くし

---

* 参照 JIS 規格：JIS B 0401　寸法公差およびはめあい，JIS B 0405 削り加工寸法の普通許容差，
　　　　　　　　 JIS B 0415　鋼の熱間型鍛造品交差（ハンマおよびプレス加工）
　　　　　　　　 JIS Z 8310　製図総則，JIS Z 8310　製図における寸法の許容限界記入方法

ようとすると，工作は困難な度を増し，また，高級な工作機械と高度の工作技術を必要とし，製品は，高価なものとなる．したがって，部品の使用目的に応じた寸法公差（寸法のばらつきの範囲）を選定して，それに基づいた寸法の許容限界を図面に記入しておく必要がある．

寸法の許容限界（**図4.1**参照）は，互いに部品をはめあわせるなどの機能上特別の精度を要求される場合，特に重要であるので，JISの関係諸規格では，これに対応するように構成されている．なお，機能上特別の精度を必要としない場合に対しては，加工法に応じた"寸法の普通許容差"として別に規定されており（後述），この場合の図面寸法には，一々寸法の許容限界の指示をしないのが普通である．

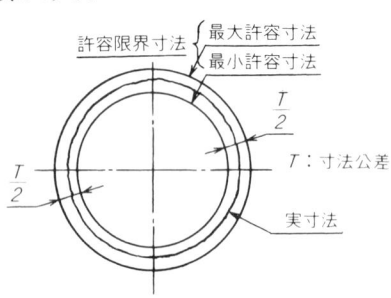

図 4.1 許容限界寸法と実寸法

寸法の許容限界を指示する場合には，大小二つの許された寸法の限界を示す許容限界寸法を設け，実寸法（部品のある部分について実測された寸法）がこの範囲にできていれば合格とするものである（図4.1）．ここで，最大許容寸法と最小許容寸法との差を寸法交差（dimensional tolerance）または単に公差という．なお，公差を論ずる場合には，図4.1のようにはせず，一方に片寄せてできたすきまについて行う（**図4.2**）．

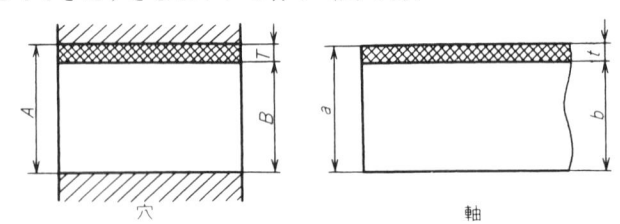

例：最大許容寸法　$A = 50.025$ mm　　$a = 49.975$ mm
　　最小許容寸法　$B = 50.000$ mm　　$b = 49.950$ mm
　　寸法公差　　　$T = A - B = 0.025$ mm　$t = a - b = 0.025$ mm

図 4.2 許容限界寸法と寸法公差

（3） 限界ゲージ

穴や軸のはめあい部品の加工された寸法が，許容限界寸法内に入っている

4.1 寸法公差およびはめあい

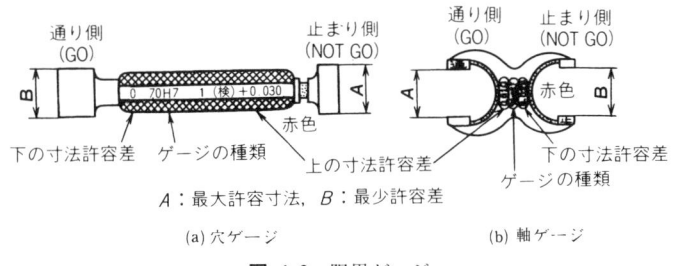

図 4.3 限界ゲージ

かどうかを調べるための測定具が限界ゲージ（limit gauge）である（**図 4.3**）．

これには，穴の寸法の検査するための穴ゲージ（プラグゲージともいう）（plug gauge）と軸の寸法を検査するための軸ゲージ（はさみゲージともいう）（snap gauge）とがある．1個の限界ゲージには，通り側（GO gauge）と止まり側（NOT GO gauge）の2種類の測定部分を備えていて，実寸法が通り側で通り，止まり側で止まれば合格とする．この場合，寸法の絶対値は測らずに簡単かつ正確に合否を判定できる．限界ゲージを使って作業する方式を限界ゲージ方式（limit gauge system）という．

4.1.2 寸法の許容限界の指示

図面に示されている寸法は，**許容限界寸法**[1]の基準となるもので，これを**基準寸法**[2]と呼び，許容限界寸法と基準寸法との差を寸法許容差，**最大許容寸法**と基準寸法との差を**上の寸法許容差**[3]（穴の場合は ES，軸の場合は es で表す），最小許容寸法と基準寸法との差を**下の寸法許容差**[3]（穴の場合は EI，軸の場合は ei で表す）という（**図 4.4**）．なお，ここで，

 寸法公差＝最大許容寸法－下の寸法許容差
 （T または t） （A または a） （B または b）
  ＝上の寸法許容差－下の寸法許容差
   （ES または es） （EI または ei）

1) ゴシック文字で示す字句は，JIS B 0401-1986 で使用されているものである（以下同様）．
2) 許容限界寸法やはめあいなどを説明するための図において，基準寸法を表すための線を**基準線**と呼んでいる（図4.5，図4.6参照）．

115

4章　機械製図に必要なその他の表示事項

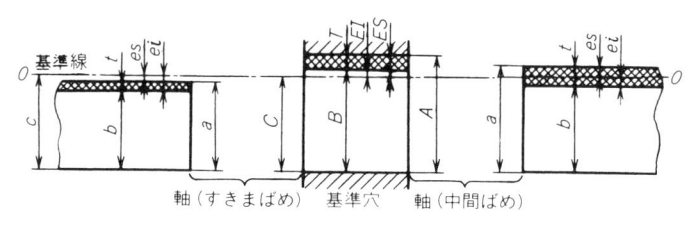

例：基準寸法 50.000 mm（又は寸法 50 mm）の場合

	軸	穴	軸
基 準 寸 法	$c = 50.000$ mm	$C = 50.000$ mm	$c = 50.000$ mm
最 大 許 容 寸 法	$a = 49.975$ mm	$A = 50.034$ mm	$a = 50.015$ mm
最 小 許 容 寸 法	$b = 49.950$ mm	$B = 50.009$ mm	$b = 49.990$ mm
上ノ寸法許容差	$es = -0.025$ mm	$ES = +0.034$ mm	$es = +0.015$ mm
下ノ寸法許容差	$ei = -0.050$ mm	$EI = +0.009$ mm	$ei = -0.010$ mm
公　　差	$es - ei = 0.025$ mm	$ES - EI = 0.025$ mm	$es - ei = 0.025$ mm

図 4.4　基準寸法と許容差

3）　上の寸法許容差の値は，常に下の寸法許容差の値よりも大きい．

　JIS 規格による寸法公差方式では，一つの基準寸法に対して，上および下の寸法許容差を与えることによって，許容限界寸法が分かるようにしてある（例：$\phi 50^{-0.025}_{-0.050}$，$\phi 50^{+0.025}_{0}$ など）．また，これを**公差域クラス**[4]を示す記号によって示すことも行われている（例：$\phi 50$ f7，$\phi 50$ H7 など）．このようが後述のはめあい関係を知るうえで都合がよい．このため，f7，H7 などをはめあい記号といっていた人もあった．ここで，f や H を**公差域の位置**[5]（以前は，軸または種類といっていた）といい，**基礎となる寸法許容差**[6]（上または下の寸法許容差のうち基準寸法に近いほうをいう）の大小によって穴の場合には，$A \sim ZC$ の記号，軸の場合には，$a \sim zc$ の記号で表す（**図 4.5**）．また，数字の 7 は，**公差等級**[7]を示す（**表 4.1**）．また，穴の基礎となる寸法許容差の数値を**表 4.2** に，軸の基礎となる寸法許容差の数値を**表 4.3** に示す．

4）　公差域クラスとは，公差域の位置の記号に公差等級を表す数字を続けて表示したもの．

5）　**図 4.6** によって基準線，上の寸法許容差，下の寸法許容差，寸法公差，公差域などの関係が分かるが，基準線に近いほうの寸法許容差の値を公差域の位置という．

6）　基礎となるというのは，そこから公差を取る，すなわち，公差の始まる位置

4.1 寸法公差およびはめあい

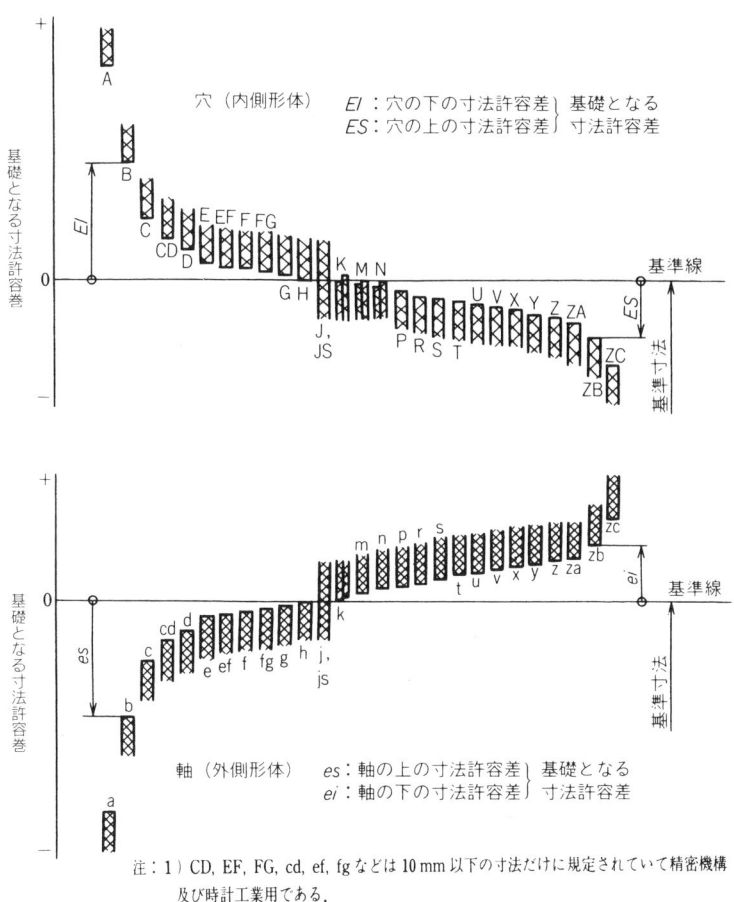

図 4.5 公差域の位置の記号

注：1) CD, EF, FG, cd, ef, fg などは 10 mm 以下の寸法だけに規定されていて精密機構及び時計工業用である．
2) ZA, ZB, ZC, za, zb, zc などは高精度のしまりばめ用である．
3) JS, js の s は symmetry（対称）のかしら文字で，基準線に対して寸法許容差を上下対称にとることを表している．
4) EI：Ecart Superieur（仏）の略
5) ES：Ecart Interieur（仏）の略

を示すという意味で，基礎となる寸法許容差が下の寸法許容差であれば，公差は上の上に取り，それが上の寸法許容差であれば下のほうに取る．

7) 公差の大きさに従って等級を定めているが，公差の最も小さいものから大きいほうに向かって，IT01（01 級），IT0（0 級），IT1（1 級）～IT18（18 級）

117

4章　機械製図に必要なその他の表示事項

表 4.1　IT (ISO Tolerance) 基本公差の数値（寸法の区分 0～500 mm）

使用区分																			
主としてゲージ類[1]				主としてはめあわされる場合の穴 主としてはめあわされる場合の軸											主としてはめあいされない部分				
ブロックゲージ ← →																			
限界ゲージ ← →																			
精密部品 ← →																			
精密研削 ← →																			
研削 ← →																			
工作機械 ← →																			
一般機械 ← →																			
精密旋削 ← →																			
旋削 ← →																			
精密フライス削[1] ← →																			
フライス削[1] ← →																			

基準寸法の区分 (mm)		公差等級																	
を超え	以下	1	2	3	4	5	6	7	8	9	10	11	12	13	14	15	16	17	18
		基本公差の数値 (μm)											基本公差の数値 (mm)						
―	3	0.8	1.2	2	3	4	6	10	14	25	40	60	0.10	0.14	0.26	0.40	0.60	1.00	1.40
3	6	1	1.5	2.5	4	5	8	12	18	30	48	75	0.12	0.18	0.30	0.48	0.75	1.20	1.80
6	10	1	1.5	2.5	4	6	9	15	22	36	58	90	0.15	0.22	0.36	0.58	0.90	1.50	2.20
10	18	1.2	2	3	5	8	11	18	27	43	70	110	0.18	0.27	0.43	0.70	1.10	1.80	2.70
18	30	1.5	2.5	4	6	9	13	21	33	52	84	130	0.21	0.33	0.52	0.84	1.30	2.10	3.30
30	50	1.5	2.5	4	7	11	16	25	39	62	100	160	0.25	0.39	0.62	1.00	1.60	2.50	3.90
50	80	2	3	5	8	13	19	30	46	74	120	190	0.30	0.46	0.74	1.20	1.90	3.00	4.60
80	120	2.5	4	6	10	15	22	35	54	87	140	220	0.35	0.54	0.87	1.40	2.20	3.50	5.40
120	180	3.5	5	8	12	18	25	40	63	100	160	250	0.40	0.63	1.00	1.60	2.50	4.00	6.30
180	250	4.5	7	10	14	20	29	46	72	115	185	290	0.46	0.72	1.15	1.85	2.90	4.60	7.20
250	315	6	8	12	16	23	32	52	81	130	210	320	0.52	0.81	1.30	2.10	3.20	5.20	8.10
315	400	7	9	13	18	25	36	57	89	140	230	360	0.57	0.89	1.40	2.30	3.60	5.70	8.90
400	500[2]	8	10	15	20	27	40	63	97	155	250	400	0.63	0.97	1.55	2.50	4.00	6.30	9.70

1) 公差等級 IT 01 及び IT 0 は使用頻度が少ないため規格本体には含めていない。
2) 基準寸法が 500 mm を超え，3,150 mm 以下の場合については，JIS B 0401 表 2 を参照されたい。

4.1 寸法公差およびはめあい

表 4.2 穴の基礎となる寸法許容差[2] (主として常用はめあいに適用する部分)

単位 μm

基礎となる寸法許容差 公差域の位置	下の寸法許容差 EI																上の寸法許容差 ES											
	B	C	D	E	F	G	H	JS[3]	J			K				M			N			P~ZC						
公差等級	全等級								6	7	8	6	7	8	9以上	6	7	8	6	7	8	9以上	公差等級8以下					
寸法の区分 (mm) を超え 以下																							P	R	S	T	U	X
― 3	+140	+60	+20	+14	+6	+2	0		+2	+4	+6	0	0	0	0	-2	-2	-2	-4	-4	-4	-4	-6	-10	-14		-18	-20
3 6	+140	+70	+30	+20	+10	+4	0		+5	+6	+10	-1+Δ	+3+Δ	+5+Δ		-4+Δ	-4		-8+Δ	-8		-0	-12	-15	-19		-23	-28
6 10	+150	+80	+40	+25	+13	+5	0		+5	+8	+12	-1+Δ	+5+Δ	+6+Δ		-6+Δ	-6		-10+Δ	-10		-0	-15	-19	-23		-28	-34
10 14	+150	+95	+50	+32	+16	+6	0		+6	+10	+15	-1+Δ	+6+Δ	+8+Δ		-7+Δ	-7		-12+Δ	-12		-0	-18	-23	-28		-33	-40
																												-45
14 18																												-54
18 24	+160	+110	+65	+40	+20	+7	0	寸法許容差は $\pm\dfrac{IT}{2}$	+8	+12	+20	-2+Δ	+6+Δ	+10 +Δ		-8+Δ	-8		-15+Δ	-15		-0	-22	-28	-35	-41	-41	-64
24 30																										-48	-48	-80
30 40	+170	+120	+80	+50	+25	+9	0		+10	+14	+24	-2+Δ	+7+Δ	+12 +Δ		-9+Δ	-9		-17+Δ	-17		-0	-26	-34	-43	-54	-60	-97
40 50	+180	+130																									-70	-80
50 65	+190	+140	+100	+60	+30	+10	0		+13	+18	+28	-2+Δ	+9+Δ	+14 +Δ		-11 +Δ	-11		-20 +Δ	-20		-0	-32	-41	-53	-66	-87	-122
65 80	+200	+150																						-43	-59	-75	-102	-146
80 100	+220	+170	+120	+72	+36	+12	0		+16	+22	+34	-3+Δ	+10 +Δ	+16 +Δ		-13 +Δ	-13		-23 +Δ	-23		-0	-37	-51	-71	-91	-124	-178
100 120	+240	+180																						-54	-79	-104	-144	-210
120 140	+260	+200	+145	+85	+43	+14	0		+18	+26	+41	-3+Δ	+12 +Δ	+20 +Δ		-15 +Δ	-15		-27 +Δ	-27		-0	-43	-63	-92	-122	-170	-248
140 160	+280	+210																						-65	-100	-134	-190	-280
160 180	+310	+230																						-68	-108	-146	-210	-310
180 200	+340	+240	+170	+100	+50	+15	0		+22	+30	+47	-4+Δ	+13 +Δ	+22 +Δ		-17 +Δ	-17		-31 +Δ	-31		-0	-50	-77	-122	-166	-236	-350
200 225	+380	+260																						-80	-130	-180	-258	-385
225 250	+420	+280																						-84	-140	-196	-284	-425
250 280	+480	+300	+190	+110	+56	+17	0		+25	+36	+55	-4+Δ	+16 +Δ	+25 +Δ		-20 +Δ	-20		-34 +Δ	-34		-0	-56	-94	-158	-218	-315	-475
280 315	+540	+330																						-98	-170	-240	-350	-525
315 355	+600	+360	+210	+125	+62	+18	0		+29	+39	+60	-4+Δ	+17 +Δ	+28 +Δ		-21 +Δ	-21		-37 +Δ	-37		-0	-62	-108	-190	-268	-390	-590
355 400	+680	+400																						-114	-208	-294	-435	-660
400 450	+760	+440	+230	+135	+68	+20	0		+33	+43	+66	-5+Δ	+18 +Δ	+29 +Δ		-23 +Δ	-23		-40 +Δ	-40		-0	-68	-126	-232	-330	-490	-740
450 500	+840	+480																						-132	-252	-360	-540	-820

注 1) 公差域クラス JS7～JS11 では基本公差 IT の数値が奇数の場合には，寸法許容差，すなわち ±IT/2 がマイクロメートル単位の整数となるように，IT の数値をすぐ下の偶数に丸める。
2) 詳細については JIS B 0401 表 3 参照のこと。

4章 機械製図に必要なその他の表示事項

表 4.3 軸の基礎となる寸法許容差[2] (主として常用はめあいに適用する部分)

単位 μm

基礎となる寸法許容差 寸法の区分(mm)		上の寸法許容差 es								js[1]	j			k		下の寸法許容差 ei							
		b	c	d	e	f	g	h								m	n	p	r	s	t	u	x
		すべての公差等級									5,6	7	8	4,5 6,7	3以下 及び 8以上	すべての公差等級							
を超え	以下																						
—	3	−140	−60	−20	−14	−6	−2	0			−2	−4	−6	0	0	+2	+4	+6	+10	+14		+18	+20
3	6	−140	−70	−30	−20	−10	−4	0			−2	−4		+1	0	+4	+8	+12	+15	+19		+23	+28
6	10	−150	−80	−40	−25	−13	−5	0			−2	−5		+1	0	+6	+10	+15	+19	+23		+28	+34
10	14	−150	−95	−50	−32	−16	−6	0		寸法許容差は ±IT/2 とする	−3	−6		+1	0	+7	+12	+18	+23	+28		+33	+40
14	18																						+45
18	24	−160	−110	−65	−40	−20	−7	0			−4	−8		+2	0	+8	+15	+22	+28	+35		+41	+54
24	30																				+41	+48	+64
30	40	−170	−120	−80	−50	−25	−9	0			−5	−10		+2	0	+9	+17	+26	+34	+43	+48	+60	+80
40	50	−180	−130																		+54	+70	+97
50	65	−190	−140	−100	−60	−30	−10	0			−7	−12		+2	0	+11	+20	+32	+41	+53	+66	+87	+122
65	80	−200	−150																+43	+59	+75	+102	+146
80	100	−220	−170	−120	−72	−36	−12	0			−9	−15		+3	0	+13	+23	+37	+51	+71	+91	+124	+178
100	120	−240	−180																+54	+79	+104	+144	+210
120	140	−260	−200	−145	−85	−43	−14	0			−11	−18		+3	0	+15	+27	+43	+63	+92	+122	+170	+248
140	160	−280	−210																+65	+100	+134	+190	+280
160	180	−310	−230																+68	+108	+146	+210	+310
180	200	−340	−240	−170	−100	−50	−15	0			−13	−21		+4	0	+17	+31	+50	+77	+122	+166	+236	+350
200	225	−380	−260																+80	+130	+180	+258	+385
225	250	−420	−280																+84	+140	+196	+284	+425
250	280	−480	−300	−190	−110	−56	−17	0			−16	−26		+4	0	+20	+34	+56	+94	+158	+218	+315	+475
280	315	−540	−330																+98	+170	+240	+350	+525
315	355	−600	−360	−210	−125	−62	−18	0			−18	−28		+4	0	+21	+37	+62	+108	+190	+268	+390	+590
355	400	−680	−400																+114	+208	+294	+435	+660
400	450	−760	−440	−230	−135	−68	−20	0			−20	−32		+5	0	+23	+40	+68	+126	+232	+330	+490	+740
450	500	−840	−480																+132	+252	+360	+540	+820

注 1) 公差域クラス js7〜js11では、IT の数値が奇数の場合には、寸法許容差、すなわち±IT/2がマイクロメートル単位の整数となるように、ITの数値をすぐ下の偶数に丸める。
2) 詳細については、JIS B 0401 表4参照のこと。

4.1 寸法公差およびはめあい

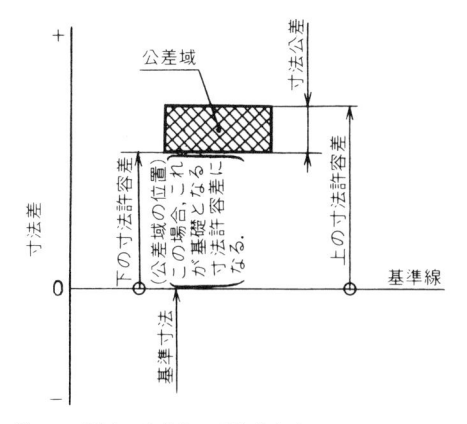

備 考 この図は、公差域・寸法許容差・基準線の相互関係だけを示すための簡単化したものである。このような簡単化した図では、基準線は水平とし、正の寸法許容差はその上方に、負の寸法許容差はその下方に示す。

図 4.6 公差域および公差域の位置

までの 20 等級が設けてある。これらのうち、IT01 と IT0 は、使用頻度が少ないため、規格本体には含めず、残りの IT1〜IT18 を IT 基本公差という（表 4.1 参照）。なお、公差と基礎となる寸法許容差は、穴や軸の基準寸法ごとに設けるべきものであるが、煩雑さを避けるとともに、実用上の意義を考えて、穴や軸の基準寸法をいくつかのグループに分け（これを**基準寸法の区分**という）、同一寸法区分に対しては、これらの値を同一としている。

4.1.3 はめあい

(1) はめあい方式

機械部品の中には、①穴と軸や、②みぞと突起の組合わせ、③2 個所以上の段付き部での接触などの関係にあることが極めて多い。このような場合、はめあわせる前の両者の寸法差によって生ずる関係をはめあい（嵌合）(fit) という。

これらの組み合わされた機械部分が目的にかなった働きをするためには、はめあいの程度のゆるさ加減やきつさ加減が大切である。このためには、組み合わされる二つの部品の寸法公差が適当になっている必要がある。

このような目的に対し、機械部品の互いに組み合わせる穴と軸につき、前

述の寸法公差方式を利用して，系統的に穴と軸の組合わせ方を定めたものを，はめあい方式（system of fit）という．

はめあいには，穴と軸の寸法の関係により，下記の3種類がある．

(1) **しまりばめ**（interference fit）：常にしめしろのある場合
(2) **すきまばめ**（clearance fit）：常にすきまのある場合
(3) **中間ばめ**（transition fit）：(1)と(2)の中間の場合で，わずかにしめしろのできることもあるし，すきまのできることもある．

以上のうち，しまりばめにおける組立前の寸法関係から，

軸の最小許容寸法（b）－穴の最大許容寸法（A）＝最小しめしろ
軸の最大許容寸法（a）－穴の最小許容寸法（B）＝最大しめしろ

すきまばめにおける組立前の寸法関係から，

穴の最小許容寸法（B）－軸の最大許容寸法（a）＝最小すきま
穴の最大許容寸法（A）－軸の最小許容寸法（b）＝最大すきま

中間ばめにおける組立前の寸法関係から，

軸の最大許容寸法（a）－穴の最小許容寸法（B）＝最大しめしろ
穴の最大許容寸法（A）－軸の最小許容寸法（b）＝最大すきま

となる（**図4.7**参照）．

なお，最大しめしろと最小すきまを総称してゆとり（allowance）ということがある．

図4.7において

$$\text{最大すきま} - \text{最小すきま} = T + t \text{[8]} \quad \cdots\cdots\cdots\cdots\cdots\cdots\cdots (4.1)$$

また，

$$\text{最大しめしろ} - \text{最小しめしろ} = T + t \quad \cdots\cdots\cdots\cdots\cdots\cdots (4.2)$$

となる．ここで，(4.1)や(4.2)は機能によって決まるものであり，T と t の割振りは，設計者が自由に選択できるものであり，無数の組合わせが考えられる．しかし，部品の互換性（interchangeability）や多量生産に対応するためには，前述の寸法の許容限界の指示方法による T と t を使うようにしている．なお，この場合の穴と軸に対しては，共通の基準寸法を使用する．

> [8] すきまばめにおけるはめあいのゆるさ加減や，しまりばめにおけるはめあいの固さの範囲を示すものを**はめあいの変動量**（はめあい公差）と呼び，組み合わせる穴と軸の寸法公差の代数和で表す．

4.1 寸法公差およびはめあい

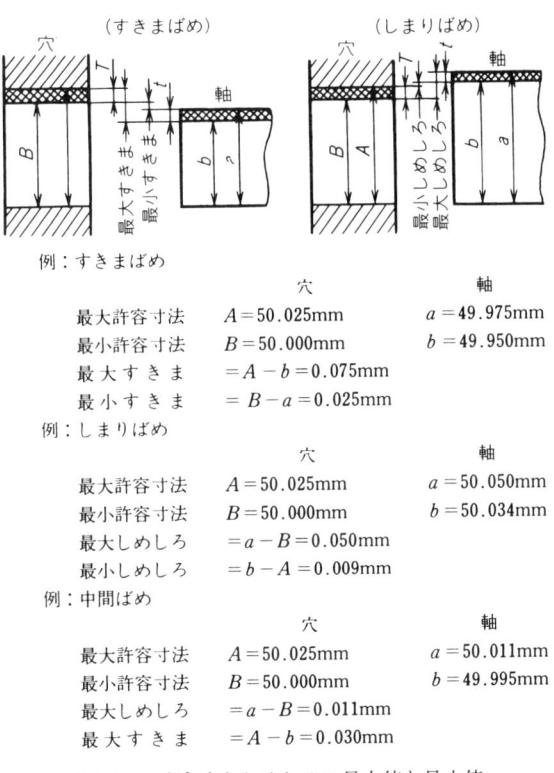

例：すきまばめ

	穴	軸
最大許容寸法	$A = 50.025$mm	$a = 49.975$mm
最小許容寸法	$B = 50.000$mm	$b = 49.950$mm
最大すきま	$= A - b = 0.075$mm	
最小すきま	$= B - a = 0.025$mm	

例：しまりばめ

	穴	軸
最大許容寸法	$A = 50.025$mm	$a = 50.050$mm
最小許容寸法	$B = 50.000$mm	$b = 50.034$mm
最大しめしろ	$= a - B = 0.050$mm	
最小しめしろ	$= b - A = 0.009$mm	

例：中間ばめ

	穴	軸
最大許容寸法	$A = 50.025$mm	$a = 50.011$mm
最小許容寸法	$B = 50.000$mm	$b = 49.995$mm
最大しめしろ	$= a - B = 0.011$mm	
最大すきま	$= A - b = 0.030$mm	

図 4.7　すきまとしめしろの最大値と最小値

　このはめあい方式には，穴基準はめあい（hole–basis system）と軸基準はめあい（shaft–basis system）の2種類がある．これらのうち前者は，一定公差をもつ一つの基準寸法の穴（これを基準穴という）に各種の公差をもつ軸を組み合わせるものであり（図4.8(a)），後者は，一定公差をもつ一つの基準寸法の軸（基準軸）に各種の公差をもつ穴を組み合わせるものである（図4.8(b)）．この場合，基準穴にはH系列を，基準軸にはh系列を使用する．
　穴基準方式によるか，軸基準によるかは，いずれかに統一しなければならないということはない．ただし，軸の外径寸法の精度加工や測定は，穴に比べて容易なため，一般には穴基準のほうが広く使われている．
　なお，穴と軸の組合わせに対しては，常用するのに便利なように，"常用す

123

4章　機械製図に必要なその他の表示事項

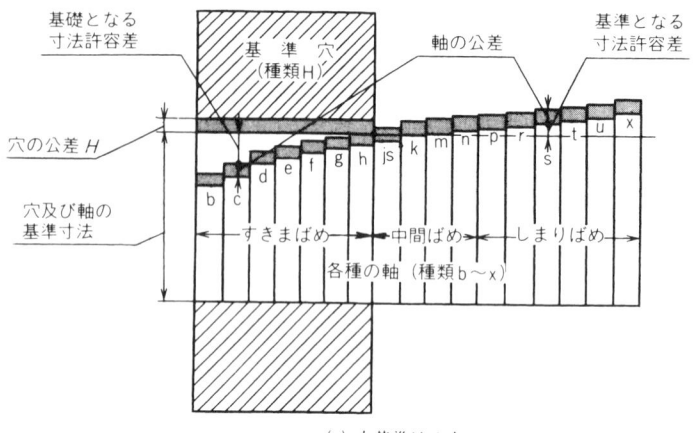

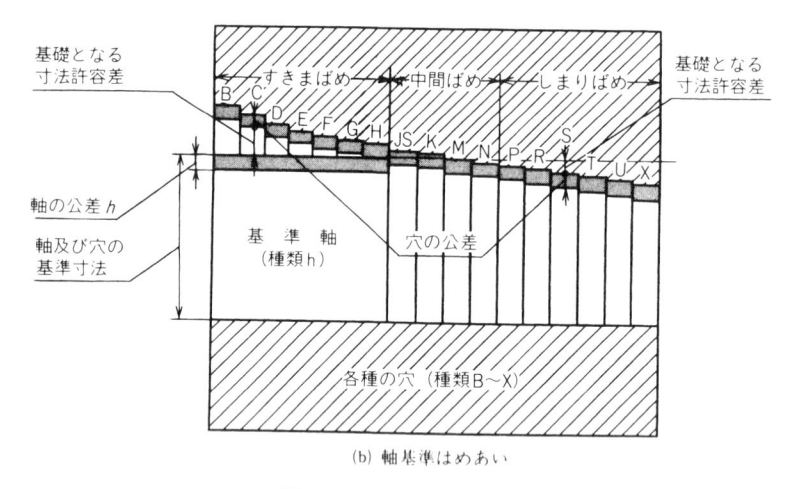

図 4.8　はめあいの種類

る穴基準はめあい"（**表 4.4** および**図 4.9** 参照）と"常用する軸基準はめあい"（**表 4.5** および**図 4.10** 参照）とが規格で定めてある．表 4.4 または表 4.5 によると，記号の組合わせが同じであれば，寸法区分の大小にかかわらず同程度のはめあいが得られるので，実用上極めて都合がよい（表 4.10 および表 4.11 参照）．

4.1 寸法公差およびはめあい

表 4.4 常用する穴基準はめあい

基準穴	穴の公差域クラス													
	すきまばめ				中間ばめ			しまりばめ					
H6				g5	h5	js5	k5	m5					
			f6	g6	h6	js6	k6	m6	n6*	p6*			
H7			f6	g6	h6	js6	k6	m6	n6	p6*	r6*	s6	t6	u6	x6
		e7	f7		h7	js7								
			f7		h7									
H8		e8	f8		h8									
	d9	e9												
	d8	e8			h8									
H9	c9	d9	e9		h9									
H10	b9	c9	d9											

注：*これらのはめあいは，寸法の区分によっては例外を生じる．

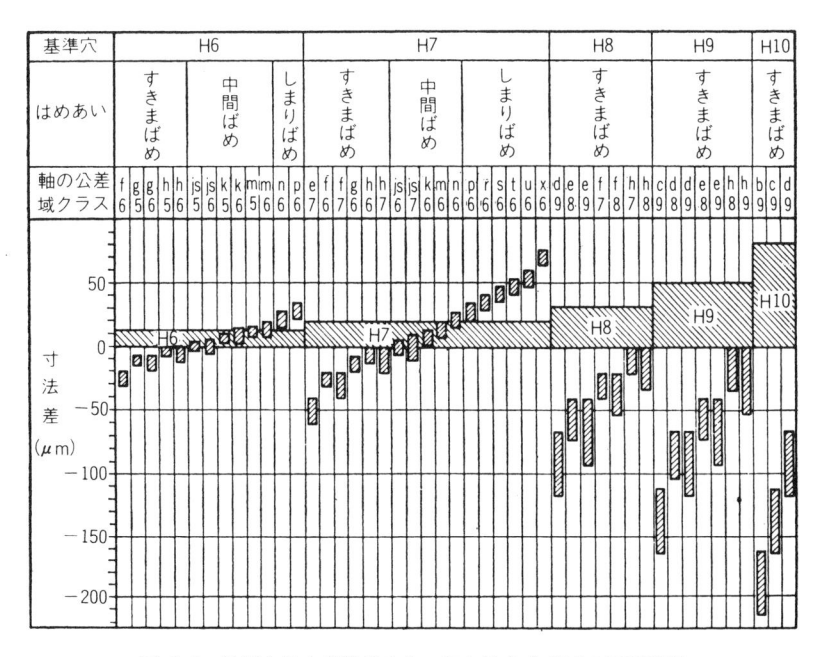

図 4.9 常用する穴基準はめあいにおける公差域の相互関係
（図は基準寸法 30 mm の場合を示す）

4章 機械製図に必要なその他の表示事項

表 4.5 常用する軸基準はめあい

基準軸	軸 の 公 差 域 クラス													
	すきまばめ				中間ばめ			しまりばめ						
h 5					H6	JS6	K6	M6	N6*	P6				
h 6			F6	G6	H6	JS6	K6	M6	N6	P6*				
			F7	G7	H7	JS7	K7	M7	N7	P7*	R7	S7	T7	U7	X7
h 7		E7	F7		H7									
			F8		H8									
h 8	D8	E8	F8		H8									
	D9	E9			H9									
h 9		D8	E8		H8									
	C9	D9	E9		H9									
	B10	C10	D10											

注：＊これらのはめあいは，寸法の区分によっては例外を生じる．

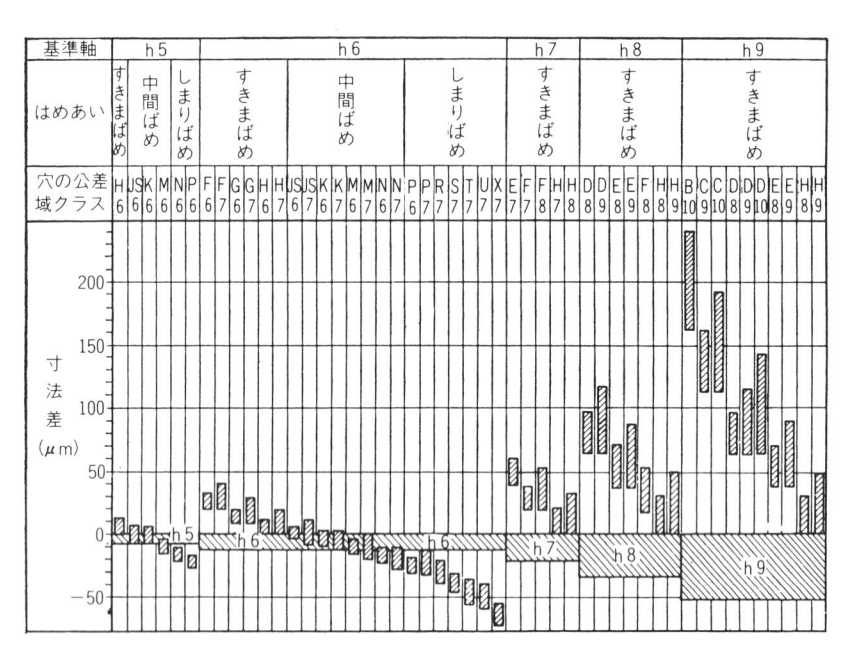

図 4.10 常用する軸基準はめあいにおける公差域の相互関係
　　　　（図は基準寸法 30 mm の場合を示す）

（2） 穴と軸の表示およびはめあいの具体例

① $\phi 70 H7$ において，

(i) $\phi 70$ は，直径の基準寸法が 70 mm である．

126

(ii) Hは，穴の公差域の位置（穴の種類）がHである．
(iii) 7は，公差等級が7級である．

ことを示しているので，$\phi 70\,\mathrm{H}$ は，$\phi 70^{+0.030}_{0}$ の穴であることが分かる（表4.1および表4.2参照）．

② $\phi 70\,\mathrm{m}\,6$ において，
(i) $\phi 70$ は，直径の基準寸法が70 mm である．
(ii) mは，軸の公差域の位置（軸の種類）がmである．
(iii) 6は，公差等級が6級である．

ことを示しているので，$\phi 70\,\mathrm{m}\,6$ は，$\phi 70^{+0.030}_{+0.011}$ の軸であることが分かる（表4.1および表4.3参照）．

③ $\phi 70\mathrm{H}7/\mathrm{m}6$ において（①，②および図4.19参照）．
(i) H7/m6は，H7の穴にm6の軸がはめあわされている．
(ii) 穴は，$\phi 70^{+0.030}_{0}$，軸は，$\phi 70^{+0.030}_{+0.011}$ であるから

$$\text{穴の最大値} - \text{軸の最小値} = +0.030 - (+0.011)$$
$$= +0.019 \text{（最大すきま）}$$
$$\text{穴の最小値} - \text{軸の最大値} = 0 - (+0.030)$$
$$= -0.030 \text{（最大しめしろ）}$$

したがって，このはめあいは，中間ばねであることが分かる．

④ $\phi 12\mathrm{H}7/\mathrm{g}6$ において，
穴は，$\phi 12^{+0.018}_{0}$，軸は，$\phi 12^{-0.006}_{-0.017}$ であるので（表4.1，表4.2および表4.3より求める），

$$\text{穴の最大値} - \text{軸の最小値} = +0.018 - (-0.017)$$
$$= +0.035 \text{（最大すきま）}$$
$$\text{穴の最小値} - \text{軸の最大値} = 0 - (-0.006)$$
$$= +0.006 \text{（最小すきま）}$$

となり，いずれの場合でも，すきまを生じているはめあいなので，このはめあいは，すきまばめであることが分かる．

4.1.4 寸法の普通公差

寸法許容差のなかには，部品の機能や組立に必要な特別に指示する公差

4章 機械製図に必要なその他の表示事項

と，機能および組立上特に寸法上の制限を受けないものがあり，このような場合には個々の工場で通常の加工方法が得られる精度のバラツキ内で規制し，工作や検査が必要以上にきびしくなったり，ゆるくなるなどのことがないようにする必要がある．この場合，個々に許容公差を指示しないで，一括指示し，より経済的に製作する場合に適応する普通公差が定められている*．

表 4.6 面取り部分を除く長さ寸法に対する許容差

単位mm

公差等級		基準寸法の区分							
記号	説明	0.5(1)以上3以下	3を超え6以下	6を超え30以下	30を超え120以下	120を超え400以下	400を超え1000以下	1000を超え2000以下	2000を超え4000以下
		許容差							
f	精級	±0.05	±0.05	±0.1	±0.15	±0.2	±0.3	±0.5	—
m	中級	±0.1	±0.1	±0.2	±0.3	±0.5	±0.8	±1.2	±2
c	粗級	±0.2	±0.3	±0.5	±0.8	±1.2	±2	±3	±4
v	極粗級	—	±0.5	±1	±1.5	±2.5	±4	±6	±8

注(1) 0.5mm未満の基準寸法に対しては，その基準寸法に続けて許容差を個々に指示する．

表 4.7 面取り部分の長さ寸法（かどの丸みおよびかどの面取寸法）に対する許容差

単位mm

公差等級		基準寸法の区分		
記号	説明	0.5(1)以上3以下	3を超え6以下	6を超えるもの
		許容差		
f	精級	±0.2	±0.5	±1
m	中級			
c	粗級	±0.4	±1	±2
v	極粗級			

注(1) 0.5mm未満の基準寸法に対しては，その基準寸法に続けて許容差を個々に指示する．

表 4.8 角度寸法の許容差

公差等級		対象とする角度の短い方の辺の長さ（単位mm）の区分				
記号	説明	10以下	10を超え50以下	50を超え120以下	120を超え400以下	400を超えるもの
		許容差				
f	精級	±1	±30	±20	±10	±5
m	中級					
c	粗級	±130	±1	±30	±15	±10
v	極粗級	±3	±2	±1	±30	±20

＊参照 JIS 規格：JIS B 0405　個々に公差の指示がない長さ寸法および角度寸法に対す公差

4.1.5 寸法の許容限界およびはめあいの表示

(1) 寸法の許容限界の表示
a) 上・下の寸法許容差による表示

(1) 基準寸法の次に正負を示す符号を付けた上・下の寸法許容差を付記する（**図4.11** (a), (b)）．これらの数字は，通常，基準寸法を示す数字よりも小さくするが，印字による場合には，すべて同じ大きさとしてよい．

(2) 上・下の寸法許容差のうちいずれか一方が零の場合には，零には正負の符号を付けない（**図4.11** (c)）．この場合を片側公差といい，零のない場合を両側公差という．

図 4.11 上・下の寸法許容差による寸法の許容限界の表示

(3) 両側公差で，上・下の寸法許容差の値が等しいときは，**図4.11** (d), (e), (f) のようにする．

b) 許容限界寸法による表示

(1) 寸法の許容限界を示すには，許容限界寸法で表してもよい（**図4.12**

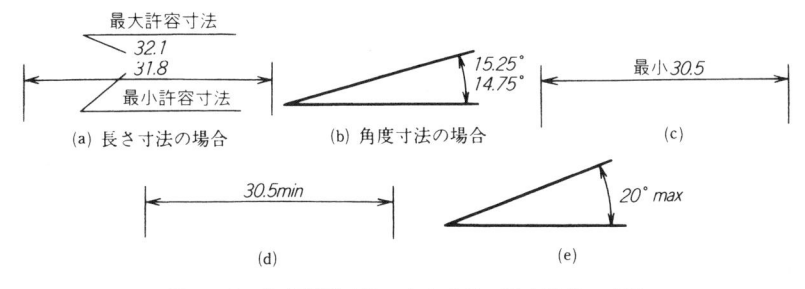

図 4.12 許容限界寸法による寸法の許容限界の表示

(a), (b)).

(2) 最大許容寸法または最小許容寸法のいずれか一方だけを指定する必要があるときは，**図 4.12**(c), (d), (e)のようにする．

c) 公差域クラス記号による寸法の許容限界の表示

(1) 寸法の許容限界を記号で示すには，**図 4.13**(a)のようにする．

(2) (1)に加えて，上・下の寸法許容差か，または許容限界寸法を付記することもできるが，この場合には，これらの数字は，括弧に入れて示す（**図 4.13**(b), (c)参照）．

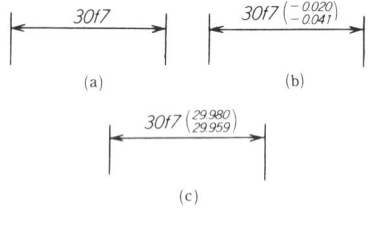

図 4.13 寸法の許容差記号による寸法の許容限界の表示

d) 包絡の条件の記入法

円筒面や平行2平面からなる単独形体（寸法公差方式およびはめあい方式の対象となる機械部品）が，機能上の必要から，最大実体寸法（4.3.4 参照）をもつ完全形状の包絡面を越えてはならないことを指定する必要があるときは，**図 4.14**のようにする．

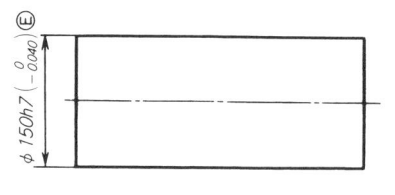

図 4.14 包絡の条件の記入方法

e) 寸法の許容限界記入上の一般事項

(1) 機能に関連する寸法とその許容限界は，その機能を要求する形体に直接記入するようにする（**図 4.15** 参照）．

(2) 複数個の関連する寸法に許容限界を指示する場合には，次の点に配慮する．

(i) 直列寸法記入法で寸法を記入する場合は，公差の累積が機能に関係がないときにだけ用いる．

(ii) 重要度の少ない寸法については，図 4.15(a)あるいは**図 4.16**のようにする．

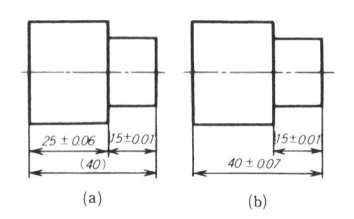

図 4.15 機能に関連する寸法とその許容限界の記入方法

4.1 寸法公差およびはめあい

図 4.16 重要度の少ない寸法の取扱い方

(a) 並列寸法記入法　　(b) 累進寸法記入法

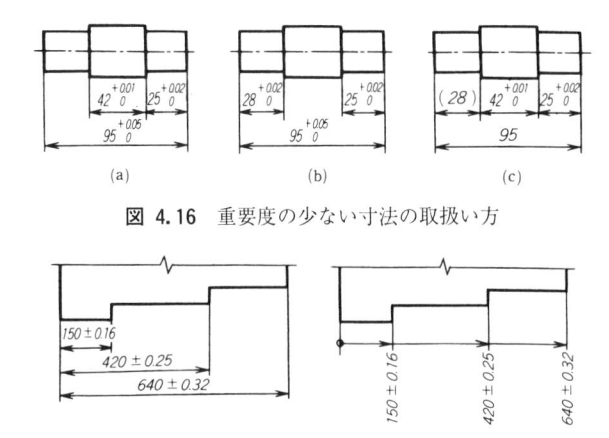

図 4.17 並列寸法記入法と累進寸法記入法

(ⅲ) 並列寸法記入法または累進寸法記入法で記入するには，図 4.17 のようにする．

(2) 組み立てた状態での寸法の許容限界の表示

a) 組み立てた部品の構成形体のそれぞれの基準寸法および寸法許容差を，それぞれの寸法線の上側に記入し，基準寸法の前にそれらの部品の名称または照合番号を付記する（図 4.18(a) 参照）．なお，穴の寸法は軸の寸法を上側に書く．

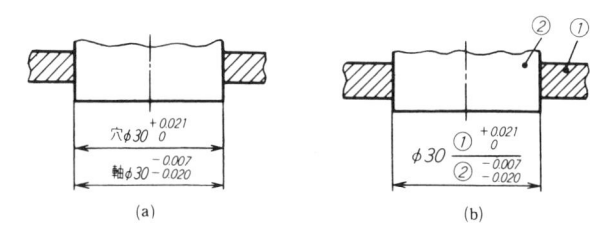

図 4.18 組立状態での寸法の許容限界の記入方法
　　　　（数値によって指示する場合）

b) a) の場合の上の寸法線を省略し，基準寸法を共通にして，図 4.18(b) のように書いてもよい．

c) 寸法の許容限界を公差域クラスを示す記号で示すには，図 4.19(a)，(b) のように書いてもよい．

131

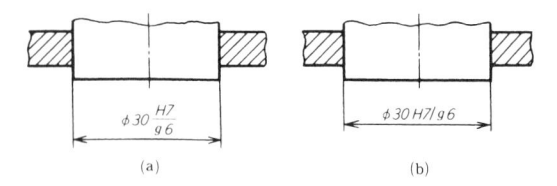

4 章 機械製図に必要なその他の表示事項

図 4.19 組立状態での寸法の許容限界の記入方法
(記号によって指示する場合)

表 4.9 工作精度標準

加工形状	工作法 \ 公差等級	IT3	IT4	IT5	IT6	IT7	IT8	IT9	IT10	IT11	IT12	IT13	IT14	IT15	IT16
外径加工	L			精			中			粗					
	LA				精			中			粗				
	LT					精			中			粗			
	GE	精			中			精					粗		
	P														
穴径加工	L					精		中			粗				
	LA					精			中		粗				
	LT						精			中		粗			
	D											粗			
	B			精			中			粗					
	GI			精		中									
	P						精								
長さ加工	L				精			中			粗				
	LA					精			中			粗			
	LT						精			中		粗			
	M					精			中				粗		
	GSR	精		中											
	P						粗		精					粗	
	W														
穴位置加工	D				精						粗	粗			
	BJ		精			中			粗						
	P						精	中			粗				

注: 1) 工作法記号
 L : 旋盤 GE : 円筒研削盤 B : 中ぐり盤 P : プレス
 LA : 自動旋盤 GI : 内面研削盤 BJ : ジグ中ぐり盤 M : フライス盤
 LT : ターレット旋盤 GSR : 平面研削盤 D : ボール盤
2) 加工コスト比 粗級:中級:精級 = 1 : (1.5～2.5) : (3～5)

4.1 寸法公差およびはめあい

4.1.6 工作精度標準と常用する穴基準はめあいの適用例

上述のような許容限界寸法は，工作機械の種類と加工部分の形とによって

表 4.10 常用する穴基準はめあい適用例

基準穴	はめあいの種類		穴と軸の加工法	組立・分解作業及びすきまの状態	適 用 例
6級穴	H6/p6 H6/n6	しまりばめ	研摩，ラップみがき，すり合わせ，極精密工作	プレス，ジャッキなどを使用する	各種計器，航空発動機及びその付属品，高級工作機械，ころ軸受，その他精密機械の主要部分
	H6/m5 H6/m6 H6/k5 H6/k6 H6/js5 H6/js6	中間ばめ		手槌などで打込む	
	H6/h5 H6/h6 H6/g5 H6/g6 H6/f6	すきまばめ		潤滑油の使用で容易に手で移動できる	
7級穴	H7/x6 ～H7/t6	しまりばめ	研摩又は精密工作	水圧機などによる強力な圧入又は焼ばめ	鉄道車輪の車心とタイヤ，軸と軸心，大型発電機の発電子と軸などの結合部分
	H7/s6 ～H7/p6			水圧機，プレスなどによる軽圧入	鋳鉄車心へ青銅又は鋼製車周をはめる場合
	H7/n6 ～H7/k6	中間ばめ		鉄槌による打込み，抜出し	あまり分解しない軸と歯車，ハンドル車，フランジ継手，はずみ車，球軸受などのはめあい
	H7/js6 H7/js7			木槌又は銅鎚	キー又は押ねじで固定する部分のはめあい，球軸受のはめ込み，軸カラー，替歯車と軸
	H7/h6 H7/h7	すきまばめ		潤滑油を供給すれば手で動かせる	長い軸へ通すキー止め調車と軸カラー，たわみカップリングと軸，油ブレーキのピストンと筒
	H7/g6 H7/f6			すきまが僅少で，潤滑油の使用で互いに運動する	研摩機のスピンドル軸受など，精密工作機械などの主軸と軸受，高級変速機における軸と軸受
	H7/f7			小さいすきま，潤滑油の使用で互いに運動する	クランク軸，クランクピンとそれらの軸受
8級穴	H8/h7 H8/h8	すきまばめ	普通工作	らくにはめはずしや滑動できる	軸カラー，調車と軸，滑動するハブと軸など
	H8/f7 H8/f8			小さいすきま，潤滑油の使用で互いに運動する	内燃機関のクランク軸受，案内車と軸，渦巻ポンプ送風機などの軸と軸受
	H8/e8 H8/e9			やや大きなすきま	多少下級な軸受と軸，小型発動機の軸と軸受
	H8/d9			大きなすきま，潤滑油の使用で互いに運動する	
9級穴	H9/h8 H9/h9 H9/e8 H9/e9 H9/d8 H9/d9 H9/c9	すきまばめ		非常に大きなすきま，潤滑油の使用で互いに運動する	車両軸受，一般下級軸受，揺動軸受，遊車と軸など

注：はめあいの表示は，穴基準はめあい及び軸基準はめあいとも H7/m6, H7-m6, 又は $\dfrac{H7}{m6}$ のように書く．

133

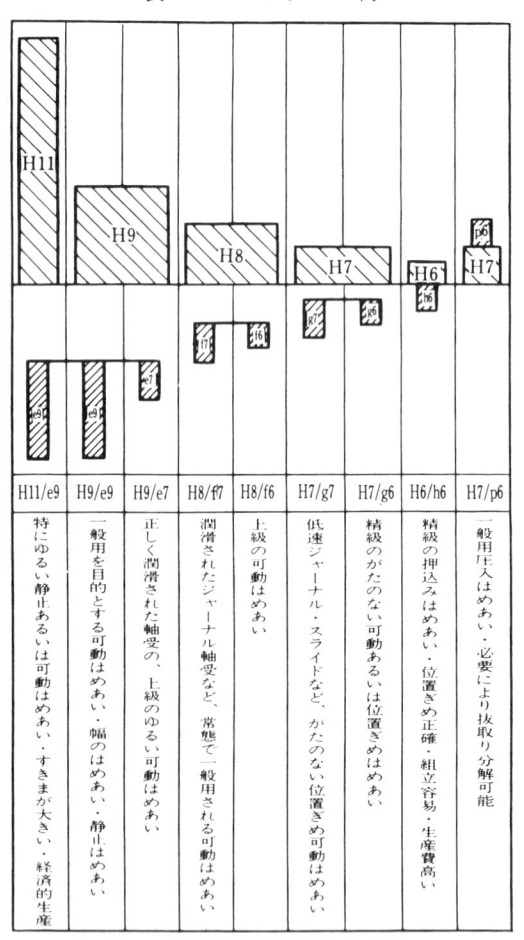

表 4.11 はめあいの一例

H11/e9	H9/e9	H9/e7	H8/f7	H8/f6	H7/g7	H7/g6	H6/h6	H7/p6
特にゆるい静止あるいは可動はめあい・すきまが大きい・経済的生産	一般を目的とする可動はめあい・幅のはめあい・静止はめあい	正しく潤滑された軸受の、上級のゆるい可動はめあい	潤滑されたジャーナル軸受など、常態で一般される可動はめあい	上級の可動はめあい	低速ジャーナル・スライドなど、がたのない位置ぎめ可動はめあい	精級のがたのない可動あるいは位置ぎめはめあい	精級の押込はめあい・位置ぎめ正確・組立容易・生産費高い	一般用圧入はめあい・必要により抜取り分解可能

おのずから限度があるので，許容限界寸法記入に当たっては，許容限界寸法を指示しようとする個所の工作法を頭においで記入しないと実現不可能か，あるいは，極めて不経済なことになる．**表 4.9** には，工作個所の形状と工作機械の種類による工作精度の標準を示す．

表 4.10 には，常用する穴基準はめあいの適用例を，また，**表 4.11** には，はめあいの一例を示す．

4.2 表面性状*(表面粗さ)の表示

4.2.1 概　　説

　機械部品，構造部材などの表面は，鋳造，鍛造や圧延材など生地のままの部分と，刃物で加工されたものがある．生地の面もつるつるした滑らかな面から，ざらざらした鋳物肌もあり，また刃物で加工された個所でも，鏡のように滑らかなものから，刃物の跡が見える粗いものまでさまざまである．これらの感覚のもとになる量を一般に表面粗さといい，刃物で加工することを除去加工という．さらに，刃物による加工の方向によって加工面に筋目模様が生じる．この筋目の方向を，筋目方向という．このような表面の情報を表面性状と呼ぶ．

4.2.2 断面曲線，粗さ曲線およびうねり曲線

　機械加工された表面を触針式表面粗さ測定機で調べると[9]，**図 4.20** に示すような不規則な凹凸をした記録が得られる．その部分を垂直に平面で切断したとき，その切口に現れる輪郭を実表面の断面曲線という（**図 4.21**）．その断面曲線部を，断面曲線から波長の長い成分を除いたものを粗さ曲線といい，波長の長い部分のみを取り出したものをうねり曲線という．

　これらの表面状態は，互いに接触して運動する部分の面の場合には，摩擦や磨耗，流体の漏洩などに関係し，動かない接触面では，

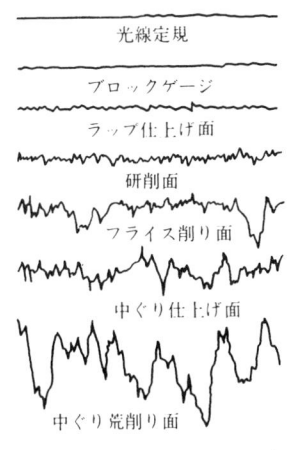

図 4.20　各種仕上面の断面曲線

---

　*ISO の Surface texture を，旧 JIS では面の肌と表現していたが，新 JIS では表面性状に改められた．近年機械部品の生産は，高精度の工作機械や計測機器の普及に伴い，国際的な分業の時代に入り，世界どの生産拠点でも，設計者の意図が正確に反映され，またその加工部品も正しく評価されるように，JIS も国際的整合性が図られ，表面粗さも 2001 年に大幅に改正された．なお，現在日本国内の多くの企業では長年使い慣れている表面粗さで呼称している．

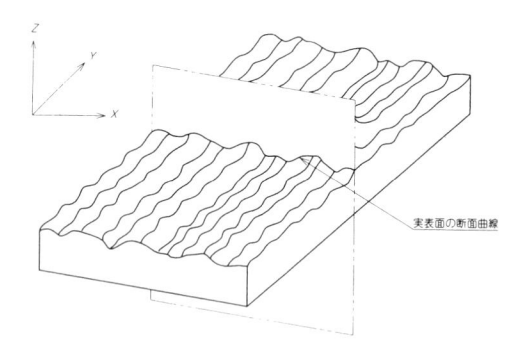

4章 機械製図に必要なその他の表示事項

図 4.21 実表面の断面曲線

しめしろや気密保持その他に影響を与える．以上のほかに材料の腐食や疲労強度などにも関係があり，機械部品の機能や性質に影響を与える重要な要素である．

9） 針式表面粗さ測定機の触針を品物の表面に触れて移動させると，針は表面の細かい凹凸に従って上下しながら移動する．この際，針の動きに光てこ（optical lever），あるいは電気的拡大装置など上下方向の倍率を横方向の倍率に対して10～50倍に拡大して針の動きを記録させると，図4.20のような結果が得られる．

表面性状の情報を示すパラメータは，1982年のJISでは3種類，1994年に6種類になったが，今回の改正でパラメータが大幅に増え*，加工面に要求する機能に対して，きめ細かに指示できるようになり，必要に応じたパラメータを選択する（**表4.15**）ことで合理的な指示が出来る．

なお，本書ではその中で広く使用されている粗さ曲線のパラメータの算術平均粗さ Ra と，最大高さ Rz **を中心に説明する．

機械加工に，むだな費用をかけない，合理的な設計を行うには，部品各部の機能を吟味し，それに応じた寸法精度，仕上げ程度を定め，重要な個所以

---

*2001年改正のJIS規格については下記を参照されたい．
　製品の幾何特性仕様（GPS）JIS B 0601：B 0610：B 0031：B 0615：B 0631：B 0632：B 0633：B 0641-1：B 0651 B 0670：B 0671-1：B 0671-3
**旧JISでは，記号 Rz は「十点平均粗さ」を指示するために使われていたが，今回の改正では最大高さを指示するために使用する．なお，従来の「十点平均粗さ」を指示する記号は Rz JISと表示する．

4.2 表面性状(表面粗さ)の表示

外は寸法公差は普通公差(4.1.4参照)を採用し,表面粗さもできるだけ簡単な仕上げですませるよう,それらの区別をはっきりと図面のうえで指定しておく必要がある(**表 4.12**).

表 4.12 仕上げ程度と加工費の一例

仕上区分	粗さ Rz	粗さ Ra	表面仕上げ程度	費用	工 作 法
A 超仕上げ	0.4	0.1	全くきずがない	40〜80	超仕上げ,精密ホーニング ラッピング,ポリッシング
B 研削	1.6	0.4	精度よく滑らか	25	仕上げ研削,ラッピング
C 滑らか	3.2	0.8	精密仕上げ面	18	精密旋盤(旋削) ラフな研磨,精密フライス
D 並仕上げ	25	6.3	機械仕上げの普通仕上げ	6	形削り,フライス 中ぐり,旋削
E 粗削り	200	50	非常に粗い旋削面	1	送り5〜9.5mm/rev程度の旋削(直径200mm)

注)加工費はEの場合を1とした倍率で示す.

4.2.3 粗さパラメータ *Ra*, *Rz*

表面性状パラメータは,断面曲線パラメータ,うねり曲線パラメータ,および粗さ曲線パラメータが定義されているが,前述の通り粗さ曲線パラメータ Ra, Rz について記す.

① 算術平均粗さ　　Ra

抜き取り部分lにおける粗さ曲線$Z(x)$の絶対値の平均

$$R_a = \frac{1}{l}\int_0^l |Z(x)|dx \quad で求める値$$

② 最大高さ粗さ　　Rz

抜き取り部分の最大山高さ Zp と最大谷深さ Zv としたとき

$$R_z = Z_p + Z_v \quad で求められる値$$

Ra, Rz の定義を**表 4.13**に示す.

粗さパラメータの変遷を**表 4.14**に示す.

4章 機械製図に必要なその他の表示事項

表 4.13 表面性状の説明図

種類	記号	説明図	求め方
算術平均高さ	Ra		抜き取り部分の平均線の下側に現れる曲線mで上に折り返し，このとき得られる部分の面積（図の斜線を施した部分の面積）を，基準長さLで除した値をμmで表したもの．
最大高さ	Rz		抜き取り部分の山頂線と谷底線との間隔を，粗さ曲線の縦倍率の方向に測定し，山高さZpの最大値と谷深さZv最大値の和をμmで表したもの．

表 4.14 粗さパラメータの変遷

JIS B 0601：2001	JIS B 0601：1994	JIS B 0601：1982
Rp	—	—
Rv	—	—
Rz	Ry	Rmax（断面曲線）
Rc	—	—
Rt	—	—
Ra	Ra	Ra
Ra_{75}	—	—
Rq	—	—
Rsk	—	—
Rku	—	—
RSm	Sm	—
$R\Delta q$	—	—
$Rmr(c)$	tp	—
$R\delta c$	—	—
Rmr	—	—
$Rz\,jis$	Rz	Rz

参考資料　**株式会社ミツトヨ「表面性状に関するISO/JISの動向」

4.2 表面性状（表面粗さ）の表示

表 4.15 適切なパラメータの例**

表面機能	品質管理項目	必要な表面粗さ管理	適切なパラメータ例（JIS2001）
外観品質	高級感 触感	加工筋ピッチの細かさ目	Rsm, PSm
		加工筋目の平均的な高さ	Rc, Pc, Ra, Pa
		表面うねりピッチ	WSm（FFT解析）
		表面うねり高さ	Wc, Wa（FFT解析）
	光沢性	均一な反射光,反射面高さ	R∆q, Wz, WSm, Rku, Rsk
表面強度	傷による応力集中	谷部の深さ	Rz, Rv
機密性	締結等の接触面間の隙間	表面うねり成分の高さ	Wz, Rp, Rpk
		表面うねり成分のピッチ	WSm
接着性	接着効果の発揮	均一な接着溜まり	RSm
		適切な接着量と接着面状態	Rc, R∆q, Rpk
表面処理性	塗装・めっき・蒸着の具合	表面処理に適した表面	Rz, R∆q, RSm, Rpk
摩擦力	接触面の引っかかり	凸凹の高さと傾斜角度	Rz, Rc, Rp, R∆q
耐摩耗性	高速摺動の安定性能	山部の削れにくい性状	Rpk, Rk, Rvk, Mr1, Mr2, A1, A2, Rmr, Pmr, Rδc, Pδc, 負荷曲線
電気的接触抵抗	端子表面の接触面積異常	山部の尖り，異常高さ	Rp, Rz, RSm, Rδc
耐食性	腐食に強い表面性状	山谷部の傾斜角度,谷深さ	R∆q, Rv

参考資料　**株式会社ミツトヨ「表面性状に関するISO/JISの動向」

4.2.4　表面性状の図示方法

(1)　表面性状の図示記号

(a)　表面性状の基本図示記号は対象面を示す線に対し約60°傾いた長さの異なる2本の直線で構成する．図 4.22 に除去加工の有無を問わない場合，除去加工をする場合，除去加工をしない場合の図示記号を示す．

a) 除去加工の有無を問わない場合　　b) 除去加工をする場合　　c) 除去加工をしない場合

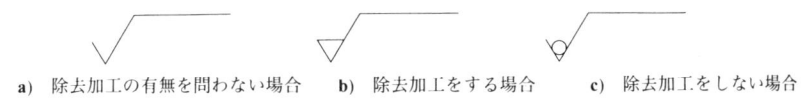

図 4.22　表面性状の図示記号

4章　機械製図に必要なその他の表示事項

（b）　部品一周の全周面の表面性状の図示記号は図示記号に丸印を付ける．

図面に閉じた外形線によって表された部品一周の全周面に同じ表面性状が要求される場合には表面性状の図示記号に丸記号を付ける．（**図 4.23**）

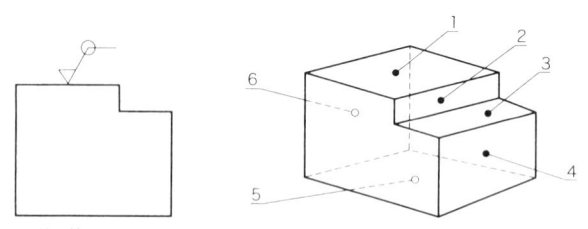

備考　図形に外形線によって表された全表面とは，部品の三次元表現（右図）で示されている6面である（正面及び背面を除く．）．

図 4.23　全周面の表面性状が同じ要求を指示する図示記号

部品一周の表面性状の図示記号にあいまいさが生じるおそれがある場合には個々の表面に指示する．

（2）　表面性状の指示方法

（a）　表面粗さの指示値の選択

① 表面粗さの指示はそれぞれの標準数列から選んで指示する．

部品がその機能に必要な表面の粗さを考慮し**表 4.16**の標準数列の中から選んで指示する．特に優先的に用いる数値を太字で示す

表 4.16　Ra, Rz の値に使用される標準数列

a) Raの値の標準数列　（単位 μm）					b) Rzの値の標準数列　（単位 μm）				
	0.012	0.125	1.25	12.5	125		0.125	1.25	12.5	125	1250
	0.016	0.160	1.60	16.0	160		0.160	1.60	16.0	160	1600
	0.020	0.20	2.0	20	200		0.20	2.0	20	200	
	0.025	0.25	2.5	25	250	0.025	0.25	2.5	25	250	
	0.032	0.32	3.2	32	320	0.032	0.32	3.2	32	320	
	0.040	0.40	4.0	40	400	0.040	0.40	4.0	40	400	
	0.050	0.50	5.0	50		0.050	0.50	5.0	50	500	
	0.063	0.63	6.3	63		0.063	0.63	6.3	63	630	
0.008	0.080	0.80	8.0	80		0.080	0.80	8.0	80	800	
0.010	0.010	1.00	10.0	100		0.010	1.00	10.0	100	1000	

備考：太字で示す数列を用いることが望ましい．

4.2 表面性状（表面粗さ）の表示

③ 表面粗さ指示値の記入例

粗さパラメータ Ra についての記入例を示す，粗さパラメータ Rz の場合も同様の位置に指示する．（**図 4.24**）

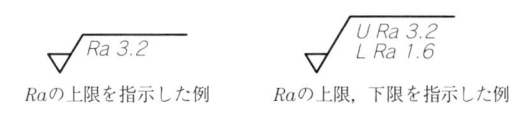

Ra の上限を指示した例　　　Ra の上限，下限を指示した例

図 4.24　Ra の場合の記入例

（b） 特殊な要求事項の指示方法

① 加工方法の指示

加工方法の指示は**表 4.17** の略号を記入する，略号はⅠの英文字，Ⅱの日本語のどちらでも良い．

表 4.17　加工方法の略号

加工方法	略号		加工方法	略号	
	Ⅰ	Ⅱ		Ⅰ	Ⅱ
旋削	L	旋	ホーニング	GH	ホーン
穴あけ（ドリル加工）	D	キリ	液体ホーニング仕上	SPLH	液体ホーン
中ぐり	B	中ぐり	バレル研磨	SPBR	バレル
フライス削り	M	フライス	バフ研磨	SPBF	バフ
平削り	P	平削	ブラスト仕上げ	SB	ブラスト
形削り	SH	形削	ラップ仕上げ	FL	ラップ
立削り	SL	スロッタ	やすり仕上げ	FF	ヤスリ
ブローチ削り	BR	ブローチ	きさげ仕上げ	FS	キサゲ
リーマ仕上げ	FR	リーマ	ペーパー仕上げ	FCA	ペーパ
研削	G	研	鋳造	C	鋳
ベルト研削	GBL	布研	鍛造	F	鍛

4章　機械製図に必要なその他の表示事項

② 筋目方向の指示

加工によって出来る加工痕の筋目の方向を**表4.18**によって指示する．

表 4.18　筋目方向の記号

記号	説明図及び解釈	
=	筋目の方向が，記号を指示した図の投影面に平行 例　形削り面，旋削面，研削面	筋目の方向
⊥	筋目の方向が，記号を指示した図の投影面に直角 例　形削り面，旋削面，研削面	筋目の方向
X	筋目の方向が，記号を指示した図の投影面に斜めで2方向に交差 例　ホーニング面	筋目の方向
M	筋目の方向が，多方向に交差 例　正面フライス削り面，エンドミル削り面	
C	筋目の方向が，記号を指示した面の中心に対してほぼ同心円状 例　正面旋削面	
R	筋目の方向が，記号を指示した面の中心に対してほぼ放射状 例　端面研削面	
P	筋目が，粒子状のくぼみ，無方向又は粒子状の突起 例　放電加工面，超仕上げ面，ブラスチング面	

備考　これらの記号によって明確に表すことのできない筋目模様が必要な場合には，図面に"注記"としてそれを指示する．

4.2 表面性状（表面粗さ）の表示

（3） 面の指示記号に対する各指示記号の位置

表面性状の要求事項の指示位置は図 4.25 による．

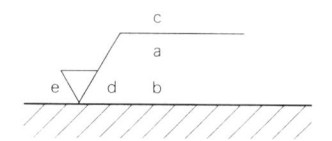

```
a：通過帯域又は基準長さ，表面性状パラメータ
b：複数パラメータが要求されたときの二番目以降の
　　パラメータ指示
c：加工方法
d：筋目とその方向
e：削り代
```

備考　原国際規格にはないが，"a"～"e"の位置に指示する事項を記載した．

図 4.25　各指示記号の位置

位置 a）　表面性状パラメータ記号とその値などを書く．
位置 b）　二番目の表面性状の要求事項がある場合に使用する．三番目またはそれ以上の要求事項を指示する場合には，図示記号の長いほうの斜線を縦方向に伸ばして多数行の指示ができるようにスペースを広げる．
位置 c）　加工方法を記入する．機械加工，表面処理，めっき，塗装などを指示する．（**表 4.17** 参照）
位置 d）　対象面の筋目とその方法を記号を用いて指示する．（**表 4.18** 参照）
位置 e）　削り代を mm 単位で指示する．

4.2.5　表面性状記号の図面記入法

（1）　図面記入法の基本

（a）　図示記号が図面の下辺または右辺から読めるように指示する．（**図 4.26**）

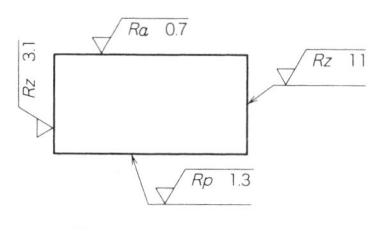

図 4.26　図示記号の向き

（b）　図示記号は対象面に接するか，または対象面に矢印で接する引出線

4章　機械製図に必要なその他の表示事項

につながった引出補助線，または引出補助線が適用できない場合には引出線に接するように記入する．(**図 4.27**)

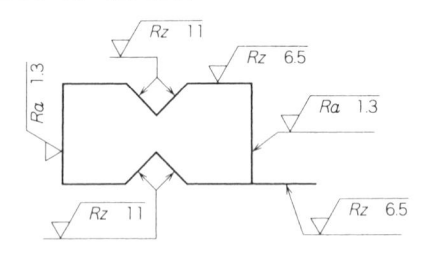

図 4.27　表面を表す外形線上に指示した場合

（c）　図示記号または矢印付きの引出線は，部品の外側から外形線または外形線の延長線に接するように指示する．(**図 4.28**)

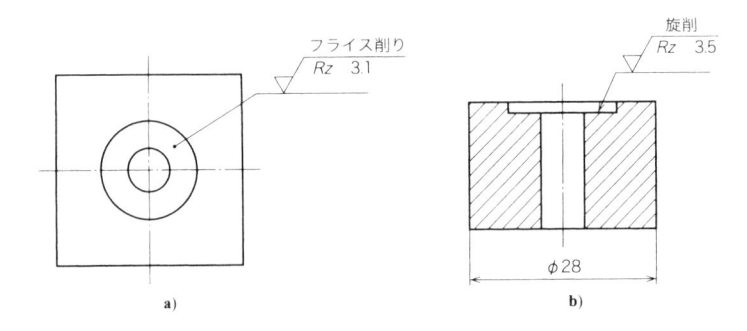

図 4.28　引出線の使い方

(2)　**寸法線に指示する場合**

誤った解釈がされるおそれのない場合には，表面性状の指示記号は，**図 4.29** のように寸法に並べて指示してもよい．

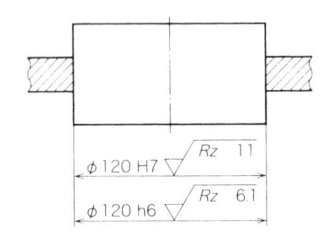

図 4.29　寸法と併記した場合

4.2 表面性状（表面粗さ）の表示

（3） 幾何公差の公差記入枠に指示する場合

誤った解釈がされるおそれのない場合には，表面性状の指示記号は図 4.30 のように幾何公差の公差記入枠の上側につけてもよい．

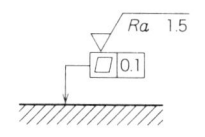

図 4.30 公差記入枠に付けた場合

（4） 寸法補助線に指示する場合

表面性状の指示記号は図 4.31 のように寸法補助線に矢印で接する引出線につながった引出補助線，または引出補助線が適用できない場合には引出線に接するように指示する．

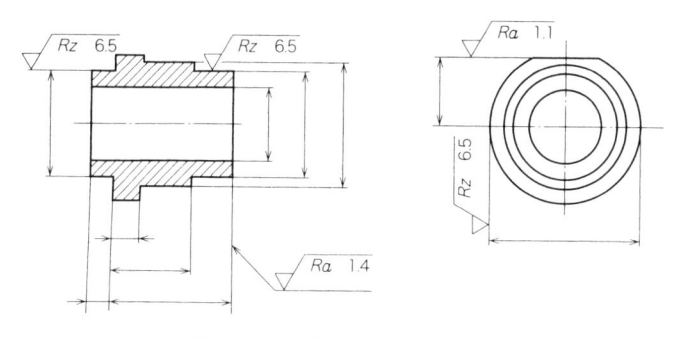

図 4.31 寸法補助線に記す場合

（5） 円筒表面および角柱表面に指示する場合

中心線によって表された円筒表面および角柱表面（角柱の各表面が同じ表面性状である場合）では，表面性状の要求を1回だけ指示する（図 4.32 左）．

角柱の各表面に異なった表面性状が要求される場合には，角柱の各表面に対して個々に指示する（図 4.32 右）．

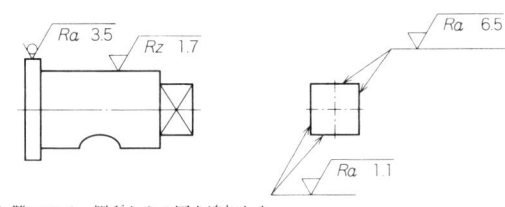

4章 機械製図に必要なその他の表示事項

参考 国際規格は理解し難いので，側面からの図を追加した．

図 4.32 円筒，角柱へ記入する場合

（6） 簡略図示法

（a） 表面性状の指示記号を繰り返し指示することを避けたい場合，指示スペースが限られている場合，または同じ表面性状の要求事項が部品の大部分で用いられている場合には，簡略図示によって参照指示してもよい．（**図 4.33**）

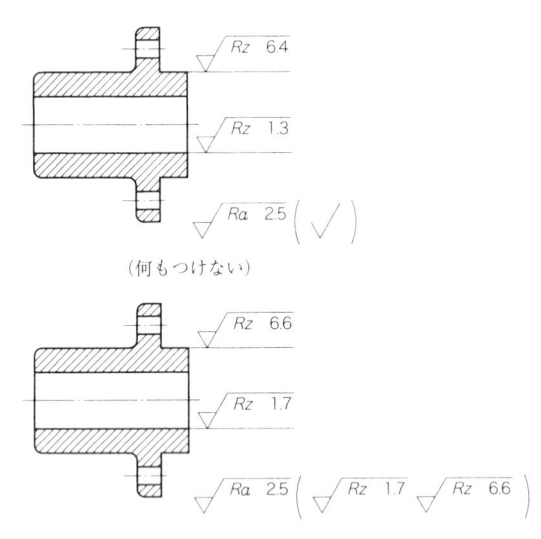

（何もつけない）

（一部異なった表面性状を付ける）

図 4.33 大部分が同じ表面性状である場合の簡略図示

（b） 文字つき図示記号による場合

対象部品の傍ら，表題欄の傍らまたは一般事項を指示するスペースに簡略参照指示であることを示す事によって，簡略指示を対象面に適用してもよい．（**図 4.34**）

146

4.2 表面性状（表面粗さ）の表示

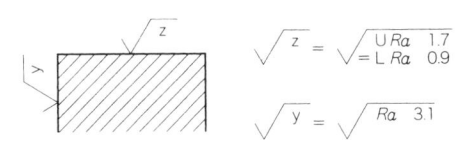

図 4.34 指示スペースが限られた場合の表面性状の参照指示

（c） 図示記号だけによる場合

同じ表面性状の指示記号が大部分で用いられている場合，図 4.35 のように図面に参照指示であることを示す事によって，該当する図示記号を対象面に適用してもよい．

（5） 表面処理前後の表面性状の指示

表面処理の前後の表面性状を指示する必要がある場合は，"注記"または図 4.36 にその例を示す．

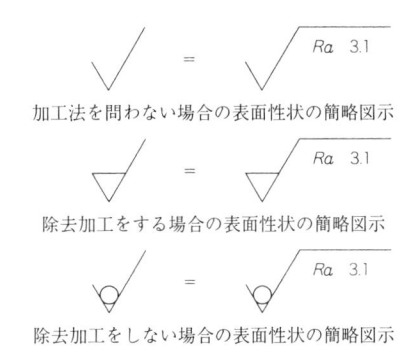

図 4.35 表面性状の簡略指示

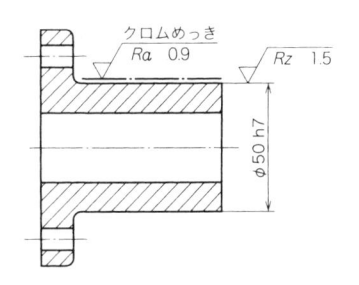

図 4.36 表面処理の例

4.2.5 表面性状の適用例

表面性状の要求事項やその値を選ぶ事は，機械部品の技術的な必要を満たしさらに最も経済的でなければならない．各企業の現場技術そのものであるから標準といえる物はないが，ごく一般的な適用例を表 4.19 に示す．

また，その機械部品の加工方法も，それぞれの企業の生産技術に左右され

4章 機械製図に必要なその他の表示事項

るが,加工法による粗さ範囲の参考例を**表 4.20** に示す.

表 4.19 表面性状の適用例

粗さ表示		適 用 例	(参考) 旧仕上記号
Ra	Rz		
0.025 0.05	0.10 0.20	超仕上げ・ラップ仕上げ・バフ仕上げなどによる特殊用途の高級仕上げ面	
0.10	0.40	燃料ポンプのプランジャ,ガジョウピン,クロスヘッドピン,高速精密軸受面,シリンダ内面	▽▽▽▽
0.20	0.80	クロスヘッド形ディーゼル機関のピストン棒,ガジョウピン,クロスヘッドピン,シリンダ内面,ピストンリングの外面,高速軸受面,燃料ポンプのブランジャ,メカニカルシールの滑動面	
0.40	1.6	クロスヘッド形ディーゼル機関のピストン棒,ガジョウピン,クロスヘッドピン,クランクピンおよび同ジャーナル,カムの表面,その他光沢のある外観を持つ精密仕上げ面	
0.80	3.2	クランクピンおよび同ジャーナル,普通の軸受面,歯車のかみ合い面,シリンダ内面,精密ネジ山の面	▽▽▽
1.6	6.3	主軸受の外輪の外面,重要でない軸受面,弁と弁座の着座面,歯車のかみ合い面,シリンダの内面およびラムの外面,コックの栓のはめあい面,すり合わせ仕上げ面	
3.2	12.5	管継手などのフランジ面,フランジ軸継手の接合面,キーで固定するボス穴と軸のはめあい面,軸受の本体と冠の接着面,リーマーボルトの幹部,パッキン押えのはめあい面,歯車のボスの端面,リムの端面,キーの外面とキー溝面,重要でない歯車のかみ合い面,ウォームの歯,ねじ山,ピンの外形面,ブシュの外面,その他互いに回転または滑動しないはめ合い面もしくは接着面	
5.0	20	止弁などの弁棒,ハンドル車の角穴内面,パッキン押えのはめあい面,歯車のリム部両端面,ボスの端面,ブシュの端面,キーまたはテーパーピンで固定する穴と軸のはめあい面,ピンの外形面,ボルトで固定する接着面,スパナのナット当り面,スパナの口に適合する部分の平面	▽▽
6.3	25	フランジ軸継手やプーリーなどのボス端面,リム端面,ハンドル車の角穴内面,滑車のみぞ面,羽根車の外形面,接合棒の旋削面,ピストンの上・下面,鉄道車輪の外形面	
8.0	32	軸受の底面,ポンプなどの台板の切削面,軸やピンの端面,他部と接着しない仕上げ面	
12.5	50	軸受の底面,機関台の下面,軸の端面,他部と接着しない荒い仕上げ面	▽
16.0	63	重要度の低い特別な独立仕上げ面	
25	100	単に黒皮を除く程度の荒仕上げ面	

注:この表は仕上げしろを要する加工面についての適用例を示す

4.2 表面性状（表面粗さ）の表示

表 4.20 各種加工法による粗さの範囲

加工法	Ra	0.012	0.025	0.05	0.1	0.2	0.4	0.8	1.6	3.2	6.3	12.5	25	50	100	200
	Rz	0.05	0.1	0.2	0.4	0.8	1.6	3.2	6.3	12.5	25	50	100	200	400	800
鍛造									←精密→		←		→			
鋳造									←精密→		←		→			
ダイカスト									←	→						
熱間圧延										←		→				
冷間圧延					←			→								
引抜き							←		→							
押出し							←		→							
タンブリング				←			→									
砂吹き							←			→						
転造					←	→										
平削り								←			→					
形削り								←			→					
フライス							←精密→		←			→				
精密中ぐり						←		→								
ヤスリ仕上げ							←精密→	←			→					
丸削り					←精密→		←上→	←中→		←荒→						
中ぐり							←精密→	←			→					
穴あけ									←		→					
リーマ						←精密→	←		→							
ブローチ削り						←精密→	←		→							
シェービング							←		→							
研削				←精密→		←上→	←中→	←荒→								
ホーニング仕上				←精密→	←	→										
超仕上	←精密→		←		→											
バフ仕上				←		精密		→								
ペーパ仕上				←精密→	←	→										
ラップ仕上	←精密→		←	→												
液体ホーニング				←精密→	←	→										
バニシ仕上					←	→										
ローラ仕上					←	→										
化学研摩							←精密→	←	→							
電解研磨		←		精密		→										
旧仕上記号(参考)			▽▽▽▽			▽▽▽			▽▽			▽				

149

4章 機械製図に必要なその他の表示事項

4.3 幾何公差の表示*

4.3.1 概　　説

　商品がその機能を十分に発揮し，互換性を確保するためには，それらに見合った精度で仕上げられている必要があることはいうまでもない．加工精度の指示には，寸法の許容限界と表面性状のほかに，幾何公差が必要である．部品の高度化に伴って，幾何公差は，特に重要な意味をもってくる．

　部品では，寸法のばらつきに対して寸法公差を考えたが，形状のゆがみに対しては，それに対する公差が必要なわけであり，それが幾何公差といわれるものである．従来は，幾何公差の概念が確立されていなかったので，寸法公差だけで部品の精度を確保しようとしたり，場合によって，文章によって形状の平行度や直角度その他を指示していた．このため，図面は完全なものではなく，また，図面解釈に対する見解の相違をきたし，図面の一義性の欠除により，製作上の不都合を生ずることが多くあった．これに対して，幾何公差方式を導入すれば，定義のはっきりした指示内容が国際的に定められた記号を使って数量的に明示されるために，従来の各種不都合が解消されるとともに，生産上経済性も得られる利点が生じてきた．また，幾何公差方式を理解すれば，外国からくる図面を自由に読むことができるうえ，この方式によって描かれた図面は，世界中に通用するものとなる．

　幾何公差方式においては，部品に関連する形状，姿勢，位置および振れについての公差を指示するとともに，幾何公差を指示するときに用いるデータムおよびデータム系の概念の導入，また，寸法公差と幾何公差との相互依存関係を対象物の最大実体状態を基にして与える最大実体公差方式その他が考えられている．

4.3.2 幾何公差の種類とその記号

　幾何公差とは，対象物の形状，姿勢，位置，および振れの公差の総称であ

＊参照 JIS 規格：JIS B 0021　幾何公差の図示方法，JIS B 0022　幾何公差のためのデータム
　　　　　　　　 JIS B 0023　最大実体公差方式，JIS B 0621　幾何偏差の定義および表示

4.3 幾何公差の表示

り，幾何偏差，すなわち，形状その他の狂いの許容値をいう．

(a) 幾何公差の種類とその記号を**表 4.21** に示す．また，幾何公差に付随して用いられる付加記号を**表 4.22** に示す．

表 4.21 幾何公差の種類とその記号

適用する形体[1]	公差の種類	特性	記号	データム指示
単独形体[2]	形状公差	真直度	―	否
		平面度	◻	否
		真円度	○	否
		円筒度	⌭	否
単独形体 又は 関連形体		線の輪郭度	⌒	否
		面の輪郭度	⌓	否
関連形体[3]	姿勢公差	平行度	∥	要
		直角度	⊥	要
		傾斜度	∠	要
		線の輪郭度	⌒	要
		面の輪郭度	⌓	要
	位置公差	位置度	⌖	要・否
		同心度（中心点に対して）	◎	要
		同軸度（軸線に対して）	◎	要
		対象度	＝	要
		線の輪郭度	⌒	要
		面の輪郭度	⌓	要
	振れ公差	円周振れ	↗	要
		全振れ	↗↗	要

備考：
1) 形体：部品の中で幾何偏差すなわち幾何学的形状その他の狂いの対象となる部分．
2) 単独形体：ある形体に幾何公差を適用する場合，その幾何公差の性質上，対象とする形体だけを考えればよいときは，その形体を単独形体という．
3) 関連形体：ある形体に幾何公差を適用する場合，その幾何公差の性質上，他の形体，すなわち，一つあるいはそれ以上のデータム[4]形体（データム平面，データム線，データム点など）に関連して，その形体の幾何公差を指示しなければならないことがある．この場合の形体を関連形体という．
4) データム：形体の幾何偏差を規制するために設けられた理論的に正確な幾何学的基準（datum）で，従来の（正）を理想化したようなものといえよう．

(b) 公差付き形体（点，線，軸線，面または中心面）に適用される公差によって，その形体が含まれていなければならない公差域が定められる（**表**

151

4章 機械製図に必要なその他の表示事項

4.23).

表 4.22 幾何公差に対する付加記号

説明	記号
公差付き形体指示	
データム指示	A　A
データムターゲット	φ2/A1 [1)]
理論的に正確な寸法	50
突出公差域	Ⓟ [1)]
最大実体公差方式	Ⓜ

1) 本書では，このことについては述べていない．

表 4.23 公差域と公差値

	公　差　域	公差値	備　考
(1)	円の中の領域	円の直径	図 4.49 の 9.1 参照
(2)	二つの同心円の間の領域	同心円の半径の差	図 4.49 の 11.1 参照
(3)	二つの等間隔の線又は二つの平行な直線の間にはさまれた領域	二線又は二直線の間隔	図 4.49 の 8.1 参照
(4)	球の中の領域	球の直径	図 4.49 の 9.1 参照
(5)	円筒の中の領域	円筒の直径	図 4.49 の 10.1 参照
(6)	二つの同軸の円筒の間にはさまれた領域	同軸円筒の半径の差	図 4.49 の 3.1 参照
(7)	二つの等距離の面又は二つの平行な平面の間にはさまれた領域	二面又は二平面の間隔	図 4.49 の 6.2 参照
(8)	直方体の中の領域	直方体の各辺の長さ	図 4.49 の 7.1 参照

4.3 幾何公差の表示

4.3.3 幾何公差の図示方法

(a) 単独形体に幾何公差を指示するには，公差の種類と公差値を記入した長方形の枠（公差記入枠）とその形体とを指示線で結び付けて図示する（図 4.37）．なお，離れた形体に対する幾何公差の記入例は，図 4.38 および図

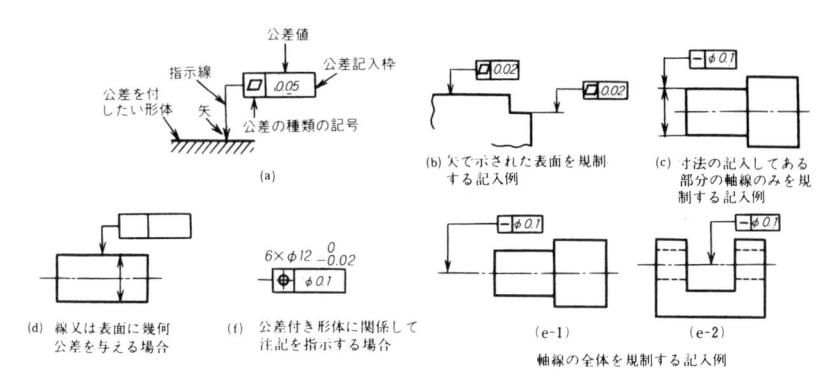

図 4.37 単独形体に対する記入例

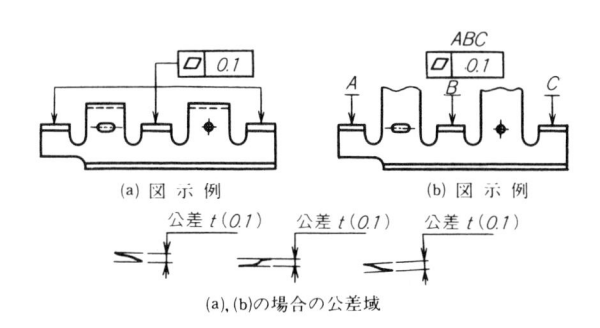

図 4.38 離れた形体に対するそれぞれの公差域

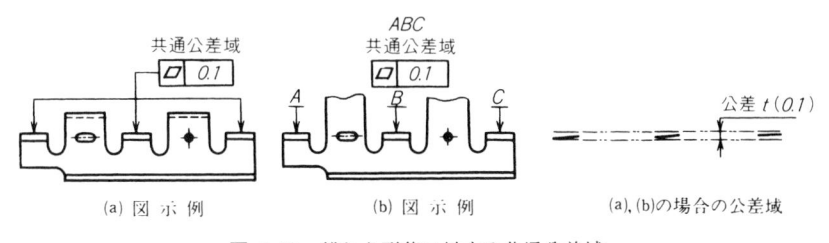

図 4.39 離れた形体に対する共通公差域

4章　機械製図に必要なその他の表示事項

4.39に示す．

(b)　関連形体に幾何公差を指示するには，規制する形体のデータムとなるデータム形体にデータム三角記号（直角二等辺三角形）を付け，公差記入枠と関連づけて図示する（**図4.40**）．

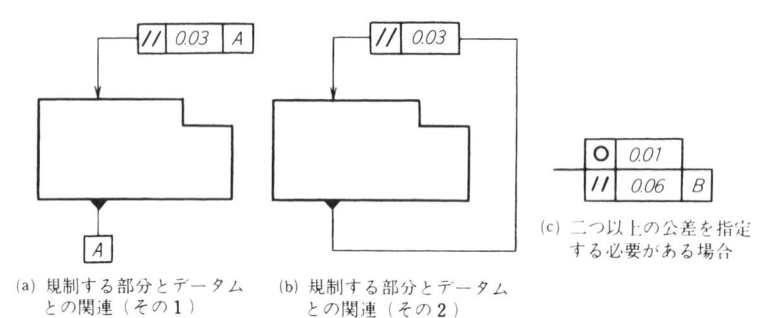

(a) 規制する部分とデータムとの関連（その1）
(b) 規制する部分とデータムとの関連（その2）
(c) 二つ以上の公差を指定する必要がある場合

図4.40　公差記入枠とデータム

(c)　データムは，形体の姿勢公差，位置公差，振れ公差などを規制するために設定した理論的に正確な幾何学的基準で，データムが平面である場合の考え方を**図4.41**に示す．

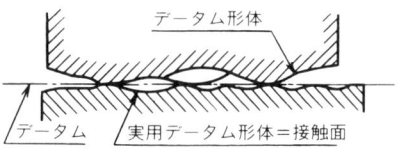

図4.41　データム平面

また，三つのデータムを用いて穴の軸心の位置を指定した例を**図4.42**に示す．各種のデータムの示し方は，**図4.43**に示す．

関連形体に指定してある幾何公差は，データム形体自身の幾何偏差を規定しないので，必要に応じてデータム形体に対して形状公差を指定する．

4.3 幾何公差の表示

(a-1)

第二次データム平面　90°　第三次データム平面

90°

第一次データム平面

(a-2)

第二実用データム平面　第三実用データム平面

第一実用データム平面

(a-3)

データムの優先順位を示す
第一次データム
第二次データム
第三次データム

φ10H7

データム文字

データム三角記号
データム形体

(b)

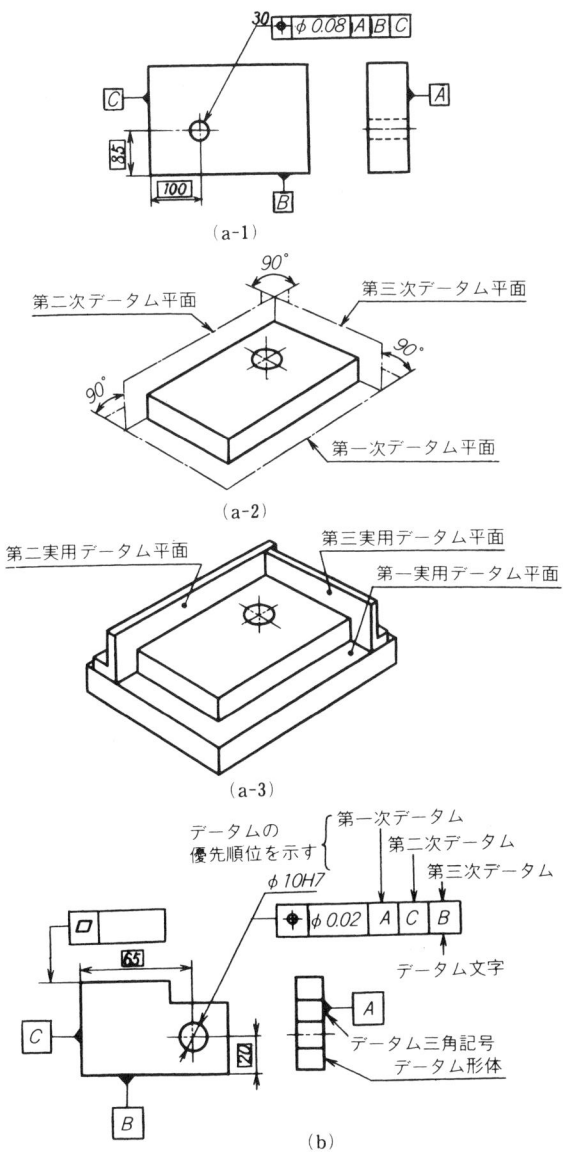

図 4.42　三つのデータムによる穴の軸心の位置の指定

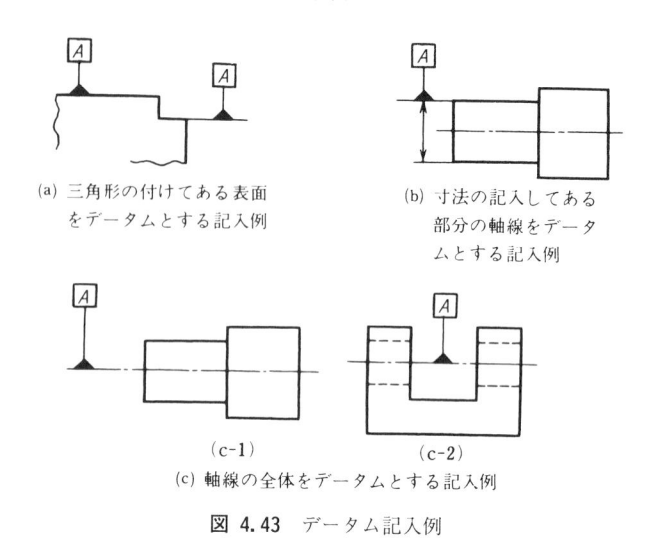

4章 機械製図に必要なその他の表示事項

(a) 三角形の付けてある表面をデータムとする記入例

(b) 寸法の記入してある部分の軸線をデータムとする記入例

(c-1)　　(c-2)
(c) 軸線の全体をデータムとする記入例

図 4.43　データム記入例

4.3.4　最大実体公差方式

　図面に示されている寸法には，必ず公差が付けられており，四角い枠で囲んだ寸法だけは，理論的に正確な寸法であって公差は付けない．寸法公差と幾何公差との間には基本的に関連性はないもので，これを独立の原理（principle of independency）という．しかし，ある場合には，両者に関連性をもたせたほうが機能を損なわずに生産性に寄与できることがある．代表的なものとして最大実体公差方式（maximum material principle）（MMP）がある．ここで最大実体とは，例えば，軸については，外形寸法が最大，穴部品では，内径寸法が最小の状態を指す．このような状態において与えられた姿勢公差や位置交差は，寸法が最大実体状態（maximum material condition）（MMC）から最小実体状態（least material condition）（LMC）に向かって変化するのに応じて，それだけ幾何公差が増大しても差し支えないとするのが最大実体公差方式といわれるもので，その一例を図 4.44 に示す．この場合，公差記入枠内の公差値の後に Ⓜ の記号を付ける．同図中の動的公差線図とは，この場合における寸法と幾何公差との関連を図示したものである．なお，歯車やリンク機構の中心間距離のように機能上から与えられた公差を変えてはいけない

4.3 幾何公差の表示

(a) 図示例
外側形体の最大実体公差方式

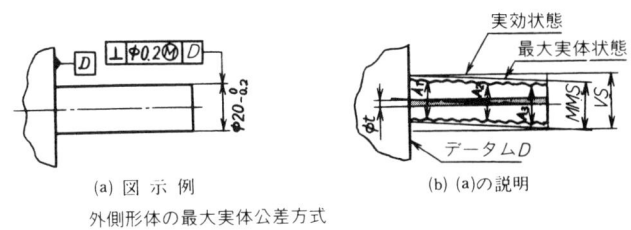

(b) (a)の説明

(a)によって定まる数値
$A_1 \sim A_3$（実寸法）$= \phi 19.8 \sim 20.0$ mm
MMS（最大実体寸法）$= \phi 20$ mm
ϕt_1（指示された直角度公差）$= \phi 0.2$ mm
VS（実効寸法）$= MMS + \phi t_1 = \phi 20.2$ mm
ϕt（許される直角度公差）$= \phi 0.2 \sim 0.4$ mm

(c) 図示例
内側形体の最大実体公差方式

(d) (c)の説明

(c)によって定まる数値
$A_1 \sim A_3$（実寸法）$= \phi 20.4 \sim 20.6$ mm
MMS（最大実体寸法）$= \phi 20.4$ mm
ϕt_1（指定された直角度公差）$= \phi 0.2$ mm
VS（実効寸法）$= MMS - \phi t_1 = \phi 20.2$ mm
ϕt（許される直角度公差）$= \phi 0.2 \sim 0.4$ mm

(e) (a)の動的公差線図
軸の寸法 mm
使用できる領域
測定した寸法が19.9であったときは，その測定位置と測定方向で，真位置からの狂いが0.3まで許される．

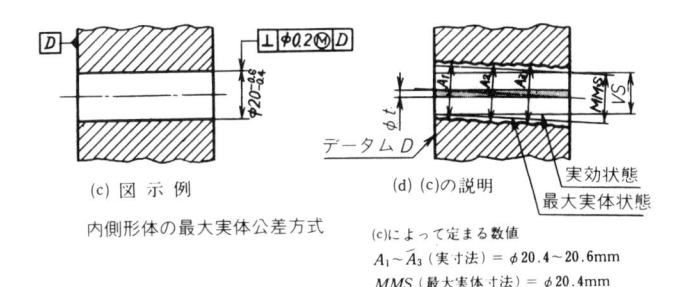

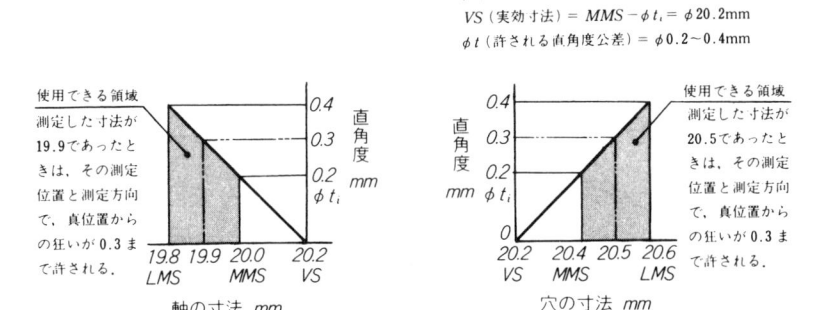

(f) (c)の動的公差線図
穴の寸法 mm
使用できる領域
測定した寸法が20.5であったときは，その測定位置と測定方向で，真位置からの狂いが0.3まで許される．

図 4.44 最大実体公差方式

場合には，最大実体公差方式を用いてはいけない．

4章　機械製図に必要なその他の表示事項

4.3.5　幾何公差の公差域の定義および図示例

幾何公差の公差域の定義及び図示例とその解釈（JIS B 0021より抜粋）

公差域の定義欄で用いている線は、次の意味を表している．

太い実線 又は 破線：形体　　　　　細い一点鎖線：中心線
太い一点鎖線：データム　　　　　　細い二点鎖線：補足の投影面 又は 切断面
細い実線 又は 破線：公差域　　　　太い二点鎖線：補足の投影面 又は 切断面への形体の投影

公差域の定義	図示例とその解釈
1．真直度公差	
1.1 表面の要素としての線の真直度公差　公差域は、指定された方向の切断面内で t だけ離れた二つの平行な直線にはさまれた領域である． 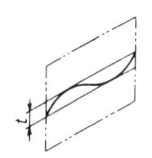	指示線の矢でぷ示した面を、公差記入枠を表わした図形の投影面に平行な任意の平面で切断したとき、その切断面に現れた線が、矢の方向に0.1mmだけ離れた二つの平行な直線の間になければならない． 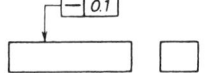 指示線の矢で示す円筒面上の任意の母線は、その円筒の軸線を含む平面内において、0.1mmだけ離れた二つの平行な直線の間になければならない．
1.2 公差域を示す数値の前に、記号 ϕ が付いている場合には、この公差域は直径 t の円筒の中の領域である． 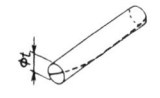	円筒の直径を示す寸法に公差記入枠が結ばれている場合には、その円筒の軸線は、直径0.08mmの円筒内になければならない． 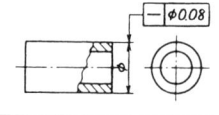
2．平面度公差	
2.1 公差域は、t だけ離れた二つの平行な平面の間にはさまれた領域である． 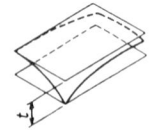	この表面は、0.08mmだけ離れた二つの平行な平面の間になければならない． 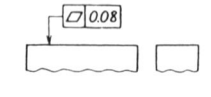
3．円筒度公差	
3.1 公差域は、t だけ離れた二つの同軸円筒面の間の領域である． 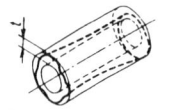	対象としている面は、0.1mmだけ離れた二つの同軸円筒面の間になければならない． 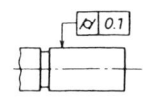

図 4.45(1)　幾何公差の公差域の定義および図示例

4.3 幾何公差の表示

幾何公差の公差域の定義および図示例とその解釈を図 4.45 に示す．

公差域の定義	図示例とその解釈

4．線の輪郭度公差

4.1 単独形体の線の輪郭度公差

公差域は，理論的に正しい輪郭線上に中心をおく，直径 t の円がつくる二つの包絡線の間にはさまれた領域である．

投影面に平行な任意の断面で，対象としている輪郭は，理論的に正しい輪郭をもつ線の上に中心をおく直径 0.04 mm の円がつくる二つの包絡線の間になければならない．

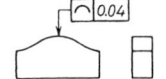

5．面の輪郭度公差

5.1 単独形体の面の輪郭度公差

公差域は，理論的に正しい輪郭面上に中心をおく，直径 t の球がつくる二つの包絡面の間にはさまれた領域である．

対象としている面は，理論的に正しい輪郭をもつ面の上に中心をおく，直径 0.02mm の球がつくる二つの包絡面の間になければならない．

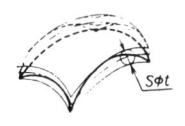

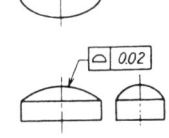

6．平行度公差

6.1 データム直線に対する線の平行度公差

公差を示す数値の前に記号 φ が付いている場合には，この公差域は，データム直線に平行な直径 t の円筒の中の領域である．

指示線の矢で示す軸線は，データム軸直線 A に平行な直径 0.03mm の円筒内になければならない．

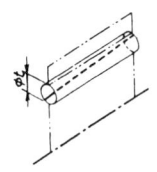

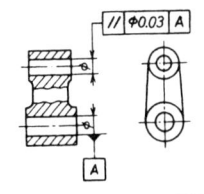

6.2 データム平面に対する面の平行度公差

公差域は，データム平面に平行で，t だけ離れた二つの平行な平面の間にはさまれた領域である．

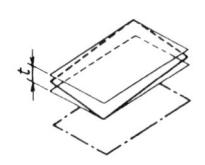

指示線の矢で示す面は，データム平面 A に平行で，かつ指示線の矢の方向に 0.01mm だけ離れた二つの平面の間になければならない．

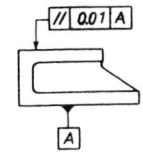

図 4.45(2) 幾何公差の公差域の定義および図示例

4章　機械製図に必要なその他の表示事項

7．直角度公差	
公差域の定義	図示例とその解釈
7.1 公差の指定が互いに直角な二方向で行われている場合には，この公差域は，断面 $t_1 \times t_2$ で，データム平面に垂直な直方体の中の領域である． 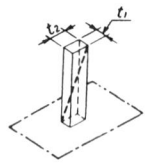	指示線の矢で示す円筒の軸線は，それぞれの指示線の矢の方向にそれぞれ 0.2 mm，0.1 mm の幅をもち，データム平面に垂直な直方体内になければならない． 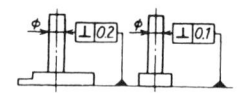
7.2 データム平面に対する面の直角度公差 　公差域は，データム平面に垂直で，t だけ離れた二つの平行な平面の間にはさまれた領域である． 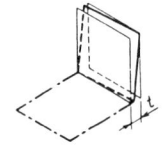	指示線の矢で示す面は，データム平面Aに垂直で，かつ，指示線の矢の方向に 0.08mm だけ離れた二つの平行な平面の間になければならない． 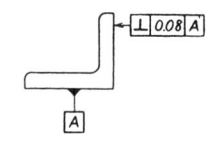
8．傾斜度公差	
8.1 データム直線に対する線の傾斜度公差 (a) 同一平面内の線とデータム直線　一平面に投影されたときの公差域は，データム直線に対して指定された角度で傾き，t だけ離れた二つの平行な直線の間にはさまれた領域である． 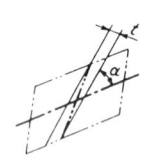	指示線の矢で示した穴の軸線は，データム軸直線 $A-B$ に対して理論的に正確に 60°傾斜し，指示線の矢の方向に 0.08mm だけ離れた二つの平行な平面の間になければならない． 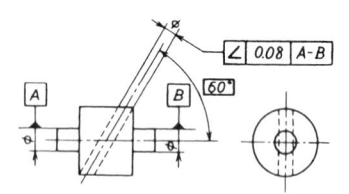
8.2 データム平面に対する面の傾斜度公差 　公差域は，データム平面に対して指定された角度に傾き，互いに t だけ離れた二つの平行な平面の間にはさまれた領域である． 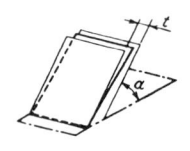	指示線の矢で示す面は，データム平面Aに対して理論的に正確に 40°傾斜し，指示線の矢の方向に 0.08mm だけ離れた二つの平行な平面の間になければならない． 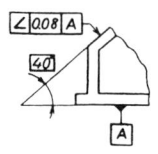

図 4.45（3）　幾何公差の公差域の定義および図示例

4.3 幾何公差の表示

公差域の定義	図示例とその解釈
9. 位置度公差	
9.1 点の位置度公差 公差域は，対象としている点の理論的に正確な位置（以下，真位置という）を中心とする直径 t の円の中 又は 球の中の領域である． 	指示線の矢で示した点は，データム直線 A から 60 mm，データム直線 B から 100 mm 離れた真位置を中心とする直径 0.03mm の円の中になければならない． なお，この図例の場合は，データム直線 A，B の優先順位はない． 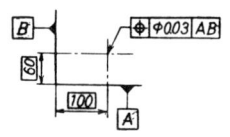 備考：図に現れている面に垂直方向の厚みを考慮に入れるときは，ここに説明した円は円筒となり，点は線となる．
9.2 公差を示す数値の前に記号 ϕ が付いている場合の線の位置度の公差域は，真位置を軸線とする直径 t の円筒の中の領域である． 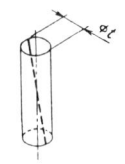	指示線の矢で示した軸線は，データム平面 A 上において，データム平面 B から 85 mm，データム平面 C から 100 mm の真位置を通り，データム平面 A に垂直な直線を軸線とする直径 0.08 mm の円の中になければならない． 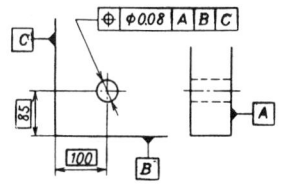 指示線の矢で示した八つの穴の軸線相互の関係位置は互いに 30 mm 離れた真位置を軸線とする直径 0.08 mm の円筒の中になければならない． 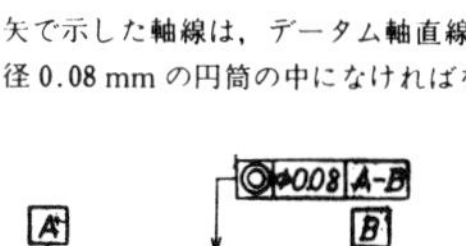
10. 同軸度公差	
10.1 同軸度公差 公差を示す数値の前に記号 ϕ が付いている場合には，この公差域は，データム軸直線と一致した軸線をもつ直径 t の円筒の中の領域である． 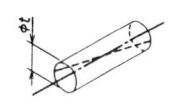	指示線の矢で示した軸線は，データム軸直線 $A-B$ を軸線とする直径 0.08 mm の円筒の中になければならない． 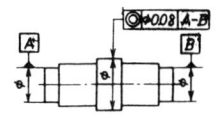

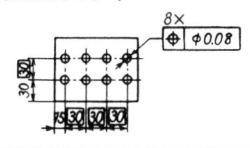

図 4.45(4) 幾何公差の公差域の定義および図示例

4章 機械製図に必要なその他の表示事項

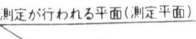

公差域の定義	図示例とその解釈
11. 円周振れ公差	
11.1 半径方向の円周振れ公差 公差域は，データム軸直線に垂直な任意の測定平面上でデータム軸直線と一致する中心をもち，半径方向に t だけ離れた二つの同心円の間の領域である． 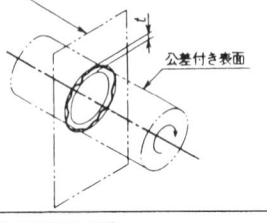	指示線の矢で示す円筒面の半径方向の振れは，データム軸直線 $A-B$ に関して1回転させたときに，データム軸直線に垂直な任意の測定平面上で，0.1mm を超えてはならない． 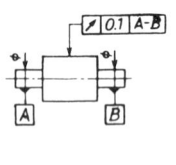
11.2 軸方向の円周振れ公差 公差域は，任意の半径方向の位置において，データム軸直線と一致する軸線をもつ測定円筒上にあり，軸方向に t だけ離れた二つの円の間にはさまれた領域である． 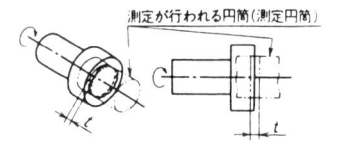	指示線の矢で示す円筒側面の軸方向の振れは，データム軸直線 D に関して1回転させたときに，任意の測定位置(測定円筒面)で 0.1mm を超えてはならない． 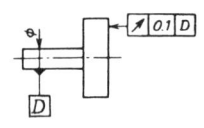
12. 全振れ公差	
12.1 半径方向の全振れ公差 公差域は，データム軸直線に一致する軸線をもち，半径方向に t だけ離れた二つの同軸円筒の間の領域である． 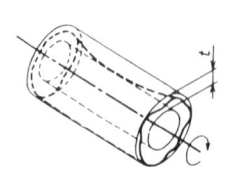	指示線の矢で示す円筒面の半径方向の全振れは，この円筒部分と測定具との間で軸線方向に相対移動させながら，データム軸直線 $A-B$ に関して円筒部分を回転させたときに，円筒表面上の任意の点で 0.1mm を超えてはならない．測定具 又は 対象物の相対移動は，理論的に正確な輪郭線に沿い，データム軸直線に対して正しい位置で行わなければならない． 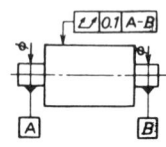

図 4.45(5) 幾何公差の公差域の定義および図示例

4.4 リベットおよび溶接の表示*

4.4.1 概　　説

ボイラその他の高圧容器，船舶，車両，鉄骨構造物などでは，鋼板や型鋼をいわゆる永久結合にした接合部が多く見られる．この接合部には，以前はほとんどリベット継手だけが用いられていたが，現在では各種の溶接法とそれに関する技術が著しい進歩をとげた結果，上記の場合の接合部は溶接によって優秀なものが容易にしかも確実に行えるようになっている．もちろん，一部の接合部に対しては，現在でもなおリベットが用いられている．

機械製図においては，ボイラ，車両その他でリベット継手や溶接継手を使うことがあるので，設計製図者はこれらの概要を理解し，特に溶接の場合に対しては，正しい指示が図面で行えるよう溶接記号の使い方に精通しておく必要がある．

4.4.2 リベットの表し方

リベット（rivet）は，一端に引掛りのための頭を持った比較的短い丸棒で，結合する部分の穴に通したのち，頭のない部分をハンマで叩いて頭を付け，接合を完了するものである．この際，接合前には，リベット穴の直径 $d_1=$

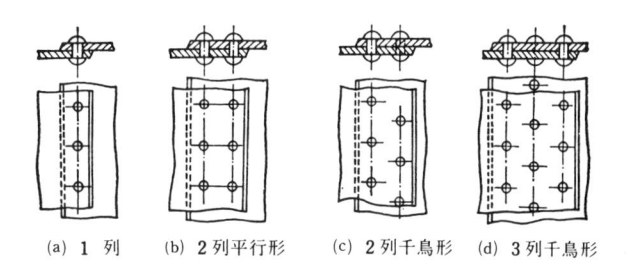

(a) 1列　(b) 2列平行形　(c) 2列千鳥形　(d) 3列千鳥形

平行形：chain riveting
千鳥形：zigzag riveting

図 4.46　重ね継手

＊参照 JIS 規格：JIS B 1213　冷間成形リベット，JIS B 1214　熱間成形リベット，
　　　　　　　　JIS B 3021　溶接記号

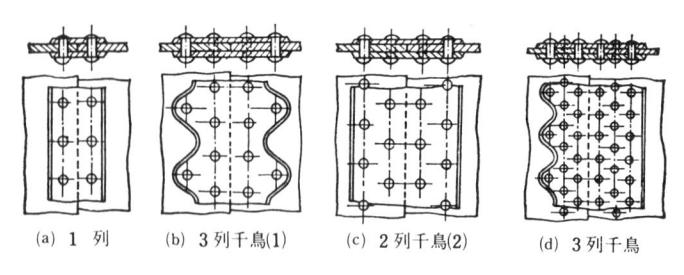

4章　機械製図に必要なその他の表示事項

(a) 1 列　　(b) 3列千鳥(1)　　(c) 2列千鳥(2)　　(d) 3列千鳥

図 4.47　突合わせ継手

$(1.05 \sim 1.10)\,d$（d はリベットの軸径）となっているが，接合後には，両者の間にすきまはなくなる．

リベット締めによって結合したものをリベット継手（riveted joint）というが，これには図 4.46 および図 4.47 に示すものがある．

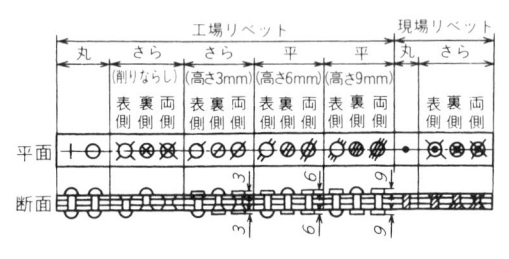

図 4.48　リベット記号

リベットの名称は，通常リベットの頭の形で呼び（図 4.48 参照），大きさはリベットの軸部の外径（軸径）で表す．また，リベットの呼び方は，"丸皿リベット 25×50SV34"というように，名称・軸部呼び径・顎下長さ・材質で示される．なお，リベットには，冷間成形リベット（直径 13 mm 以下）と熱間成形リベット（直径 $10 \sim 40$ mm）その他があるが，詳細については，それぞれの規格を参照されたい．

製図の場合に多数のリベットを一々描くのでは手間がかかるうえにあまり意味もないので，側面図にはその中心線だけを引き，平面図には一定の記号を用いて表示する（図 4.48）．なお，リベットには，作業の関係上工場内で打たれる工場リベットと品物の組立現場で打たれる現場リベットの別があるが，この区別も図面上で明示することになっている．

以上は，橋梁，船舶，建築などを主とするリベット継手の場合に対して行われる表示法であるが，蒸気ボイラ，タンクなどのように継手の部分を詳細に示すことが重要であるものでは，リベットの実形を表すことが多い．

4.4 リベットおよび溶接の表示

4.4.3 溶接記号とその図示方法

(1) 溶接法概要

金属部分の永久的結合法として，昔はリベット継手が盛んに用いられたが，最近では溶接技術の進歩により，リベットの代わりに溶接が広く用いられるようになった．

a) 溶接法 溶接法にはアーク溶接法（電弧溶接法），ガス溶接法，抵抗溶接法などがあるが，この中でもアーク溶接法は特に発達しており，少し大きな構造物の溶接はほとんどこれによっている．

b) 溶接継手の種類（図 4.49 参照）．

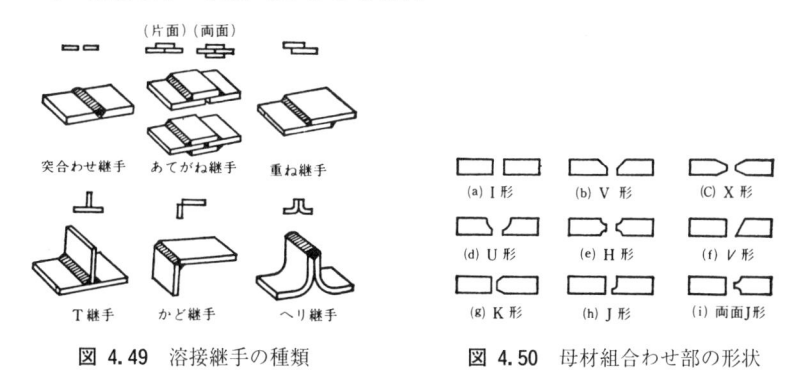

図 4.49 溶接継手の種類

図 4.50 母材組合わせ部の形状

c) 母材組合わせ部の形状（図 4.50 参照）．
d) 溶接部の表面形状（図 4.51 参照）．
e) 溶接様式の種類（図 4.52 参照）．

図 4.51 溶接部の表面形状

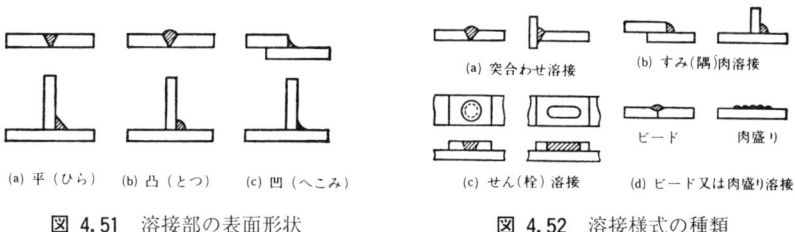

図 4.52 溶接様式の種類

4章 機械製図に必要なその他の表示事項

表 4.24 溶接基本記号

溶接部の形状	基本記号	備考
両フランジ形	〳〵	―
片フランジ形	八	―
I形	‖	アプセット溶接，フラッシュ溶接，摩擦圧接などを含む．
V形，X形（両面V形）	∨	X形は説明文の基線（以下，基線という．）に対称にこの記号を記載する．アプセット溶接，フラッシュ溶接，摩擦圧接などを含む．
∨形，K形（両面∨形）	V	K形は基線に対称にこの記号を記載する．記号の縦の線は左側に書く．アプセット溶接，フラッシュ溶接，摩擦圧接などを含む
J形，両面J形	Ⱶ	両面J形は基線に対称にこの記号を記載する．記号の縦の線は左側に書く．
U形，H形（両U形）	⋎	H形は基線に対称にこの記号を記載する．
フレアV形 フレアX形	⋎	フレアX形は基線に対称にこの記号を記載する．
フレアV形 フレアK形	⏋	フレアK形は基線に対称にこの記号を記載する．記号の縦の線は左側に書く．
すみ肉	◿	記号の縦の線は左側に書く．並列継続すみ肉溶接の場合は基線に対称にこの記号を記載する．ただし，千鳥継続すみ肉溶接の場合は，右の記号を用いることができる．
プラグ，スロット	⊓	―
ビード肉盛	⌒	肉盛溶接の場合は，この記号を二つ並べて記載する．
スポット，プロジェクション，シーム	✳	重ね継手の抵抗溶接，アーク溶接，電子ビーム溶接などによる溶接部を表す．ただし，すみ肉溶接を除く． シーム溶接の場合は，この記号を二つ並べて記載する． なお，とくに表示に問題がない場合には，スポット溶接の場合は，〇の記号を，また，シーム溶接の場合は，⊖の記号を記載する．

4.4 リベットおよび溶接の表示

f） 連続溶接と断続溶接（図4.53参照）．

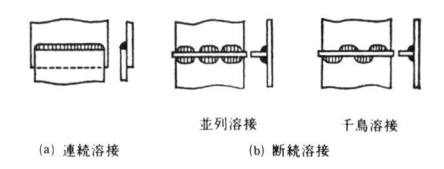

(a) 連続溶接
(b) 断続溶接　並列溶接　千鳥溶接

図 4.53　連続溶接と断続溶接

（2） 溶接記号とその記入法

"JIS Z 3021　溶接記号"で規定する溶接記号は，溶接の種類に対する基本記号（**表4.24**）と補助記号（**表4.25**）とから成り立っている．これらの記号を使って溶接の指示をするには，溶接個所から引出線を含む説明線を出して，これらに溶接記号と必要な諸寸法を記載するようにする（**図4.54**）．

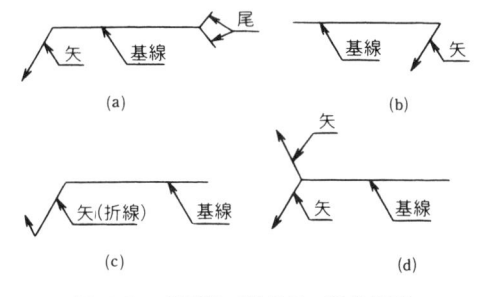

(a) 矢　基線　尾
(b) 基線　矢
(c) 矢(折線)　基線
(d) 矢　基線

図 4.54　説明線（溶接部の記号表示）

表 4.25　溶接補助記号

区分		補助記号	備考
溶接部の表面形状	平ら	—	
	凸	⌒	基線の外に向かって凸とする．
	へこみ	⌣	基線の外に向かってへこみとする．
溶接部の仕上方法	チッピング	C	
	研削	G	グラインダ仕上げの場合．
	切削	M	機械仕上げの場合．
	指定せず	F	仕上方法を指定しない場合．
現場溶接		▶	
全周溶接		○	全周溶接が明らかなときは省略してもよい．
全周現場溶接		▶○	

なお，この場合の記載方法は下記のようにする．

a） 説　明　線

(i) 説明線は溶接部を記号表示するために用いるもので，基線，矢および尾で構成され，尾は必要がなければ省略してもよい（**図 4.54**(a), (b)）．

(ii) 基線は通常，水平線とし，基線の一端に矢を付ける．

(iii) 矢は溶接部を指示するもので，基線に対してなるべく60°の直線とする．ただし，レ形，K形，J形および両面J形において開先を取る部材の面を，また，フレアレ形およびフレアK形において，フレアのある部材の面を指示する必要がある場合は，矢を折線とし，開先を取る面またはフレアのある面に矢の先端を向ける（**図 4.54**(c)）．

(iv) 矢は必要があれば基線の一端から2本以上付けることができる．ただし，基線の両側に矢を付けることはできない（**図 4.54**(d)）．

b） 基本記号の記載方法

(i) 基本記号は，溶接する側が矢の側または手前側のときには基線の下側に（**図 4.55**(a)），矢の反対側または向こう側のときは基線の上側に（**図 4.55**(b)）密着して記載する．

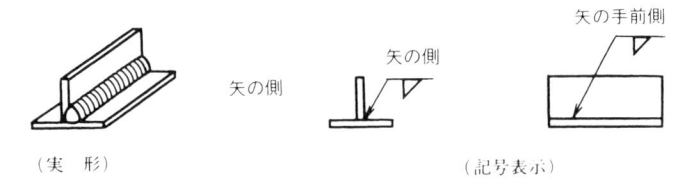

(a) 矢の側又は手前側の溶接

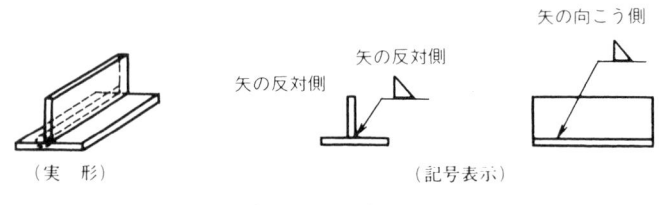

(b) 矢の反対側又は向こう側の溶接

図 4.55　基線に対する基本記号の上下位置関係

4.4 リベットおよび溶接の表示

(ii) 基線を水平にできない場合は図 4.56 による.

c) 補助記号などの記載方法

(i) 補助記号,寸法,強さなどの溶接施工内容の記載方法は,基線に対し基本記号と同じ側に図 4.57 のとおりとする.

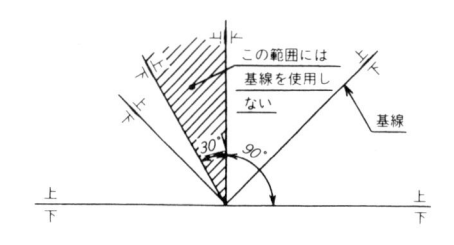

図 4.56 基線の位置と基線の上側・下側の関係

(ii) 基本記号は必要な場合,組み合わせて使用することができる(図 4.59

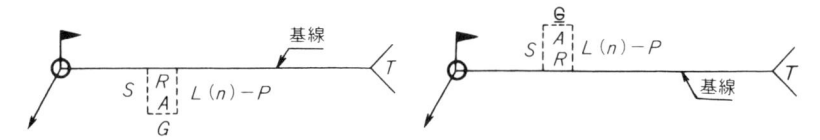

(a) 溶接する側が矢の側又は手前側のとき

(b) 溶接する側が矢の反対側又は向こう側のとき

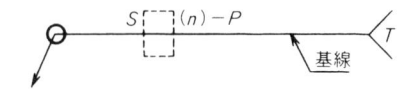

(c) 重ね継手部の抵抗溶接(スポット溶接など)のとき

溶接施工内容の記号例示

[____] :基本基号

S:溶接部の断面寸法又は強さ(開先深さ,隅肉の脚長,プラグ穴の直径,スロットみぞの幅,シームの幅,スポット溶接のナゲットの直径又は単点の強さなど)
R:ルート間隔
A:開先角度
L:断続隅肉溶接の溶接長さ,スロット溶接のみぞの長さ又は必要な場合は溶接長さ
n:断続隅肉溶接,プラグ溶接,スロット溶接,スポット溶接などの数
P:断続隅肉溶接,プラグ溶接,スロット溶接,スポット溶接などのピッチ
T:特別指示事項(J形・U形等のルート半径,溶接方法,その他)
―:表面形状の補助記号
G:仕上げ方法の補助記号
⚑:全周現場溶接の補助記号
○:全周溶接の補助記号

図 4.57 溶接施工内容の記載方法

各種溶接記号の記載例中の記号の組み合わせ参照).

(iii) グループ溶接の断面寸法は,特に指示のない限り次のことを示す.
　　S：開先深さ S で完全溶込みグループ溶接
　　Ⓢ：開先深さ S で部分溶込みグループ溶接
　　　　S を指示しない場合は,完全溶込みグループ溶接

(iv) すみ肉溶接の断面寸法は脚長とする.

等脚すみ肉溶接の場合は,1脚長だけを記載する.不等脚すみ肉溶接の場合は,小さいほうの脚長 (S_1) を先に,大きいほうの脚長 (S_2) を後にして,($S_1 \times S_2$) と記載する.

(v) プラグ溶接,スロット溶接の断面寸法および溶接線方向の寸法は,穴の底の寸法とする.断面寸法だけを記載する場合は,充てん溶接を示すものとし,部分充てん溶接の場合は,断面寸法である穴の底の直径または幅を先に,溶接深さを後にして,(穴の底の直径または幅×溶接深さ) と記載する.

(vi) スポット溶接およびプロジェクション溶接の断面寸法は,ナゲットの直径とする.

(vii) 基線の上下の両側に記載する寸法が同じ場合は,上側だけに記載すればよい.

(viii) 溶接方法など特に指示する必要がある事項は,尾の部分に記載する.

なお,2個所以上の溶接を同時に指示する場合には,図 4.58 に示すように1本の基線に対して引出線を数本付けることができる.

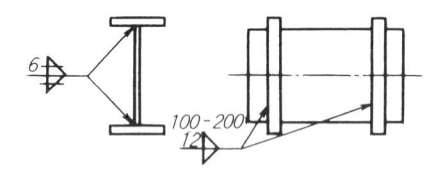

図 4.58　2個所以上の溶接部を同時に指示する場合

ただし,基線の両端に引出線を付けてはいけない.

各種溶接記号の記載例を図 4.59 に示す.

4.5　材 料 記 号

4.5.1　材料と記号

機械を設計する場合,機械を構成する材料,すなわち,機械材料(一般に

4.5 材料記号

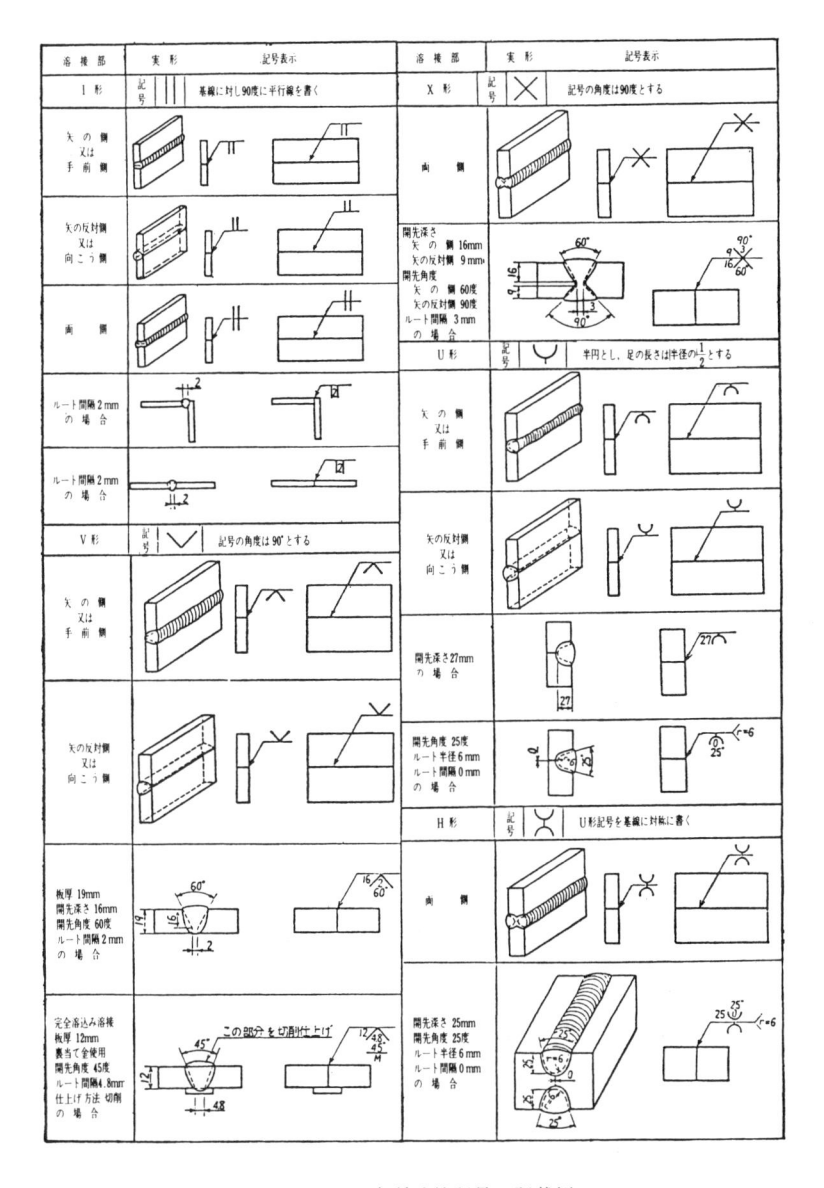

図 4.59(1)　各種溶接記号の記載例

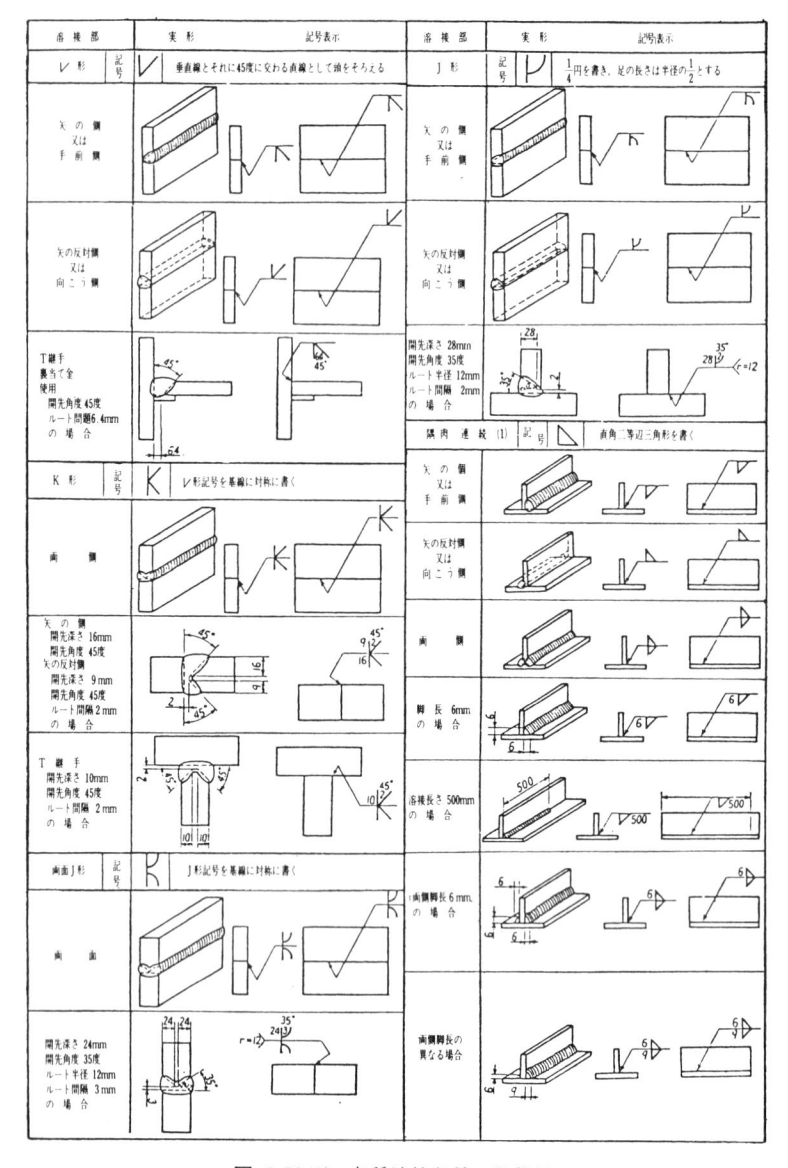

4章 機械製図に必要なその他の表示事項

図 4.59(2) 各種溶接記号の記載例

4.5 材料記号

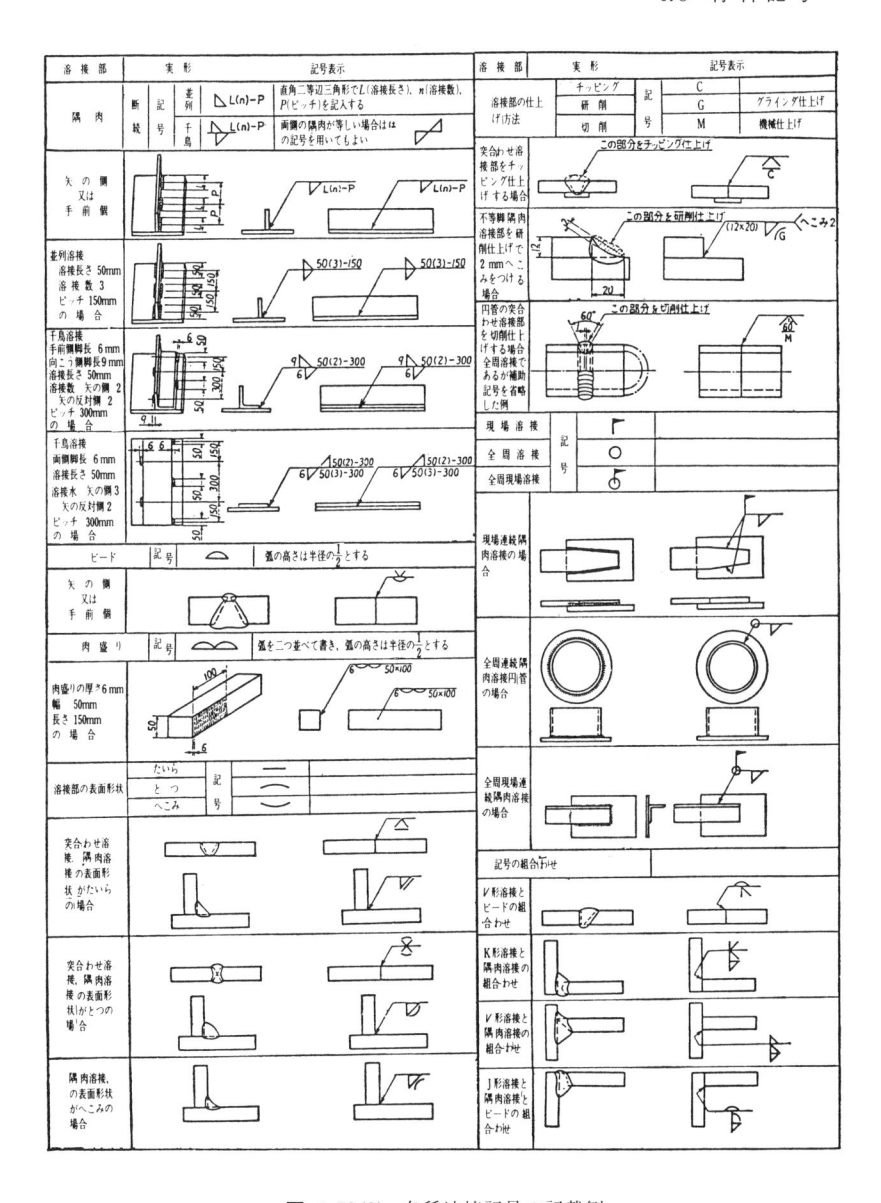

図 4.59(3)　各種溶接記号の記載例

は工業材料ともいう）には，その部品の機能や作動，工作などに適応するとともに，できるだけ経済的なものを選んで使用するようにする．そして図面には必ず各部品の材料，さらに必要な場合には，その熱処理法も示しておかなければならない．

機械に使われる主要材料は金属材料であるが，昔はその種が比較的に少なく，また，材料に関する規格も現在ほど確立されていなかったので，単に鋳鉄とか，軟鋼，半硬鋼，硬鋼などというように，漠然とした名称で表すことが多く，また，これを図面上に示す場合には，断面部分に施すハッチングのやり方を変えることによって材質を区別することが普通に行われていた．しかるに現在では，金属材料の進歩に伴いそれぞれの目的に適合する多種多様のものが用意され，しかも日本で市販されている材料は，いずれもほとんどJIS規格に準拠したものとなっている．なお，JISの材料記号で示されている材料については，化学成分，製造法，硬さ，強さ，その他の機械的性質などが明確に規定されている．

したがって，部品図などにおいては，その部品の材料を示す場合には，表題欄あるいは部品表の材質欄に，このJISで定めた材料記号を用いて材質を記入しておけば，簡単かつ明確に所要材質を示すことができる．なお，この金属材料記号は，製図で使われるだけでなく，仕様書や材料注文書への記入，材料に対する刻印その他にも広く使われる．

非金属の石綿，木綿，糸，ゴム，皮革，ガラス，木材，れんが，セメント，プラスチックなどについては，JIS記号の定められているものと定められていないものとがあるが，JIS規格で記号が定められていない場合には，図面にその名称を漢字や片かなを使って記入する．なお，これらの非金属材料を図形上で直接示すには，図3.39に示したような断面記号を使って表すこともあるが，この場合でも，表題欄あるいは部品表には材質を明記しておかなければならない．

なお，JISで規定されていない材料については，別に社内規格その他によって明確に内容を示し，材料の購入，検査，製品の販売などの際に疑義や不必要な混乱を生じないようにしておく必要がある．

4.5.2 JIS に規定された金属材料記号の構成

JIS では，JIS G で鉄鋼，JIS H で非鉄金属に関する規格を定めている（電気関係専用の材料は，JIS C で規定されている）．金属の記号は，英語，ローマ字，数字などを組み合わせ，原則として3個の部分から組み立てられている．すなわち，

(1) 第1の部分は，材質を表すもので，英語またはローマ字の頭文字，または化学元素記号などを表す（**表 4.26**）．

(2) 第2の部分は，英語やローマ字の頭文字を使って材料の成分，製法，製品の形状別の種類，用途などを表す記号で製品を示す（**表 4.27**）．

(3) 機械構造用鋼，伸銅品およびアルミニウム展伸材については，別途の表示法で示している（**表 4.28**）．

(4) 第3位の部分は，種別を表すもので，最低引張り強さを示す数字，または，1種，2種，3種などの番号の数字，その他 A，B，C などの種別を示す記号を後ろに付ける（**表 4.29**）．

(5) さらに以上のほか，必要に応じて加工法や熱処理，製造法，形状などを示す記号を付け加えることもある（**表 4.30**）．

4.5.3 JIS 金属材料

機械部品に適した材料を選択して使用することは，設計者の重要な仕事の一つであるが，製図者も機械材料について一とおりのことは心得ている必要がある．

JIS の金属材料に関する規格は，ぼう大なものであるので，詳細については，必要に応じてそれぞれの規格[10]を参照してもらうことにする．ここでは金属材料の規格番号と名称，種別，用途などの概要を示すにとどめる（**表 4.31**）．

    10) 日本規格協会では，金属材料に関する各規格の主要事項を抜粋して，鉄鋼関係を1冊にまとめたものを"JIS ハンドブック鉄鋼20××年版"，また，非鉄金属関係として"JIS ハンドブック非鉄20××年版"をそれぞれ毎年発行している．

4章　機械製図に必要なその他の表示事項

表 4.26　材料記号の第1の部分の文字とその意味

(a) 鉄 鋼 関 係

記号文字	記 号 文 字 の 意 味	例	該当JIS
S	鋼(Steel)	SS 400	G 3101
F	鉄(Ferrum)	FC 200	G 5501

(b) 非鉄金属関係

(1) アルミニウム系統

A	アルミニウム(Aluminium)	A 2017 P	H 4000
		AC 1 A	H 5202

(2) 青銅系統

B	青銅(Bronze)	BC 2	H 5111
AlB	アルミニウム青銅(Aluminium Bronze)	AlBC 4	H 5114
LB	鉛青銅(Lead Bronze)	LBC 5	H 5115
PB	りん青銅(Phosphor Bronze)	PBC 2	H 5113
SzB	シルジン青銅(Si+Zn Bronze)	SzBC 3	H 5112

(3) 黄銅系統

HBs	高力黄銅(High Strength Brass)	HBsC 3	H 5102
YBs	黄銅(Yellow Brass)	YBsC 1	H 5101

(4) 銅 系 統

C	銅(Copper)	C 2600 R	H 3100

(5) マグネシウム系統

M	マグネシウム(Magnesium)	MC 2	H 5203

(6) 鉛 材 料

Pb	鉛（元素記号）	PbT 2	H 4311

(7) そ の 他

T	チタン(Titanium)	TW 270	H 4670
W	白合金(White metal)	WJ 3	H 5401
Z	亜鉛(Zinc)	ZDC 2	H 5301

4.5 材料記号

表 4.27 材料記号の第2の部分の文字とその意味
(a) 鋼 関 係

記号文字	記号文字の意味	例	該当JIS
(1) 成分別記号			
10 C	0.1％C（炭素）(Carbon)	S 10 C	G 4051
15 C K	0.15 Cの肌焼（K）用（ケース・ハードニング）	S 15 CK	G 4051
ACM	アルミニウム・クロム・モリブデン(Al・Cr・Mo)	SACM645	G 4202
CM	クロム・モリブデン(Cr・Mo)	SCM415	G 4105
Cr	クロム(Cr)(元素記号)	SCr420	G 4104
Mn	マンガン(Mn)（元素記号）	SMn433	G 4106
MnC	マンガン・クロム(Mn・Cr)	SMnC443	G 4106
NC	ニッケル・クロム(Ni・Cr)	SNC236	G 4102
NCM	ニッケル・クロム・モリブデン(Ni・Cr・Mo)	SNCM439	G 4103
(2) 製法別記号			
C 37	最低引張り強さ360 N/mm^{2}の鋳鋼(Casting Steel)	SC 360	G 5101
CC	炭素鋼鋳鋼品(Casting+Carbon)	SCC 5	G 5111
CS	ステンレス鋳物(Casting+Stainless)	SCS 15	G 5121
F 34	最低引張り強さ340 N/mm^{2}の鍛鋼(Forging Steel)	SF 340 A	G 3201
(3) 製品形状別記号			
BC	チェーン用丸鋼(Bar for Chain)	SBC 300	G 3105
GP	ガス管(Gas Pipe)	SGP	G 3452
GPW	水道用ガス管(Gas Pipe for Water)	SGPW	G 3442
PC	冷間圧延鋼板(Cold rolled steel Plate)	SPCC	G 3141
PH	熱間圧延鋼板(Hot rolled steel Plate)	SPHD	G 3131
APH	自動車用熱間圧延鋼板(Automobile Hot Plate)	SAPH 400	G 3113
TB	ボイラ・熱交換器用管(Boiler Tube)	STB 410	G 3461
TK	構造用炭素鋼鋼管(こうぞう+Tube)	STK 400	G 3444
TKM	機械構造用炭素鋼鋼管(Machine+TK)	STKM14C	G 3445
TPA	配管用合金鋼鋼管(Tube+Pipe+Alloy)	STPA 22	G 3458
W	線(Wire)	SWA	G 3521
WO	オイルテンパ線(Oil tempered Wire)	SWO-A	G 3560
WP	ピアノ線(Piano Wire)	SWP-A	G 3522
WRH	硬鋼線材(Hard Wire Rod)	SWRH62A	G 3506
WRM	軟鋼線材(Mild Wire Rod)	SWRM 6	G 3505
WRS	ピアノ線材(Spring Wire Rod)	SWRS62B	G 3502

177

4章　機械製図に必要なその他の表示事項

記号文字	記号文字の意味	例	該当JIS
(4) 用途別記号			
B	ボイラ用(Boiler)	SB 450	G 3103
K	工具鋼（こうぐ鋼）	SK 5	G 4401
KD	合金工具鋼（ダイス鋼）	SKD 12	G 4404
KH	高速度鋼(High speed 工具鋼)	SKH 52	G 4403
KS	特殊工具鋼(Special 工具鋼)	SKS 7	G 4404
M	溶接構造用圧延鋼材(Medium carbon)	SM 400 C	G 3106
S	一般構造用圧延鋼材(Structual)	SS 330	G 3101
UH	耐熱鋼(Use+Heat resisting)	SUH 310	G 4311
UJ	軸受鋼(Use+じく受)	SUJ 4	G 4805
UM	快削鋼(Use+Machinability)	SUM 23	G 4804
UP	ばね鋼(Use+Spring)	SUP 3	G 4801
US	ステンレス鋼(Use+Stainless)	SUS 302	G 4303
V	リベット用丸鋼(rivet)	SV 330	G 3104
(b) 鋳鉄関係			
C15	最低引張り強さ150N/mm^2 の鋳鉄	FC 150	G 5501
CD	球状黒鉛鋳鉄(C : Casting, D : Ductile)	FCD 450	G 5502
CMB	黒心可鍛鋳鉄(Malleable Casting Black)	FCMB 340	G 5702
CMW	白心可鍛鋳鉄(Malleable Casting White)	FCMW 370	G 5703
CMP	パーライト可鍛鋳鉄(Malleable Casting Pearlite)	FCMP 590	G 5704
(c) 非鉄金属関係			
(1) 製法別記号			
C	鋳造(Casting)	YBsC 2	H 5101
DC	ダイガスト(Die Casting)	ZDC 1	H 5301
(2) 製品形状別記号			
B	棒(Bar)	MB 1	H 4203
P	板(Plate)	PbP	H 4301
S	型材(Shape)	MS 4	H 4204
T	管(Tube)	PbT−2	H 4311
W	線(Wire)	TW 270	H 4670
(3) 用途別記号			
J	軸受（じくうけ）	WJ 5	H 5401

4.5 材料記号

表 4.28 機械構造用鋼記号体系並びに伸鋼品およびアルミニウム展伸材の表し方

(a) 機械構造用鋼記号体系
　(1) 機械構造用鋼の材質の記号は下記のように構成されている．

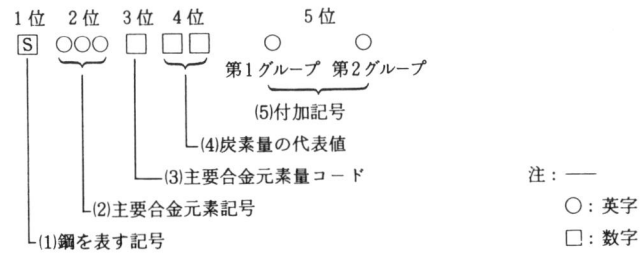

```
 1位 2位 3位 4位    5位
 ┌─┬───┬─┬─┐  ○    ○
 │S│○○○│□│□│ 第1グループ 第2グループ
 └┬┴─┬─┴┬┴┬┘       │
  │   │   │ └────(5)付加記号
  │   │   └──────(4)炭素量の代表値
  │   └──────────(3)主要合金元素量コード
  └──────────────(2)主要合金元素記号
(1)鋼を表す記号

注：──
○：英字
□：数字
```

　(2) 主要合金元素記号：Mn, MnC, CM, NC, NCM, ACM など．
　(3) 主要合金元素量コード 2, 4, 6, 8 は次表による．

主要合金元素量コード \ 区分 元素	マンガン鋼	マンガンクロム鋼		クロム鋼		クロムモリブデン鋼 アルミニウムクロムモリブデン鋼			ニッケルクロム鋼		ニッケルクロムモリブデン鋼		
	Mn	Mn	Cr	Cr		Cr		Mo	Ni	Cr	Ni	Cr	Mo
2	1.00以上 1.30未満	1.00以上 1.30未満	0.30以上 0.90未満	0.30以上 0.80未満		0.30以上 0.80未満	0.15以上 0.30未満		1.00以上 2.00未満	0.25以上 0.70未満	0.20以上 0.40未満		0.15以上
4	1.30以上 1.60未満	1.30以上 1.60未満	0.30以上 0.90未満	0.80以上 1.40未満		0.80以上 1.40未満	0.15以上 0.30未満		2.00以上 2.50未満	0.25以上 0.70未満	0.40以上 1.50未満		0.15以上
6	1.60以上	1.60以上	0.30以上 0.90未満	1.40以上 2.00未満		1.40以上	0.15以上 0.30未満		2.50以上 3.00未満	0.25以上	2.00以上 3.50未満	1.00以上	0.15以上 1.00未満
8				2.00以上		0.80以上 1.40未満	0.30以上 0.60未満		3.00以上	0.25以上 1.25未満	3.50以上	0.70以上 1.50未満	0.15以上 0.40未満

　(4) 炭素量の代表値：C 0.10～0.15 % の場合には 12, C 0.07～0.12 の場合には 09 と表す．その他もこれに準ずる．
　(5) 付加記号
　　(i) 第1グループは基本鋼に特殊な元素を添加した場合に用いる．

例：被削性改善のための特別元素添加剤

区　　　　分	付加記号
鉛　　添　　加　　鋼	L
硫　黄　添　加　鋼	S
カルシウム添加鋼	U

備考：複合添加の場合は表記の記号を組合わせる．

　　(ii) 第2グループは化学成分以外に特別な特性を保証する場合に用いる．

例：特別な特性を保証する鋼

区　　　　分	記号
焼入性保証鋼（H鋼）	H
はだ焼用炭素鋼	K

4章　機械製図に必要なその他の表示事項

(b) 伸銅品の材質記号

伸銅品の材質記号は，Cと4桁の数字で表し，その後に形状を示す記号をつける．

```
 1位   2位   3位   4位   5位
[ C ] [ × ] [ × ] [ × ] [ × ]  形状記号
```

(1) 第1位：銅及び銅合金を表すC．
(2) 第2位：主要添加元素による合金の系統を表す．

　　　1：Cu, 高Cu系合金　　　　5：Cu-Sn系合金，Cu-Sn-Pb系合金
　　　2：Cu-Zn系合金　　　　　 6：Cu-Al系合金，Cu-Si系合金，
　　　3：Cu-Zn-Pb系合金　　　　　 特殊Cu-Zn系合金
　　　4：Cu-Zn-Sn系合金　　　　7：Cu-Ni系合金，Cu-Ni-Zn系合金

(3) 第2位，第3位，第4位の数字はCDA(Copper Development Association)の合金記号
(4) 第5位：CDAと等しい合金は0，それ以外は1～9を用いる．
(5) 形状記号

　　　B：棒(Bar)　　　　　　　　P：板(Plate)
　　　BB：ブスバー(Bus Bar)　　　 PP：印刷用板(Plate Printing)
　　　BD：冷間引抜棒(Bar Drawn)　 R：条(Ribbon)
　　　BE：熱間押出棒(Bar Extruded)　T：管(Tube)
　　　BF：鍛造棒(Bar Forged)　　 TW：溶接管(Tube Welded)
　　　W：線(Wire)　　　　　　　 S：特殊級(Special)（例：BDS,PS）

(c) アルミニウム展伸材の材質記号

アルミ展伸材の材質記号は，Aと4桁の数字で表し，その後に形状を示す記号をつける．

```
 1位   2位   3位   4位   5位
[ A ] [ × ] [ × ] [ × ] [ × ]  形状記号
```

(1) 第1位：アルミニウム及びアルミニウム合金を表すA．
(2) 第2位：主要添加元素による合金の系統を表す．

　　　1：アルミニウム純度99.00％又は　　5：Al-Mg系合金
　　　　 それ以上の純アルミニウム　　　　6：Al-Mg-Si系合金
　　　2：Al-Cu系合金　　　　　　　　　7：Al-Zn系合金
　　　3：Al-Mn系合金　　　　　　　　　8：上記以外の系統の合金
　　　4：Al-Si系合金　　　　　　　　　9：予備

(3) 第3位：数字0～9を用い，0は基本合金を表し，1から9までは合金の改良形によって用いる．日本独自の合金あるいは国際登録合金以外の規格による合金についてはNとする．例：A1<u>0</u>80，A7<u>N</u>01

4.5 材 料 記 号

(4) 第4位及び第5位：純アルミニウムの純度小数点以下2桁，合金については旧アルコアの呼び方を原則としてつけ，日本独自の合金については合金系別，制定順に01から99までの番号をつける．

(5) 形状記号

BD ： 引抜棒(Bar Drawn)　　　　　S ： 押出形材(Shape)
BE ： 押出棒(Bar Extruded)　　　　TD ： 引抜継目無管(Tube Drawn)
FD ： 型打鍛造(Forging Die)　　　 TE ： 押出継目無管(Tube Extruded)
FH ： 自由鍛造(Forging Hand)　　　TW ： 溶接管(Tube Welded)
H ： 箔(Haku)　　　　　　　　　　TWA： アーク溶接管(Tube Welded Arc)
P ： 板(Plate)　　　　　　　　　　W ： 引抜線(Wire)
PC ： 合せ板(Plate Clad)　　　　　S ： 特殊級(Special)
R ： 条(Ribbon)　　　　　　　　　　　（例：A 1070 BES）

表 4.29　材料記号の第3の部分の文字や数字の意味

(a) 鉄 鋼 関 係

記号文字又は数字の意味	例		該当 JIS
最低引張強さN/mm²の一番小さいものを1種として以下順に2種，3種とする．	一般構造用圧延鋼材2種	SS 400	G 3101
	再生鋼材1種	SRB 330	G 3111
	圧力配管用炭素鋼鋼管2種	STPG 410	G 3454
	ねずみ鋳鉄品4種	FC 250	G 5501
1種を1, 2種を2と示す（以下同様）	ボイラ用マンガンモリブデン鋼鋼板1種B	SBV1B	G 3119
	配管用合金鋼鋼管25種	STPA25	G 3458
	機械構造用炭素鋼鋼管15種C	STKM15C	G 3445
	高炭素クロム軸受鋼鋼材5種	SUJ5	G 4805
A種をA，B種をBと示す	硬鋼線C種	SWC	G 3521
1種をC，2種をD，3種をEと示す	冷間圧延鋼板及び鋼帯2種	SPCD	G 3141

(b) 非鉄金属関係

記号文字又は数字の意味	例		該当 JIS
最低引張強さN/mm²の一番小さいものを1種として以下順に2種，3種とする．	チタン板2種	TP 340 H	H 4600
	チタン棒3種	TB 480 C	H 4650
	チタン線1種	TW 270	H 4670
1種を1，2種を2と示す（以下同様）	硬鉛板4種	HPbP4	H 4302
	黄銅鋳物1種	YBsC1	H 5101
	アルミニウム青銅鋳物2種C	AlBC2C	H 5114
	アルミニウム合金ダイカスト3種	ADC 3	H 5302
	ホワイトメタル2種B	WJ2B	H 5401

181

表 4.30 材料記号の第4の部分の文字とその意味

(a) 鉄 鋼 関 係

記号文字	記号文字の意味	例	該当 JIS
(1) 形状を表す記号			
B	棒(Bar)	SUS 304-B	G 4303
CP	冷延板(Cold Plate)	SUS 304-CP	G 4305
CS	冷延帯(Cold Strip)	SUS 304-CS	G 4307
CSP	ばね用鋼(Cold Strip Spring)	SUS 301-CSP	G 4313
HA	熱間山形鋼(Hot Angle)	SUS 304-HA	G 4317
HP	熱延板(Hot Plate)	SUS 304-HP	G 4304
HS	熱延帯(Hot Strip)	SUS 302-HS	G 4306
TB	熱伝達用管(Boiler Tube)	SUS 304-TB	G 3463
TK	構造用管(Tube+こうぞう)	SUS 430-TK	G 3446
TP	配管用管(Piping Tube)	SUS 304-TP	G 3459
TPY	配管用アーク溶接管(TP+ようせつ)	SUS 304-TPY	G 3468
WP	ばね用線(Wire Spring)	SUS 304-WPA	G 4314
WR	線材(Wire Rod)	SUS 304-WR	G 4308
(2) 製造方法を表す記号			
-R	リムド鋼(Rimmed steel)		
-A	アルミキルド鋼(Al-killed steel)		
-K	キルド鋼(Killed steel)		
-A	アーク溶接鋼管(Arc welding)		
-A-C	冷間仕上アーク溶接鋼管(Arc welding Cold)		
-B	鍛接鋼管(Butt welding)		
-B-C	冷間仕上鍛接鋼管(Butt welding Cold)		
-CF	遠心鋳造(Centrifugal casting)		
-E	電気抵抗溶接鋼管(Electric resisting welding)		
-E-C	冷間仕上電気抵抗溶接鋼管(E-Cold)		
-E-G	熱間仕上及び冷間仕上以外の電気抵抗溶接鋼管		
-E-H	熱間仕上電気抵抗溶接鋼管(E-Hot)		
M	みがき	S 45CM	G 3311
-S-C	冷間仕上継目無管(Seamless tube-Cold)		
-S-H	熱間仕上継目無管(Seamless tube-Hot)		
-D9	冷間引抜(Drawing)(9は許容差の等級9級)		
-T8	切削(Turning)(8は許容差の等級8級)		
-G7	研削(Grinding)(7は許容差の等級7級)		

182

4.5 材料記号

記号文字	記号文字の意味	例	該当JIS
(3) 熱処理を表す記号			
N	焼ならし(Normalizing)		
TN	試験片のみ焼ならしを行う(Test piece N)		
Q	焼入れ焼もどし(Quenching)		
SR	応力除去(Stress Relief)（応力除去を3回行う場合には3SRとする）		

(b) 非鉄金属関係

(1) 形状を表す記号

(1) 伸銅品関係については表4.30 (b)(1)参照のこと。
(2) アルミニウム展伸材関係については表4.30 (b)(3)参照のこと。

(2) 加工硬化による質別記号

アルミニウム以外の材料に対する記号	アルミニウム及びその合金の展伸材に対する記号		
	加工硬化のみ	加工硬化後半焼なまし	加工硬化後安定化処理
-1/4H（1/4硬質）	-H12	-H22	-H32
-1/2H（1/2硬質）	-H14	-H24	-H34
-3/4H（3/4硬質）	-H16	-H26	-H36
-H（硬質）	-H18		-H38
-EH（特硬質）			

注) 上記のほか，-0（硬質）（焼鈍材），-OL（軽軟質），-F（製出のまま）もある。

(3) 調質記号

記号文字	記号文字の意味
-F	製造のままの状態（調質されたものでないことを示す）.
-O	展伸材の加工硬化と熱処理による影響を除去するために焼鈍したもの.
-T	調質の意味.
-T2	鋳物の靱性と寸法の安定性を増すための焼鈍処理.
-T3	焼入れ後加工硬化したもの.
-T36	焼入れ後の冷間加工の量がT3と異なるもの.
-T4	焼入れを施しただけで常温時効が完了して安定したもの.
-T41	鋲を焼入れ温度で鋲じめしたもの.
-T42	需要家で熱処理したことを示す.
-T5	製造工程中に固溶体として残った成分を焼入れせずに焼もどしたもの（押出し時急冷焼もどし）.
-T6	焼入れ焼もどしの間に冷間加工を行っても，それが高度の機械的性質を保証するに至らない程度のもの.
-T7	焼入れを行い，その後焼入れ歪によって起こる変形を調整するために最高の硬度と強度を得るに必要な温度と時間以上に加熱安定化したもの.
-T8	焼入れと焼もどしの間に加工硬化の工程を入れたもの．80，81など8の次の数字は中間の冷間加工度とか焼もどし条件などの相違を表す.
-T9	焼入れ焼もどしに次いで加工硬化を行ったもの.
-T10	焼入れなしに焼もどしを行ったT5に対して加工硬化を行ったもの.

183

4章　機械製図に必要なその他の表示事項

表 4.31　材料記号
(a) 鉄 鋼 関 係

(1) 棒鋼, 形鋼, 鋼板, 鋼帯

JIS規格番号	名称	種別	記号	摘要（用途例）	
G 3101	一般構造用圧延鋼材	1種	SS 330	鋼板, 鋼帯, 平鋼, 棒鋼	
		2種	SS 400	鋼板, 鋼帯, 平鋼, 棒鋼	
		3種	SS 490	形鋼	
		4種	SS 540	小形鋼板, 鋼帯, 棒形鋼	
G 3106	溶接構造用圧延鋼材	1種A, B, C	SM400A, B, C	鋼板, 鋼帯, 形鋼, 平鋼	
		2種A, B, C	SM490A, B, C		
		3種A, B,	SM490YA, YB		
		4種B, C	SM520B, C		
		5種	SM570		
G 3108	みがき棒鋼用一般鋼材	A種	SGDA	機械的性質保証	断面形状は丸, 六角, 角, 平
		B種	SGDB		
		1種	SGD1	化学成分保証	
		2種	SGD2		
		3種	SGD3		
		4種	SGD4		
G 3113	自動車構造用熱間圧延鋼板及び鋼帯		SAPH 310	鋼板, 鋼帯	
			SAPH 370		
			SAPH 400		
			SAPH 440		
G 3123	みがき棒鋼	種類	適用材料		
		炭素鋼みがき棒鋼	JIS G 3108 みがき棒鋼用一般鋼材 JIS G 4051 機械構造用炭素鋼鋼材 JIS G 4804 硫黄及び硫黄複合快削鋼鋼材		
		合金鋼みがき棒鋼	JIS G 4052 焼入性を保証した構造用鋼鋼材（H鋼） JIS G 4102 ニッケルクロム鋼鋼材 JIS G 4103 ニッケルクロムモリブデン鋼鋼材 JIS G 4104 クロム鋼鋼材 JIS G 4105 クロムモリブデン鋼鋼材 JIS G 4106 機械構造用マンガン鋼鋼材及びマンガンクロム鋼鋼材 JIS G 4202 アルミニウムクロムモリブデン鋼鋼材		
G 3131	熱間圧延軟鋼板及び鋼帯		記号	摘要	
			SPHC	一般用	
			SPHD	絞り用	
			SPHE	深絞り用	
G 3141	冷間圧延鋼板及び鋼帯	1種	SPCC	一般用	
		2種	SPCD	絞り用	
		3種	SPCE	深絞り用	

4.5 材料記号

JIS 規格番号	名称	種別	記号	摘要（用途例）
G 3311	みがき特殊帯鋼	炭素鋼	S 30 CM	リテーナ
			S 35 CM	事務機部品
			S 45 CM	クラッチ部品，座金など
			S 50 CM	カメラ部品，座金など
			S 55 CM	ばね，かん切りなど
			S 60 CM	座金など
			S 65 CM	クラッチ部品，ばね
			S 70 CM	座金，ばね
			S 75 CM	クラッチ部品，ばね
			S 85 CM	クラッチ部品，ばね
		炭素工具鋼	SK 2M 〜 SK 7M	刃物，ハクソー，ばね，ぜんまい，ゲージ，座金，クラッチ部品
		合金工具鋼	SKS 11M SKS 2M 〜 SKS 51M	メタルバンドソー 刃物，木工用丸のこ 製材用帯のこ
		ニッケルクロム鋼	SNC 415 M SNC 631 M SNC 836 M	事務機械部品
		ニッケルクロムモリブデン鋼	SNCM 220 M SNCM 415 M	チェーン部品 安全バックル
		クロムモリブデン鋼	SCM 415M 〜 SCM 440M	チェーン部品 事務機械部品
		ばね鋼	SUP 6M SUP 9M SUP 10M	ばね 特殊ばね 特殊ばね

(2) 鋼管

JIS 規格番号	名称	種別	記号	摘要（用途例）
G 3441	機械構造用合金鋼鋼管	(7種類)	SCr 420TK SCM415TK 〜 SCM440TK	機械，自動車その他の機械部品用
G 3444	一般構造用炭素鋼鋼管	(5種類)	STK 290 〜 STK 540	土木，建築，鉄塔，足場，くい，支柱その他の構造物用
G 3445	機械構造用炭素鋼鋼管	11種 〜 (10種類) 20種	STKM11A 〜 STKM20A	機械，自動車，自転車，家具その他の機械部品用
G 3452	配管用炭素鋼鋼管	黒管 白管	SGP	低圧蒸気，水，油，ガス，空気などの配管用

185

4章　機械製図に必要なその他の表示事項

JIS 規格番号	名　　称	種　別	記　号	摘要（用途例）
G 3454	圧力配管用炭素鋼鋼管		STPG 370 STPG 410	350°C程度以下で使用する圧力配管用
G 3455	高圧配管用炭素鋼鋼管		STS 370 STS 410 STS 480	350°C程度以下で使用する圧力が高い配管用
G 3456	高温配管用炭素鋼鋼管		STPT 370 STPT 410 STPT 480	350°Cを越える温度の配管用
G 3458	配管用合金鋼鋼管	（7種類）	STPA 12 〜 STPA 26	高温度の配管用
G 3459	配管用ステンレス鋼鋼管	（29種類）	SUS 304 TP 〜 SUS 444 TP	耐食用及び高温用配管用
G 3461	ボイラ・熱交換器用炭素鋼鋼管	（3種類）	STB 340 〜 STB 510	管の内外で熱の授受を行う目的に使用

(3) 線材，線材二次製品

JIS 規格番号	名　　称	種　別	記　号	摘要（用途例）
G 3505	軟鋼線材	（8種類）	SWRM6 〜 SWRM22	鉄線，がい装用亜鉛めっき鉄線，亜鉛めっき鉄より線などの製造に使用
G 3521	硬鋼線	A種 B種 C種	SWA SWB SWC	主としてばね用
G 3522	ピアノ線	A種 B種 V種	SWP-A SWP-B SWP-V	｝主としてばね用 弁ばね用
G 3560	ばね用炭素鋼オイルテンパ線	A種 B種	SWO-A SWO-B	硬鋼線材SWRH57〜72使用 硬鋼線材SWRH67〜82使用
G 3561	弁ばね用炭素鋼オイルテンパ線		SWO-V	主として内燃機関の弁ばね用

4.5 材料記号

(4) 機械構造用炭素鋼・合金鋼

JIS 規格番号	名　　称	種　別	記　　号	摘要（用途例）
G 4051	機械構造用 炭素鋼鋼材		S 10 C 〜 18種 S 58 C S 09 CK S 15 CK S 20 CK	この鋼材は熱間圧延又は熱間鍛造などによって作られたもので，通常さらに鍛造，削り加工と熱処理を施して使用 ｝はだ焼鋼
G 4052	焼入性を保証した 構造用鋼鋼材（H鋼）		SMn420H〜443H SMnC420H, 443H SCr415H〜440H SCM415H〜822H SNC415H〜815H SNCM220H, 420H	この鋼材は熱間圧延，熱間加工によって作られたもので，通常さらに鍛造，切削などの加工と熱処理を施し，主として機械構造用に使用される一端焼入性を保証した構造用鋼鋼材
G 4102	ニッケルクロム 鋼鋼材		SNC 236 SNC 415* SNC 631 SNC 815* SNC 836	ボルト，ナット，クランク軸，軸類，歯車 *印は主としてはだ焼用 （ピストンピン，歯車，カム軸）
G 4103	ニッケルクロム モリブデン鋼鋼材		SNCM220* SNCM240 SNCM415* SNCM420* SNCM431 SNCM439 SNCM447 SNCM616* SNCM625 SNCM630 SNCM815*	クランク軸，タービン翼，連接棒，歯車，軸類，強力ボルト，割環 *印は主としてはだ焼用 （軸類，歯車類）
G 4104	クロム鋼鋼材		SCr 415* SCr 420* SCr 430 SCr 435 SCr 440 SCr 445	ボルト，ナット，アーム類，スタッド，強力ボルト，軸類，キー，ノックピン *印は主としてはだ焼用 （カム軸，ピン，歯車類，スプライン軸）

4章　機械製図に必要なその他の表示事項

JIS規格番号	名　　称	種　別	記　　号	摘要（用途例）
G 4105	クロムモリブデン鋼鋼材		SCM415* SCM418* SCM420* SCM421* SCM430 SCM432 SCM435 SCM440 SCM445 SCM822*	ボルト，プロペラボス，小物軸類，強力ボルト，軸類，歯車，アーム類，大形軸類 *印は主としてはだ焼用（ピストンピン，歯車，軸類）
G 4106	機械構造用マンガン鋼鋼材及びマンガンクロム鋼鋼材		SMn420* SMn433 SMn438 SMn443 SMnC420* SMnC443	熱間圧延，熱間鍛造など熱間加工で作られたもので，通常さらに鍛造，切削などの加工と熱処理を施して使用する *印は主としてはだ焼用
G 4202	アルミニウムクロムモリブデン鋼鋼材		SACM645	表面窒化用

(5) 特殊用途鋼

JIS規格番号＼名称＼記号	G 4303 ステンレス鋼棒	G 4304 熱間圧延ステンレス鋼板	G 4309 ステンレス鋼線	G 4314 ばね用ステンレス鋼線	G 4318 冷間仕上ステンレス鋼棒	摘　　要
SUS 201 〜 SUS XM15 J1	}27種	}24種	SUS 303 〜（12種） SUS 347	SUS 302 SUS 304 SUS 316	SUS 302 〜（13種） SUS 347	オーステナイト系
SUS 329 J1	SUS 329 J1	──	──	──	SUS 329 J1	オーステナイトフェライト系
SUS 405 〜 SUS XM27	}7種	}9種	SUS 430 SUS 430 F	──	──	フェライト系
SUS 403 〜 SUS 440 F	}12種	}7種	SUS 410 〜（5種） SUS 440 C	──	SUS 403 〜（7種） SUS 440 C	マルテンサイト系
SUS 630 SUS 631	SUS 630 SUS 631	──	SUS 631	──	SUS 631 J1	──	析出硬化系
末尾記号	− B	− HP	− W	− WP	− CB	

4.5 材料記号

JIS規格番号	名称	種別	記号	摘要（用途例）
G 4401	炭素工具鋼鋼材		SK1	刃やすり，組やすり
			SK2	ドリル, かみそり, 刃物, ぜんまい
			SK3	ハクソー, たがね, ゲージ, 治工具
			SK4	たがね, ぜんまい, プレス型
			SK5	刻印, プレス型, 治工具
			SK6	丸のこ, ぜんまい, プレス型
			SK7	刻印, プレス型
G 4403	高速度工具鋼鋼材	タングステン系	SKH2 〜（4種） SKH10	一般切削用 / 高難切削用
		モリブデン系	SKH51 〜（9種） SKH59	じん性を要する一般用切削用 / じん性を要する高速重切削用
G 4404	合金工具鋼鋼材		SKS11 〜（7種） SKS8	主として切削工具用
			SKS4 〜（4種） SKS44	主として耐衝撃工具用
			SKS3 〜（8種） SKD12	主として冷間金型用
			SKD4 〜（9種） SKT4	主として熱間金型用
G 4801	ばね鋼鋼材	高炭素鋼鋼材	SUP3	重ね板ばね用
		シリコンマンガン鋼鋼材	SUP6 SUP7	重ね板ばね, コイルばね, トーションバー用
		マンガンクロム鋼鋼材	SUP9,9A	
		クロムバナジウム鋼鋼材	SUP10	コイルばね, トーションバー用
		マンガンクロムボロン鋼鋼材	SUP11A	大形重ね板ばね, コイルばね用
		シリコンクロム鋼鋼材	SUP12	コイルばね用
		クロムモリブデン鋼鋼材	SUP13	大形重ね板ばね, コイルばね用
G 4804	硫黄及び硫黄複合快削鋼鋼材		SUM11 〜（15種） SUM43	
G 4805	高炭素クロム軸受鋼鋼材		SUJ1 〜（5種） SUJ5	

189

(6) 鋳鍛造品

JIS規格番号	名称	種別	記号	摘要（用途例）
G 3201	炭素鋼鍛鋼品	（6種類）	SF 340A 〜 SF 590A SF 540B SF 590B SF 640B	（焼なまし，焼ならし又は焼ならし焼もどし）炭素鋼鋼塊を鍛造又は圧延と鍛造で成形した鍛鋼品 （焼入れ焼もどし）
G 5101	炭素鋼鋳鋼品	1種 〜（4種類）4種	SC 360 〜 SC 480	電動機部品 一般構造用
G 5111	構造用高張力炭素鋼及び低合金鋳鋼品	高張力炭素鋼鋳鋼品	3種 5種	SCC 3 SCC 5	構造用 構造用，耐摩耗用
		低マンガン鋼鋳鋼品	1種 〜（4種類）5種	SCMn 1 〜 SCMn 5	構造用 構造用，耐摩耗用
		シリコンマンガン鋼鋳鋼品	2種	SCSiMn 2	構造用，アンカチェーン用
		マンガンクロム鋼鋳鋼品	2種 3種 4種	SCMnCr 2 SCMnCr 3 SCMnCr 4	構造用 構造用，耐摩耗用
		マンガンモリブデン鋼鋳鋼品	3種	SCMnM 3	構造用，強じん材用
		クロムモリブデン鋼鋳鋼品	1種 3種	SCCrM 1 SCCrM 3	構造用，強じん材用
		マンガンクロムモリブデン鋼鋳鋼品	2種 3種	SCMnCrM 2 SCMnCrM 3	構造用，強じん材用
		ニッケルクロムモリブデン鋼鋳鋼品	2種	SCNCrM 2	構造用，強じん材用
G 5501	ねずみ鋳鉄品	1種 〜（6種類）6種	FC 100 〜 FC 350	
G 5502	球状黒鉛鋳鉄品	0種 〜（7種類）6種	FCD 370 〜 FCD 800	
G 5702	黒心可鍛鋳鉄品	1種 〜（4種類）4種	FCMB 270 〜 FCMB 360	
G 5703	白心可鍛鋳鉄品	1種 〜（5種類）5種	FCMW 330 〜 FCMW 540	
G 5704	パーライト可鍛鋳鉄品	1種 〜（5種類）5種	FCMP 440 〜 FCMP 690	

4.5 材料記号

(b) 非鉄関係

(1) 伸銅品（その1）銅及び銅合金

規格番号 合金番号 記号	H 3100 板及び条	H 3250 棒	H 3260 線	H 3300 継目無管	H 3320 黄銅溶接管	摘　要
C 1020	C1020 P, R	C1020 BE, BD		C1020 T		無酸素銅
C 1100	C1100 P, R	C1100 BE, BD	C1100 W	C1100 T		タフピッチ銅
C 1201	C1201 P, R	C1201 BE, BD	C1201 W	C1201 T		
C 1220	C1220 P, R	C1220 BE, BD	C1220 W	C1220 T	C1220 TW	りん脱酸銅
C 1221	C1221 P, R					
C 2100	C2100 P, R		C2100 W	C2200 T		丹銅
〜	〜（4種類）		〜（4種類）	C2300 T		
C 2400	C2400 P, R		C2400 W			
C 2600	C2600 P, R	C2600 BE, BD	C2600 W	C2600 T	C2600 TW	黄銅
〜	〜（4種類）	C2700 BE, BD	C2700 W	C2700	C2680 TW	
C 2810	C2810 P, R	C2800 BE, BD	C2800 W	C2800 T		
C 3560	C3560 P, R	C3601 BD				快削黄銅
〜	C3561 P, R	C3602 BE, BD				
	C3710 P, R	C3603 BD				
C 3713	C3713 P, R	C3604 BE, BD				
C 4430				C4430 T		復水器用黄銅
C 4621	C4621 P	C4622 BE, BD				ネーバル黄銅
C 4640	C4640 P	C4641 BE, BD				
C 6160	C6161 P	C6161 BE, BD, BF				特殊アルミニウム青銅
〜		C6191 BE, BD, BF				
	C6280 P	C6241 BE, BD, BF				
C 6301	C6301 P					
C 6782		C6782 BE, BD				高力黄銅
C 6783		C6783 BE, BD				
C 6870				C6870 T		復水器用黄銅
C 6871				C6871 T		
C 6872				C6872 T		
C 7060	C7060 P			C7060 T		白銅
C 7100				C7100 T		（Tは復水器用）
C 7150	C7150 P			C7150 T		

191

4章　機械製図に必要なその他の表示事項

(2) 伸銅品（その2）ベリリウム銅，りん青銅及び洋白

規格番号＼記号＼合金番号	H 3110 板及び条	H 3130 ばね用板及び条	H 3270 棒及び線	摘　　要
C 1700		C 1700 P, R		ベリリウム銅
C 1720		C 1720 P, R	C 1720 B, W	
C 5101	C 5101 P, R		C 5101 B, W	
C 5191	C 5191 P, R		C 5191 B, W	りん青銅
C 5210		C 5210 P, R		
C 5212	C 5212 P, R		C 5212 B, W	
C 5341				快削りん青銅
C 5441				
C 7351	C 7351 P, R			
C 7451	C 7451 P, R		C 7451 B, W	
C 7521	C 7521 P, R		C 7521 B, W	洋　白
C 7541	C 7541 P, R		C 7541 B, W	
C 7701		C 7701 P, R	C 7701 B, W	
C 7941			C 7941 B, W	快削洋白

(3) アルミニウム及びアルミニウム合金の展伸材

規格番号＼記号＼合金番号	H 4000 板及び条	H 4040 棒及び線	H 4080 継目無管	H 4100 押出形材	H 4140 鍛造品	摘　要
A 1080	A 1080 P					純アルミニウム（普通アルミニウム）
A 1070	A 1070 P	A 1070 BE, BD, W	A 1070 TE, TD			
A 1050	A 1050 P	A 1050 BE, BD, W	A 1050 TE, TD			
A 1100	A 1100 P	A 1100 BE, BD, W	A 1100 TE, TD	A 1100 S	A 1100 FD	
A 1200	A 1200 P	A 1200 BE, BD, W	A 1200 TE, TD	A 1200 S	A 1200 FD	
A 1N00	A 1N00 P					
A 2011		A 2011 BD, W				Al-Cu系（高力アルミニウム）
A 2014	A 2014 P, PC	A 2014 BE, BD	A 2014 TE	A 2014 S	A 2014 FD, FH	
A 2017	A 2017 P	A 2017 BE, BD, W	A 2017 TE, TD	A 2017 S	A 2017 FD	
A 2117		A 2117 W				
A 2218					A 2218 FD	
A 2024	A 2024 P, PC	A 2024 BE, BD, W	A 2024 TE, TD	A 2024 S		
A 2018					A 2018 FD	Al-Cu系（耐熱アルミニウム）
A 2025					A 2025 FD, FH	
A 2N01					A 2N01 FD, FH	
A 3003	A 3003 P	A 3003 BE, BD, W	A 3003 TE, TD	A 3003 S		Al-Mn系（耐食アルミニウム）
A 3203	A 3203 P		A 3203 TE, TD	A 3203 S		
A 3004	A 3004 P					
A 3005	A 3005 P					
A 4032					A 4032 FD	Al-Si系（耐食アルミニウム）

4.5 材料記号

規格番号\記号\合金番号	H 4000 板及び条	H 4040 棒及び線	H 4080 継目無管	H 4100 押出形材	H 4140 鍛造品	摘要
A5005	A5005P					
A5052	A5052P	A5052BE,BD,W	A5052TE,TD	A5052S		
A5056		A5056BE,BD,W	A5056TE,TD		A5056FD	
A5052	A5652P					Al-Mg系
A5154	A5154P		A5154TE,TD			(耐食アルミニウム)
A5254	A5254P					
A5454	A5454P		A5454TE	A5454S		
A5082	A5082P					
A5182	A5182P					
A5083	A5083P	A5083BE,BD,W	A5083TE,TD	A5083S	A5083FD,FH	
A5086	A5086P					
A5N01	A5N01P					
A6151					A6151FD,FH	Al-Mg-Si系
A6061	A6061P	A6061BE,BD,W	A6061TE,TD	A6061S	A6061FD,FH	(耐食アルミニウム)
A6063			A6063TE,TD	A6063S		
A7003		A7003BE	A7003TE	A7003S		Al-Zn系
A7N01	A7N01P	A7N01BE	A7N01TE	A7N01S		(高力アルミニウム)
A7075	A7075P,PC	A7075BE,BD	A7075TE,TD	A7075S	A7075FD,FH	

(4) 銅,アルミニウム以外の金属とその合金

JIS規格番号	名称	種別	記号	摘要(用途別)
H 4201	マグネシウム合金板	1種	MP1	
H 4203	マグネシウム合金棒	1種,2種	MB1,2	
H 4302	硬鉛板	4種,6種,8種	HPbP,4,6,8	化学工業用
H 4311	鉛管	1種	PbT1	化学工業用
		2種	PbT2	一般用
		3種	PbT3	ガス用
H 4312	水道用鉛管	1種,2種	PbTW1,2	

(5) 鋳物

H 5101	黄銅鋳物	1種	YBsC1	電気部品,ろう付けやすい金具
		2種	YBsC2	給排水金具,一般機械部品
		3種	YBsC3	電機部品,一般機械部品
H 5102	高力黄銅鋳物	1種〜2種	HBsC1〜C2	一般機械部品,船用プロペラ
		3種,4種	HBsC3,C4	橋りょう用支承板,軸受,ナット

4章 機械製図に必要なその他の表示事項

JIS 規格番号	名称	種別	記号	摘要（用途例）
H 5111	青銅鋳物	1種, 1種C 2種〜3種C 6種, 6種C 7種, 7種C	BC1, 1C BC2〜3C BC6〜6C BC7, 7C	給排水用金具 軸受, ブッシュ, ポンプ, 弁, 歯車 一般用弁, コック 軸受, 小形ポンプ
H 5113	りん青銅鋳物	2種 〜（5種類） 3種	PBC2 〜 PBC3C	歯車, ブッシュ, 一般機械部品 羽根車 しゅう動部品, スリーブ, 歯車
H 5114	アルミニウム青銅鋳物	1種 〜（5種類） 4種	AlBC1 〜 AlBC4	耐酸部品, 歯車 船用小形プロペラ, 歯車, 軸受 羽根車, 歯車
H 5115	鉛青銅鋳物	2種 〜（6種類） 5種	LBC2 〜 LBC5	平軸受類
H 5202	アルミニウム合金鋳物	1種A 2種A, B 3種A 4種A 4種B 4種C 4種D 5種A 7種A, B 8種A〜C	AC1A AC2A, 2B AC3A AC4A AC4B AC4C AC4D AC5A AC7A, 7B AC8A〜8C	(Al-Cu系) 自転車部品 (Al-Cu-Si系)自動車足回り, クランクケース (Al-Si系) ケース類 (Al-Si-Mg系)クランクケース (Al-Si-Cu系)シリンダヘッド (Al-Si-Mg系)油圧部品 (Al-Si-Mg-Cu系)シリンダブロック (Al-Cu-Ni-Mg系)空冷シリンダヘッド (Al-Mg系)事務機器ケース (Al-Si-Cu-Ni-Mg系)ピストン
H 5203	マグネシウム合金鋳物	1種 〜（7種類） 8種	MC1 〜 MC8	一般用鋳物 〜 耐熱用鋳物
H 5301	亜鉛合金ダイカスト	1種 2種	ZDC1 ZDC2	ブレーキピストン, 釣具リール（マスダギヤ） 自動車部品, 冷蔵庫部品
H 5302	アルミニウム合金ダイカスト	1種 〜（6種類） 12種	ADC1 〜 ADC12	自動車部品 モータケース, シリンダヘッド
H 5303	マグネシウム合金ダイカスト	1種A, B	MDC1A MDC1B	

4.5 材料記号

JIS規格番号	名称	種別	記号	摘要(用途例)
H 5401	ホワイトメタル	1種	WJ1	
		2種	WJ2	高速高荷重軸受用
		2種B	WJ2B	
		3種	WJ3	高速中荷重軸受用
		4種	WJ4	中速中荷重軸受用
		5種	WJ5	
		6種	WJ6	高速小荷重軸受用
		7種	WJ7	中速中荷重軸受用
		8種	WJ8	
		9種	WJ9	中速小荷重軸受用
		10種	WJ10	
H 5402	軸受用アルミニウム合金鋳物	1種	AJ1	高速高荷重軸受用
		2種	AJ2	
H 5403	軸受用銅・鉛合金鋳物	1種〜4種	KJ1〜KJ4	高速高荷重軸受用

5章　主要な機械要素の製図および標準部品の呼び方

5.1　概　　説

　3章で述べたとおり，機械製図では，機械およびその部品の形状を表すのに，原則として正投影法の手法によりながら，さらに慣用法，省略法，断面法などの表示法を加えて，品物の形状を分かりやすく表示している．

　ところで，機械部品の中には，それを製作する場合の加工方法や使用工具などの関係で，おのずから形が決まってしまうものがある．このような場合，品物製作用の図面としては，でき上がった品物の形を忠実に図示するより，むしろ工作上に必要な諸元を示すことのほうが重要である場合がある．例えば，ねじ部品（ボルト，ナットなど），歯車類，ばね類などはこの例である．これらの場合，品物の図形としては，外形寸法その他の基礎的な寸法を示す程度の略図として，部品の種類，その他工作に必要な事項は記号で示すとか，また，要目表に取りまとめるようにしている．なお，上記の部品のほかに，専門メーカーで作られる部品を購入して使う場合の一般企業の製図では，それら部品の細部にわたる図面を必要としない場合が多いので，外形寸法や取付け関係寸法が分かり，その種類が識別できる程度の内容をもった略図にとどめる．このような部品としては，転がり軸受が代表的なものである．

　本章においては，上述のような部品の製図について述べるとともに，どの機械にでも共通に使われるいわゆる標準部品の呼び方についても述べることにする．

5章 主要な機械要素の製図および標準部品の呼び方

5.2 ねじ製図*

5.2.1 概　　説

ねじ (screw) とは，三角，四角その他の一様な断面形状をした，みぞあるいは突起を円筒の表面にら旋[1]状に設けたものをいう．このようにしてできたら旋状の突起をねじ山 (screw thread) といい，円筒が丸棒の場合をおねじ (external thread)，丸穴の場合をめねじ (internal thread) といい，互いにはまり合うものを組み合わせて使うようにする (**図 5.1**)．

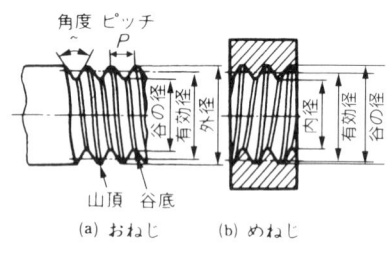

図 5.1　おねじとめねじ

1) ら旋 (helix) のことをつる巻き線あるいはねじ線ともいい，直角三角形の紙片の直角をはさむ2辺を，それぞれ，直円筒の底面と軸とに合わせてからこれを円筒面に巻き付けた場合に，斜辺が円筒面上に作る曲線（または，幅の一様なテープをすきまができないように円筒面に巻き付けた場合に得られる曲線）である．一般的には，曲面上の各点における接線が一定方向に対して一定の傾きをなすような曲線をら旋という．円すいの表面にねじ山を付けたものをテーパねじという）．

ねじは，各種の工具や機械で作るので，ねじ面の形は，自動的にでき上がる．その際必要なことは，ねじを切るための素材の形や大きさ，ねじの種類，ねじの精度，ねじ面の粗さや材料などを明示することである．この際の図形としては，ねじを切る前に形を描き，これにねじの谷底を示す細い線（ねじ山は太い線）を記入してねじの図とする（図5.8および図5.9参照）．

5.2.2　ねじの種類

（1）　ねじの条数と右ねじおよび左ねじ

ねじには，1条ねじと多条ねじ，また，これに関連して，ねじのピッチ

＊参照 JIS 規格：JIS B 0002　ねじ製図，JIS B 0101　ねじ用語，JIS B 0123　ねじの表し方

(pitch) とリード (lead)，有効径 (pitch diameter)，引掛りの高さ (thread overlap) などがある．

また，ら旋の巻き方向によって，右ねじ（これが普通に使われる）と左ねじがある．

以上の詳細については，機械要素に関する図書を参照されたい．

（2）用途によるねじの種類

用途によるねじの種類は，主として下記の3種類である（詳細については，関係図書を参照されたい）．

a）結合用
b）動力伝達用
c）寸法測定用

（3）ねじ山の形による種類と規格

ねじの中でも特に結合用のものは，ボルトやナットなどの機械部品としてあらゆるところに数多く使われるものであるので，互換性が極めて重要である．このため，世界各国ともねじの寸法，ねじ山の形，ピッチなどの組合わせについて規格を設け，実用上の便宜を図るようにしている．日本のJISでは，世界共通のISO方式に準拠したものとしている．

主要な現用ねじを用途，ねじ山の形で分類すると**表5.1**のようになる．こ

表 5.1　主要な現用ねじとその規格

主要用途	山形によるねじ	区	分	JIS規格
締結用	三角ねじ	メートルねじ	メートル並目ねじ メートル細目ねじ	B 0205 B 0207
		インチねじ	ユニファイ並目ねじ ユニファイ細目ねじ 管用平行ねじ 管用テーパねじ 自転車ねじ	B 0206 B 0208 B 0202 B 0203 B 0225
	丸　ね　じ		電球ねじ	C 7709
運動用	角　ね　じ のこばねじ			JIS規格 な　　し
	台　形　ね　じ ボールねじ		メートル台形ねじ 精密ボールねじ	B 0216 B 1192

199

こで，ねじ山とは，ねじの軸を含む縦断面でねじ山を切断したとき，切口に現れるねじ山の形のことである（図5.2）．これらのうち代表的なものは，三角ねじで，製作が容易なこと，角ねじや台ねじなどに比べてねじ面の摩擦が大きく，締付け用として最も一般的で，数多く使われている．この他に角ねじ，台形ねじ，丸ねじなどがある．

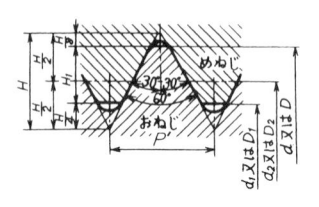

ユニファイねじの場合には $P = \dfrac{25.4}{n}$ とする．ただし n は25.4mmについてのねじ山数を示す．
左図中の太い実線は基本形を示す．

(A) メートルねじ及びユニファイねじ

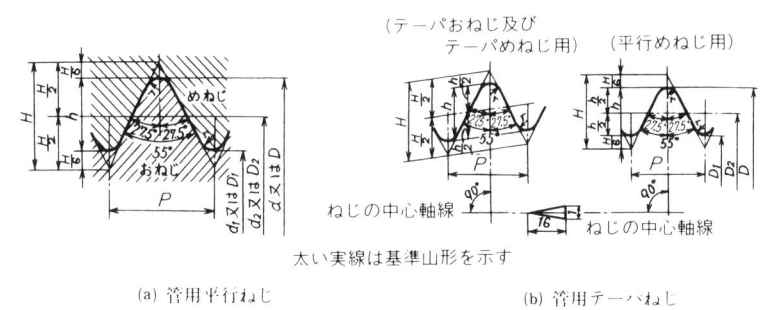

(a) 管用平行ねじ (b) 管用テーパねじ
(B) 管用ねじ

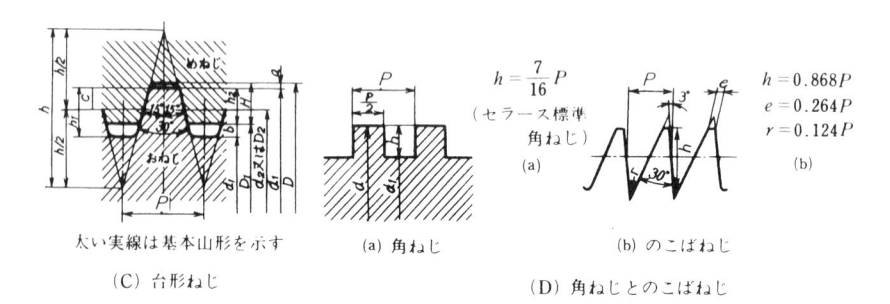

$h = \dfrac{7}{16}P$
（セラース標準角ねじ）
(a)

$h = 0.868P$
$e = 0.264P$
$r = 0.124P$
(b)

(C) 台形ねじ   (a) 角ねじ   (b) のこばねじ
(D) 角ねじとのこばねじ

図 5.2　各種ねじ山形

5.2.3 ねじ部品の種類

一部にねじ部分をもつ機械部品をねじ部品というが，結合用のねじ部品には，用途や形状によって下記のようなものがある．

(1) ボルト，ナット類

ボルト (bolt) とは，少なくとも一端におねじをもち，他端には引掛る作用をする頭またはねじをもっている丸棒で，主として締結用として使われる．

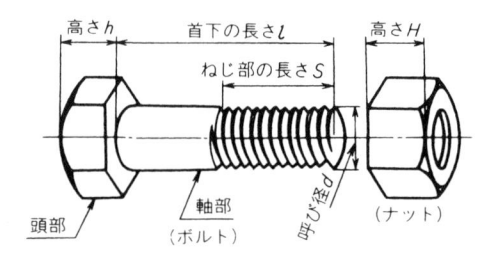

図 5.3 ボルトとナット

ナット (nut) は，めねじをもった機械要素で，ボルトと一緒に締結用に使われる（図 5.3）．

a) 普通ボルト　図 5.4(1) に示すような通しボルト (through bolt)，押えボルト，ねじ込みボルト (tap bolt)，植込みボルト (stud bolt)，両ナットボルト (double nutted bolt) を普通ボルトという．各部の寸法については，JIS B 1180, JIS B 1173 および 5.2.4(2) を参照のこと．略示法については，5.2.5 以下に示す．なお，せん断力を支えたり，ゆるみをなくすためなどで穴にボルトをきつくはめ込む必要がある場合には，はめあい方式の中間ばめとなるよう，ボルト穴をリーマその他で精密に仕上げるとともに，ボルト

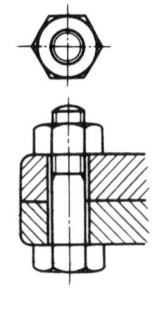

(a) 通しボルト　(b) 押えボルト　(c) 植込みボルト　(d) 両ナットボルト

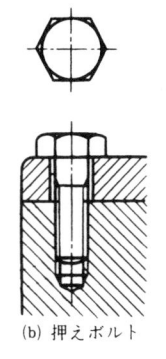

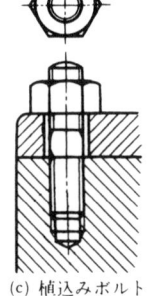

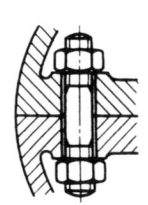

図 5.4(1)　ボルトの種類（その 1）

5章　主要な機械要素の製図および標準部品の呼び方

としては，軸径を精密に仕上げたいわゆるリーマボルト (reamer bolt) を使用する．

なお，1989年に，ISOとの整合を図って，JIS B 1180でも，呼び径六角ボルト[2]，有効径六角ボルト[3]および全ねじ六角ボルト[4]の3種類 (**図 5.4**(2)) が取り入れられたが，これらの詳細については，JIS B 1180を参照されたい．

2) 呼び径六角ボルトとは，軸部がねじ部と円筒部からなり，円筒部の径がほぼ呼び径のものをいう．
3) 有効径六角ボルトとは，軸部がねじ部と円筒部からなり，円筒部の径がほぼ有効径のものをいう．
4) 全ねじ六角ボルトとは，軸部全体がねじ部で円筒部のないものをいう．

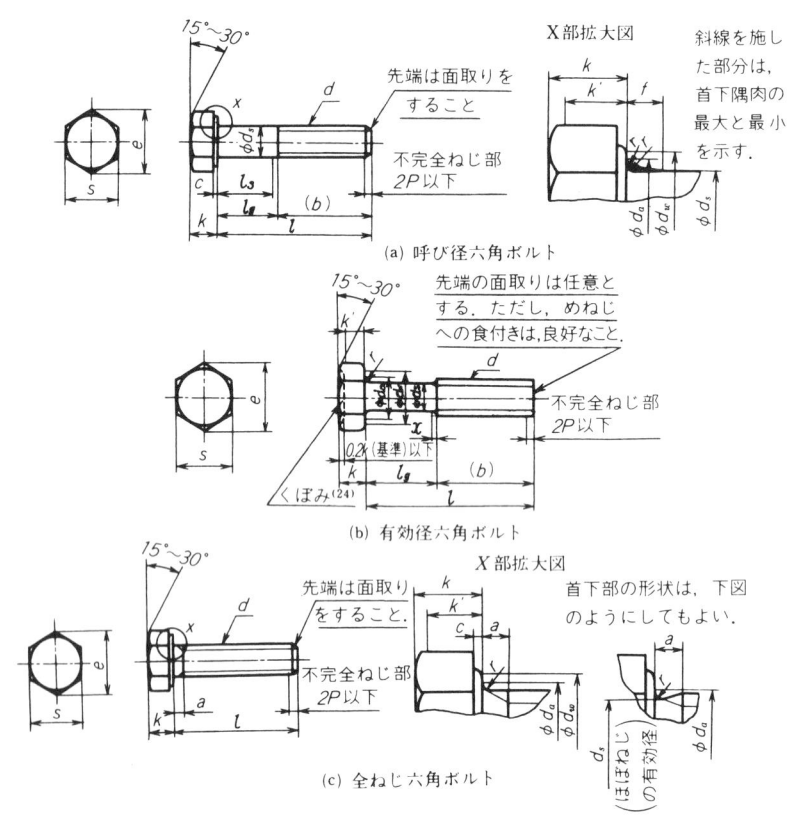

図 5.4(2)　ボルトの種類（その2）

5.2 ねじ製図

b） 特殊ボルトおよび特殊ナット（図5.5 参照）．

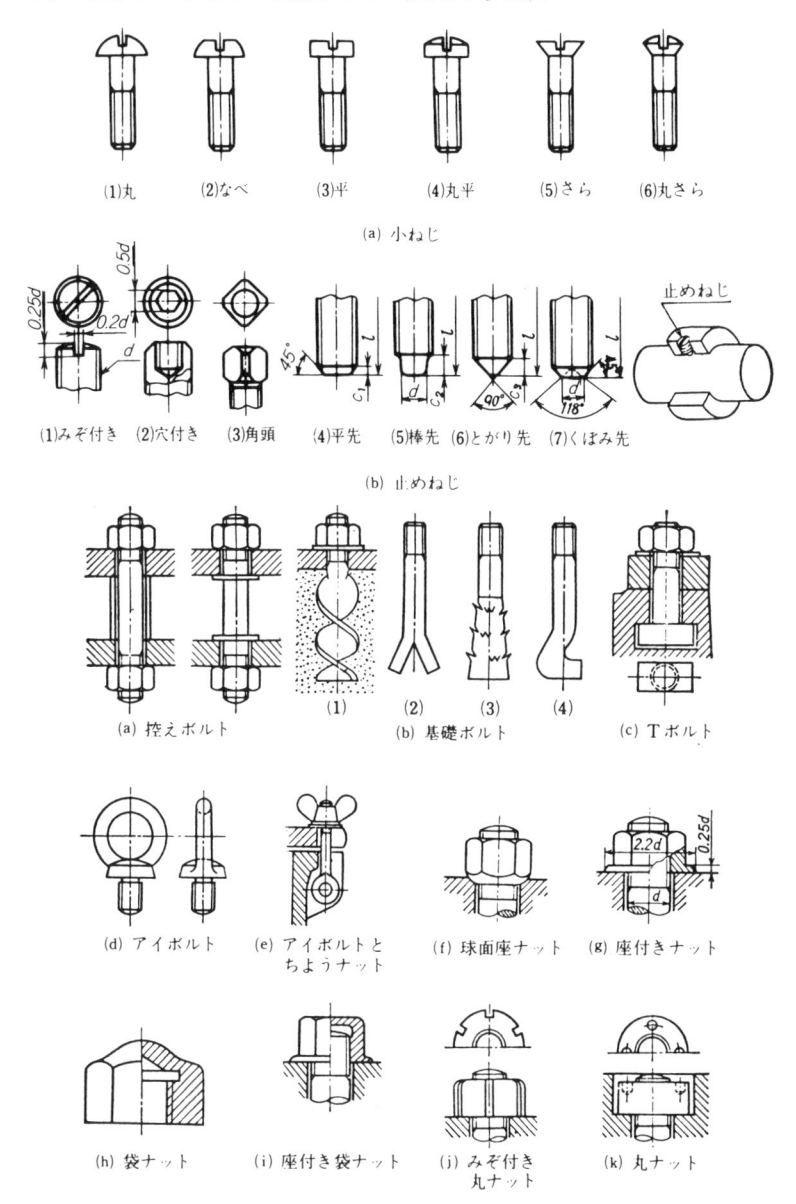

(1)丸　(2)なべ　(3)平　(4)丸平　(5)さら　(6)丸さら

(a) 小ねじ

(1)みぞ付き　(2)穴付き　(3)角頭　(4)平先　(5)棒先　(6)とがり先　(7)くぼみ先

(b) 止めねじ

(a) 控えボルト　(b) 基礎ボルト　(1)　(2)　(3)　(4)　(c) Tボルト

(d) アイボルト　(e) アイボルトとちょうナット　(f) 球面座ナット　(g) 座付きナット

(h) 袋ナット　(i) 座付き袋ナット　(j) みぞ付き丸ナット　(k) 丸ナット

図 5.5　特殊ボルトと特殊ナット

203

5章　主要な機械要素の製図および標準部品の呼び方

c）ねじ類　ここでいうねじ類というのは，比較的軸径の細い（8 mm 以下の）ねじ部品で，小ねじ（machine screw），止めねじ（押しねじ）（set screw），木ねじ（wood screw）などがある（図 5.6）．ねじ回しをさし込む頭のみぞでいうと，すりわけ付き（slotted head）と十字穴付き（cross-recessed head）その他がある．

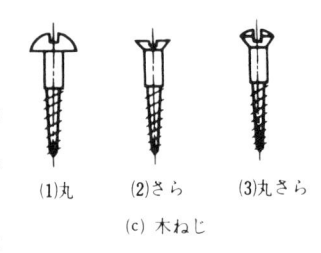

(1)丸　(2)さら　(3)丸さら
(c) 木ねじ
図 5.6　ねじ類

（2）座金

ナットまたはボルト頭とこれに接する締付け面との間にはさむための，ボルト用の穴をあけた板を座金（ざがね）（washer）という（図 5.7）．

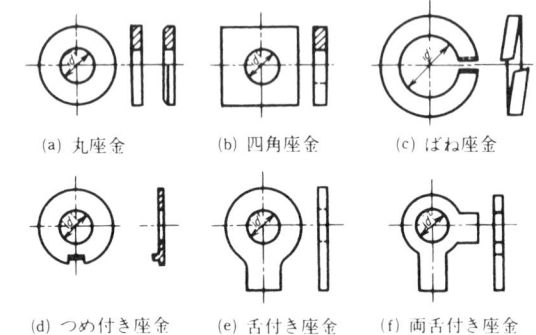

(a) 丸座金　(b) 四角座金　(c) ばね座金
(d) つめ付き座金　(e) 舌付き座金　(f) 両舌付き座金
図 5.7　座金

5.2.4　ねじおよびねじ部品の図示

（1）ねじの図示

ねじを図示する場合には，前述の理由により，すべて略画法によって表す．

a）おねじの図示（図 5.8）

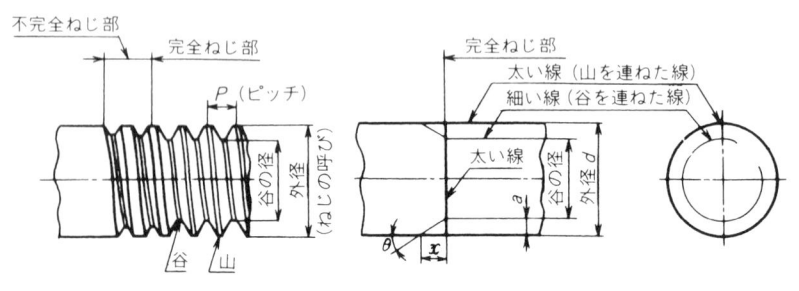

(a) おねじの外観図　　(b) おねじの図示法

図 5.8　おねじの図示法

5.2 ねじ製図

b) めねじの図示（図5.9）

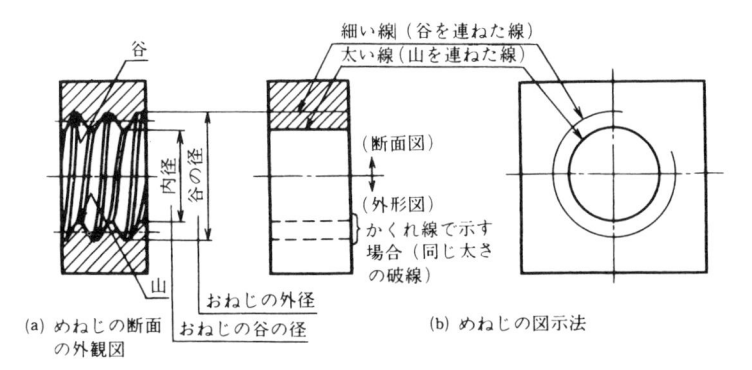

図 5.9 貫通穴に対するめねじの図示法

c) ねじの端面から見た図

図5.8，図5.9において，ねじの端面から見た図でねじの谷径は，細い実線で描いた円周の約3/4の円の一部で表し，右上方4分円を開ける．やむを得ない場合は，他の位置にあってもよい（図5.10）．なお，旧JISでは全周で表していた．

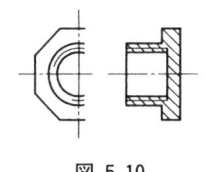

図 5.10

d) 隠れたねじの図示

隠れたねじを表すには，山の頂および谷底は，図5.11に示すように細い破線で表す．

e) ねじ部分のハッチング

断面図に示すねじ部分では，ハッチングは，ねじ山の頂きを示す線まで延ばして描く（図5.11）．

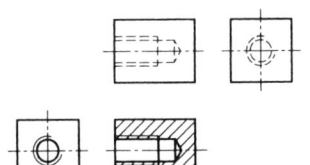

図 5.11

5章 主要な機械要素の製図および標準部品の呼び方

f) ねじ部の長さの境界

見える場合は，完全ねじの境界部を太い実線で示す（図 5.8(b)，**図 5.12**(a)）．隠れている場合は，省略してもよい（**図 5.12**(c)）．なお，図示する場合は，細い破線で示す（**図 5.12**(b)）．

g) 不完全ねじ部

不完全ねじ部は，完全ねじ部の終端を越えた部位で，図示しなくともよい（図 5.12(a), (b), (c)）．なお，機能上必要な場合（**図 5.14**(b)に示す植込ボルトのように不完全ねじ部までねじ込む場合）や，寸法指示をする場合には，傾斜した細い実線で示す（**図 5.13**，**図 5.15**(c)）．

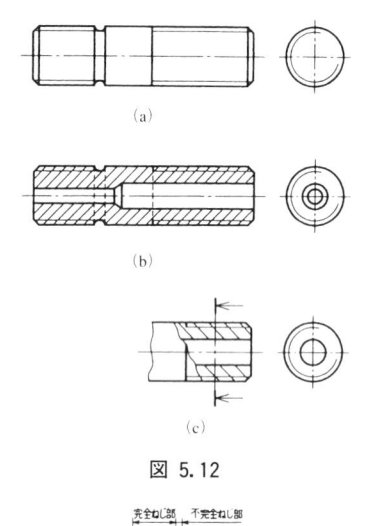

図 5.12

図 5.13 不完全ねじ部

（2） おねじとめねじが結合されている場合の断面図

おねじ部品は，常にめねじ部品を隠した状態で示し，めねじの完全ねじ部の限界を表す太い線は，めねじの谷底まで描く（**図 5.14**）．

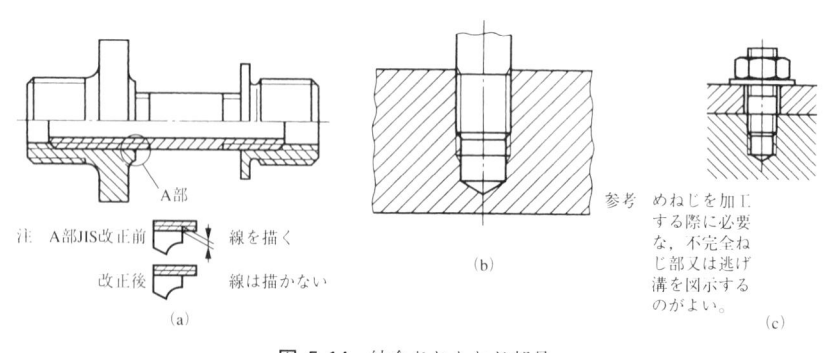

図 5.14 結合されたねじ部品

5.2.5 ねじの表示方法

ねじの種類は，極めて多いが，製図ではすべて略図で示され，しかも，ねじの種類や形式には無関係に一律に描かれるので，図だけでは，ねじの種類を示すことができない．このため，一定の表示方法を定めて明示するようにしている．

(1) ねじの表し方

ねじの表示方法は，ねじの呼び（**表 5.2** 参照），ねじの等級（**表 5.3** 参照），ねじ山の巻き方向の各項について，次のように構成されている．以下これらの項目について述べる．

　　　　| ねじの呼び | － | ねじの等級 | － | ねじ山の巻き方向 |

a) ねじの呼び　ねじの呼びは，ねじの種類を表す記号（表 5.2 参照），ねじの直径を表す数字（メートルねじでは呼び径）およびピッチまたは山数（25.4 mm 当たりの）を用いて示す．すなわち，

(i) ピッチをミリメートルで表すねじでは，

　　　　| ねじの種類を表す記号 | ねじの呼び径を表す数字 | × | ピッチ |

の順序で書く．ただし，メートル並目ねじのように，同一呼び径に対してピッチがただ一つだけ規定されているねじでは，一般にはピッチを省略する．

(ii) ピッチ山数を表す場合には，

　　　　| ねじの種類を表す記号 | ねじの直径を表す記号 | － | 山数 |

とする．ただし，管用ねじのように同一直径に対して山数がただ一つだけ規定されているねじでは，一般には山数を省略する．

(iii) ユニファイねじの場合には，

　　　　| ねじの直径を表す数字または番号 | － | 山数 | ねじの種類を表す記号 |

とする．

b）**ねじ山の条数**　ねじ山の条数は，1条の場合を除き，2条，3条などと表す．

多条ねじは，L（リード）およびP（ピッチ）を用いて，次のいずれかで示す．

(i)　多条メートルねじの場合

| ねじの種類を表す記号 | ねじの呼び径を表す数字 |×L| リード | P | ピッチ |

(ii)　多条メートル台形ねじの場合

| ねじの種類を表す記号 | ねじの呼び径を表す数字 |×| リード |（P| ピッチ |）

表 5.2　ねじの種類を表す記号およびねじの呼びの表し方の例

区分	ねじの種類		ねじの種類を表す記号	ねじの呼びの表し方の例	引用規格
ピッチをmmで表すねじ	メートル並目ねじ		M	M8	JIS B 0205
	メートル細目ねじ			M8×1	JIS B 0207
	ミニチュアねじ		S	S0.5	JIS B 0201
	メートル台形ねじ		Tr	Tr10×2	JIS B 0216
ピッチを山数で表すねじ	管用テーパねじ	テーパおねじ	R	R³/₄	JIS B 0203
		テーパめねじ	Rc	Rc³/₄	
		平行めねじ	Rp	Rp³/₄	
	管用平行ねじ		G	G¹/₂	JIS B 0202
	ユニファイ並目ねじ		UNC	³/₈−16UNC	JIS B 0206
	ユニファイ細目ねじ		UNF	No.8−36UNF	JIS B 0208

c）**ねじ山の巻き方向**　ねじ山の巻き方向は，左ねじの場合に限って"左"の文字で表し，右ねじの場合には付けない（例：左 M 14×1.5）．なお，刻印に限り"左"の代わりに"L"を用いることができる．

d）**ねじの等級**　ねじの等級は，ねじの等級を表す数字または数字と記号との組合わせによって表5.3のように表す．なお，めねじとおねじの等級を同時に表す必要のある場合には，めねじとおねじの等級を表す数字または数字と記号の組合わせをその順序に並べ，両者の間に"/"を入れる．

5.2 ねじ製図

表 5.3 ねじの等級

区分	ねじの種類	めねじ・おねじの別		ねじの等級 (精←→粗)
ピッチをmmで表すねじ	メートルねじ	めねじ	有効径と内径の等級が同じ場合	4H, 5H, 6H, 7H
		おねじ	有効径と外径の等級が同じ場合	4h, 5h, 6g, 7h
	ミニチュアねじ	めねじ		3G5, 3G6, 4H5, 4H6
		おねじ		5h3
	メートル台形ねじ	めねじ		7H, 8H, 9H
		おねじ		7e, 8e, 9e
ピッチを山数で表すねじ	管用平行ねじ	おねじ		A, B
	ユニファイねじ	めねじ		3B, 2B, 1B
		おねじ		3A, 2A, 1A

e) **ねじの表し方の例** ねじの表し方の例を次に示す.

なお,管用テーパねじの場合のように,ねじの呼びが異なるめねじとおねじとの組合せを示す場合は,この順にねじの呼び(等級がある場合には,それを付記する.)を並べ,両者の間に"/"を入れる.

(i) メートル台形ねじ以外の場合

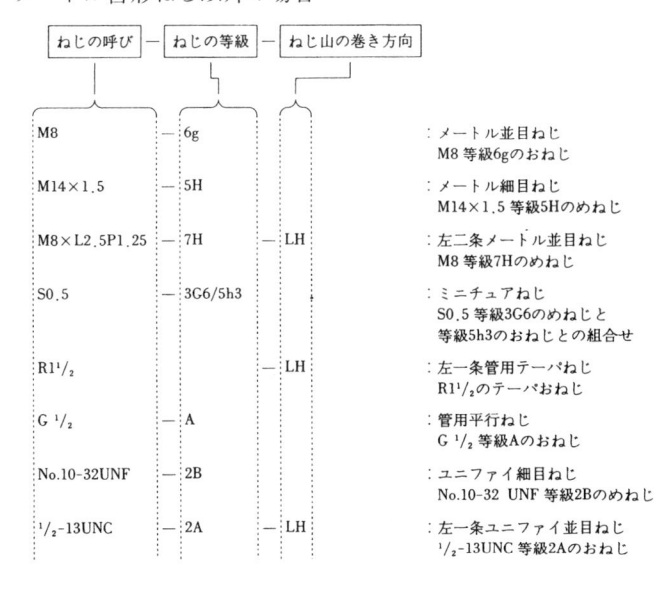

```
  ┌ ねじの呼び ┐─┌ ねじの等級 ┐─┌ ねじ山の巻き方向 ┐
```

M8	― 6g		: メートル並目ねじ M8 等級6gのおねじ
M14×1.5	― 5H		: メートル細目ねじ M14×1.5 等級5Hのめねじ
M8×L2.5P1.25	― 7H	― LH	: 左二条メートル並目ねじ M8 等級7Hのめねじ
S0.5	― 3G6/5h3		: ミニチュアねじ S0.5 等級3G6のめねじと等級5h3のおねじとの組合せ
R1¹/₂		― LH	: 左一条管用テーパねじ R1¹/₂のテーパおねじ
G¹/₂	― A		: 管用平行ねじ G¹/₂ 等級Aのおねじ
No.10-32UNF	― 2B		: ユニファイ細目ねじ No.10-32 UNF 等級2Bのめねじ
¹/₂-13UNC	― 2A	― LH	: 左一条ユニファイ並目ねじ ¹/₂-13UNC 等級2Aのおねじ

5章 主要な機械要素の製図および標準部品の呼び方

(ii) メートル台形ねじの場合

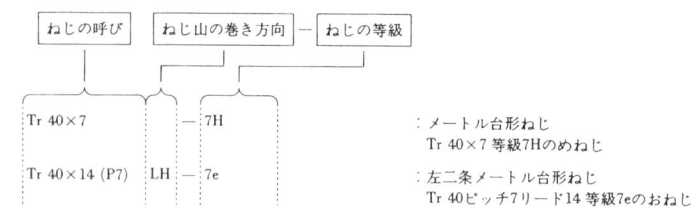

```
  ┌ねじの呼び┐ ┌ねじ山の巻き方向┐ ┌ねじの等級┐

   Tr 40×7       ─      7H          :メートル台形ねじ
                                      Tr 40×7 等級7Hのめねじ

   Tr 40×14 (P7)  LH ─  7e          :左二条メートル台形ねじ
                                      Tr 40ピッチ7リード14 等級7eのおねじ
```

(iii) めねじとおねじを組み合わせた場合

・メートル並目ねじ（M 10）めねじ6Hとおねじ6gの組み合わせ
   M 10−6 H/6 g

・管用平行めねじ（Rp 3/8）と管用テーパおねじ（R 3/8）の組み合せ
   Rp 3/8/R 3/8

(2) ねじの寸法記入

a) ねじの呼び径は，おねじの山の頂またはめねじの谷底に対し記入する（図5.15）．なお，不完全ねじ部の寸法表示が必要な場合図5.15(c)による．

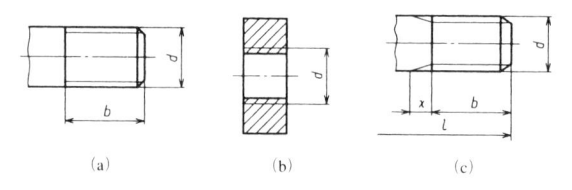

図 5.15 ねじの寸法記入

旧JISでは山の頂またはめねじの谷底を表す線からの引出線の上に記入していた（図5.16）．

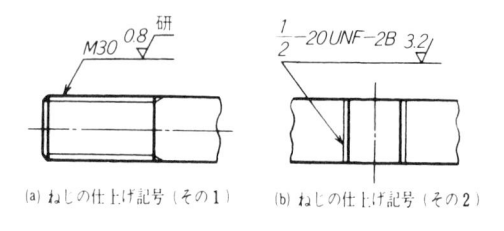

(a) ねじの仕上げ記号（その1）　(b) ねじの仕上げ記号（その2）

図 5.16

5.2 ねじ製図

b) ねじ長さおよび止まり穴深さ

下穴深さの寸法は省略してもよい．省略した場合ねじ深さの1.25倍で描く（図5.17）．

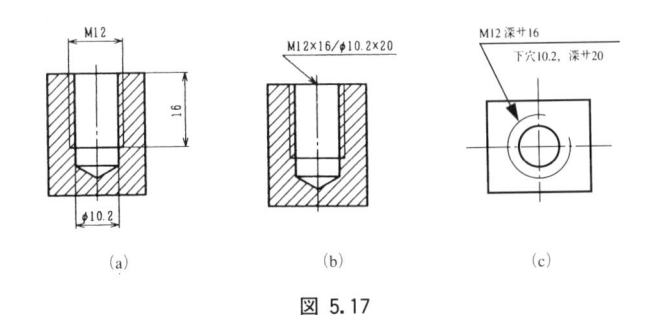

図 5.17

c) ボルトの突出し量，下穴およびねじ深さ（図5.18）
(i) 普通ボルトの突出し量およびねじ深さの参考寸法を次に示す．

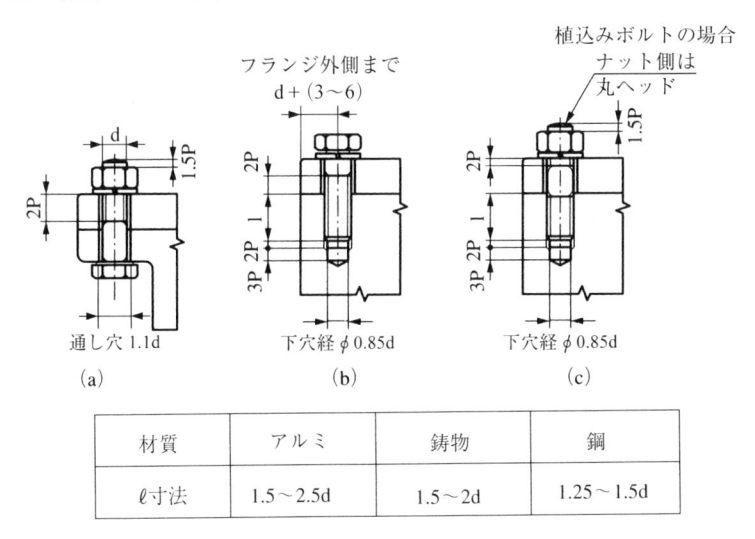

材質	アルミ	鋳物	鋼
ℓ寸法	1.5〜2.5d	1.5〜2d	1.25〜1.5d

図 5.18

(ii) 下穴径は,めねじとおねじの等級により,めねじとおねじのひっかかり率から得られる(図5.19).メートル並目ねじの下穴径を表5.4に示す.

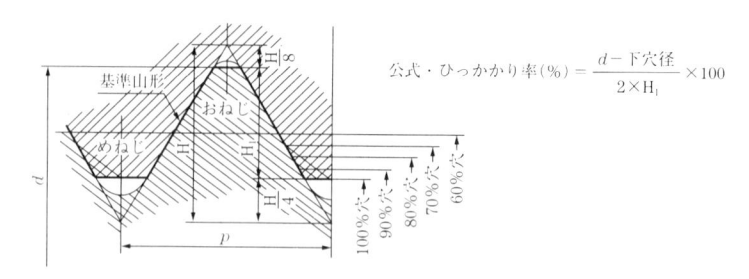

$$公式・ひっかかり率(\%) = \frac{d - 下穴径}{2 \times H_1} \times 100$$

図 5.19 ひっかかり率と下穴径の位置

表 5.4 メートル並目ねじ　　　　　　　　　単位 mm

ねじの呼び	4H (M1.4以下) 5H (M1.6以上) 1級	5H (M1.4以下) 6H (M1.6以上) 2級	7H 3級
M 1　×0.25	0.77 (85%)	0.78 (80%)	
M 1.1×0.25	0.87 (85%)	0.88 (80%)	
M 1.2×0.25	0.97 (85%)	0.98 (80%)	
M 1.4×0.3	1.12 (85%)	1.14 (80%)	
M 1.6×0.35	1.30 (80%)	1.32 (75%)	
M 1.8×0.35	1.50 (80%)	1.52 (75%)	
M 2　×0.4	1.65 (80%)	1.68 (75%)	
M 2.2×0.45	1.81 (80%)	1.83 (75%)	
M 2.5×0.45	2.11 (80%)	2.13 (75%)	
M 3　×0.5	2.57 (80%)	2.59 (75%)	2.62 (70%)
M 3.5×0.6	2.95 (85%)	3.01 (75%)	3.05 (70%)
M 4　×0.7	3.36 (85%)	3.39 (80%)	3.43 (75%)
M 4.5×0.75	3.81 (85%)	3.85 (80%)	3.89 (75%)
M 5　×0.8	4.26 (85%)	4.31 (80%)	4.35 (75%)
M 6　×1	5.08 (85%)	5.13 (80%)	5.19 (75%)
M 7　×1	6.08 (85%)	6.13 (80%)	6.19 (75%)
M 8　×1.25	6.85 (85%)	6.85 (85%)	6.92 (80%)
M 9　×1.25	7.85 (85%)	7.85 (85%)	7.92 (80%)
M 10　×1.5	8.54 (90%)	8.62 (85%)	8.70 (80%)
M 11　×1.5	9.54 (90%)	9.62 (85%)	9.70 (80%)
M 12　×1.75	10.3 (90%)	10.4 (85%)	10.5 (80%)
M 14　×2	12.1 (90%)	12.2 (85%)	12.3 (80%)
M 16　×2	14.1 (90%)	14.2 (85%)	14.3 (80%)
M 18　×2.5	15.6 (90%)	15.7 (85%)	15.8 (80%)
M 20　×2.5	17.6 (90%)	17.7 (85%)	17.8 (80%)
M 22　×2.5	19.6 (90%)	19.7 (85%)	19.8 (80%)
M 24　×3	21.1 (90%)	21.2 (85%)	21.2 (85%)
M 27　×3	24.1 (90%)	24.2 (85%)	24.2 (85%)
M 30　×3.5	26.6 (90%)	26.6 (90%)	26.8 (85%)
M 33　×3.5	29.6 (90%)	29.6 (90%)	29.8 (85%)
M 36　×4	32.1 (90%)	32.1 (90%)	32.3 (85%)
M 39　×4	35.1 (90%)	35.1 (90%)	35.3 (85%)
M 42　×4.5	37.6 (90%)	37.6 (90%)	37.9 (85%)
M 45　×4.5	40.6 (90%)	40.6 (90%)	40.9 (85%)
M 48　×5	43.1 (90%)	43.1 (90%)	43.4 (85%)
M 52　×5	47.1 (90%)	47.1 (90%)	47.4 (85%)

5.2 ねじ製図

（3）ボルト，ナットおよび小ねじ類の簡略図示

a）ボルトとナットの図示 図 5.20 は，JIS に例示されているボルトとナットの略図であるが，同図中の(b)は，(a)をさらに簡略したもので，組立図などに使われる．

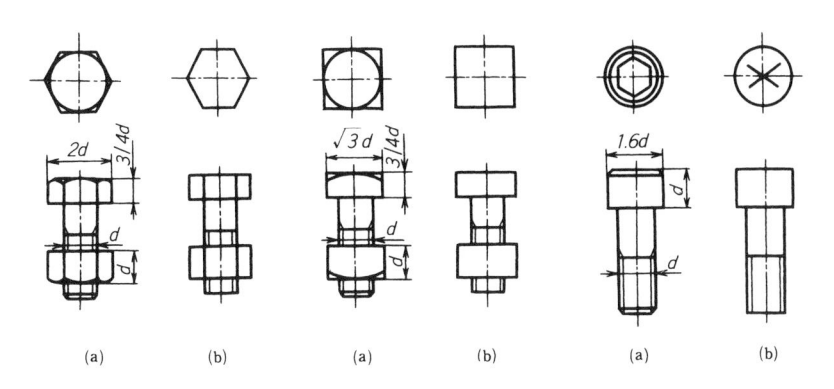

(a)　(b)　　(a)　(b)　　(a)　(b)
(1) 六角ボルト及び六角ナット　(2) 四角ボルト及び四角ナット　(3) 六角穴付きボルト

図 5.20　ボルトとナットの略図

b）小ねじ，止めねじおよび木ねじの略図（図 5.21）

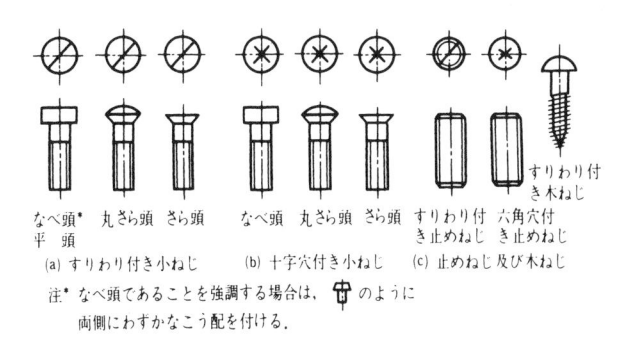

なべ頭*　丸さら頭　さら頭　　なべ頭　丸さら頭　さら頭　　すりわり付　六角穴付
平　頭　　　　　　　　　　　　　　　　　　　　　　　　　　止めねじ　き止めねじ
　(a) すりわり付き小ねじ　　　(b) 十字穴付き小ねじ　　(c) 止めねじ及び木ねじ

注* なべ頭であることを強調する場合は，🕀のように
　　両側にわずかなこう配を付ける．

図 5.21　小ねじ

c）小径のねじ
次の場合には，簡略してもよい．

5章　主要な機械要素の製図および標準部品の呼び方

ⅰ）直径（図面上の）が，6 mm 以下．
ⅱ）規則的に並ぶ同じ形および寸法の穴またはねじ．

なお，表示は，矢印が穴の中心を指す引出線の上にねじの仕様，寸法を示す（**図 5.22**，**図 5.23**）．

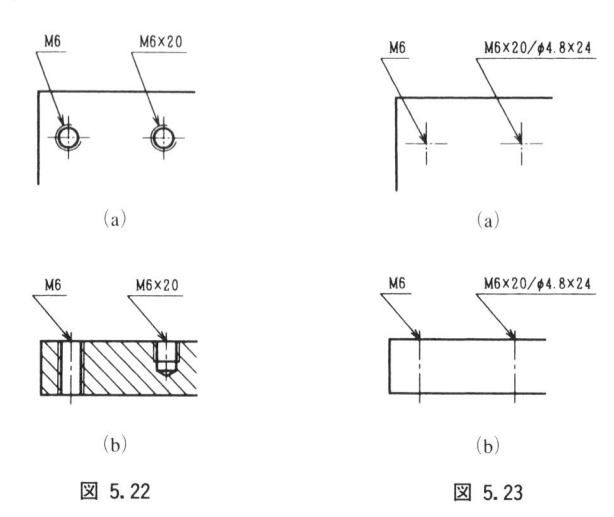

図 5.22

図 5.23

5.2.6　六角ボルト，ナットの略図法

六角ボルト，ナットの略図の描き方を**図 5.24**に示す．各部の寸法はねじの呼び径 d を規準とする比例寸法による作図で，実形に近い形状，寸法を描くことができる．

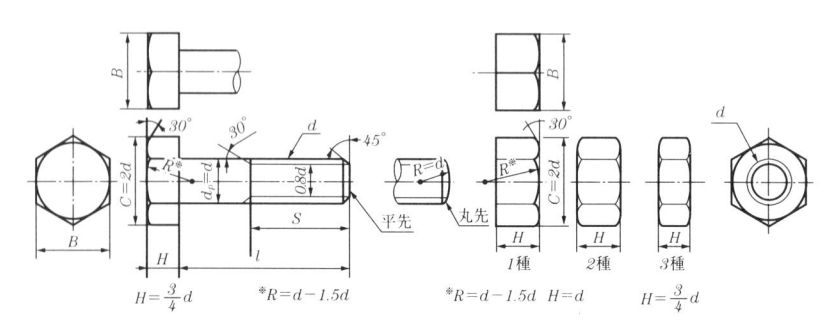

図 5.24　ボルト，ナットの描き方

5.3 歯車製図*

5.3.1 概　　説

歯車（gear）は，各種の機械に数多く使用されている重要機械部品の一つで，精確な伝動装置や変速装置などに広く利用されている．

歯車は円筒の外周に一定の形をもった凹凸を設けた車であって，これを原動軸と被動軸に取り付けたうえかみ合わせ，原動軸の運動を被動軸に伝えようとするものである．このため，歯車は強力な伝達力と確実な速度比をもって回転運動を伝えることができ，摩擦車のようにすべりを起こして伝動が不確実となるようなことがない．歯車の外周に設けた凹凸を歯（tooth）という．また，歯では互いの歯がかみ合って回るのであるが，車の動きからすると，すべりのない摩擦車が転がり接触をして回っているのと同じである．この転がり接触をしている面を相当する面を歯車の中に仮想して，これをピッチ面（pitch surface）という（**図5.25**）．

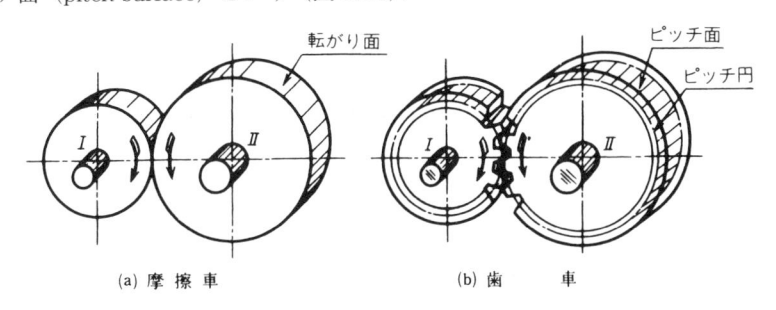

図 5.25 摩擦車と歯車

歯車による伝動は，2軸間の中心距離が比較的短い場合に広く利用されるもので，次の三つの特長をもっている．

(1) 連続する回転運動を確実に伝えることができる．
(2) 速度比が常に一定で正確である．
(3) 大きな減速が可能である．

---

*参照 JIS 規格：JIS B 0003　歯車製図，JIS B 0102　歯車用語，JIS B 0121　歯車記号

なお，以上のうち(2)を満足するためには，歯の形に一定の条件が必要である．このような形で現在実用されているものには，インボリュート曲線 (involute curve) とサイクロイド曲線 (cycloid curve) の2種類であるが，機械工業で多く使われているのは前者である．

このインボリュート曲線は，使用工具と加工機械の条件によっておのずから決まるので，図面で歯形の実形を忠実に描いても歯車を作るうえからは，ほとんど役に立たない．歯車を作る場合には，それに必要な諸条件を明示したいわゆる要目表が大切である．すなわち，図面としては，歯を切る直前の状態にまで加工した品物，すなわち歯車素材 (gear blank) の形と寸法を示し，これに歯車であることを示す線を記入すればよく，工作や組立，検査のための歯に関する諸条件は，すべて要目表に示されることになる．この場合の略図の描き方と要目表の内容については，JIS B 0003 歯車製図で規定されている．

5.3.2 歯車の種類と歯車各部の名称その他

(1) 歯車の種類

歯車の形は，二つの歯車のそれぞれの回転軸の相対位置や歯の付け方によって変わるが，主なものの外観図を**図5.26**に，また，分類を**表5.5**に示す．各歯車の内容については，機械要素その他歯車関係の図書によって学んでほしい．

表 5.5 歯 車 の 分 類

名　　称	2軸の相対位置	歯と歯の接触	加　工　機　械
1. 平　　歯　　車	平　　行	直　　線	フライス盤，ホブ盤，歯車形削盤
2. 内　　歯　　車	〃	〃	歯車形削盤
3. は　す　ば　歯　車	〃	〃	(1)と同じ
4. や　ま　ば　歯　車	〃	〃	フライス盤，ラック形削盤
5. ラックとピニオン	〃	〃	ラックはフライス盤，特殊歯車形削盤
6. すぐばかさ歯車	交　わ　る	〃	フライス盤，かさ歯車形削盤
7. ね　じ　歯　車	平行でなく交わりもしない	点	(1)と同じ
8. 食違い軸歯車	〃	曲　　線	専用機
9. ウォームとウォームホイール	直角であるが交わらない	点	ウォームは旋盤かフライス盤，ウォームホイールはフライス盤かホブ盤

5.3 歯車製図

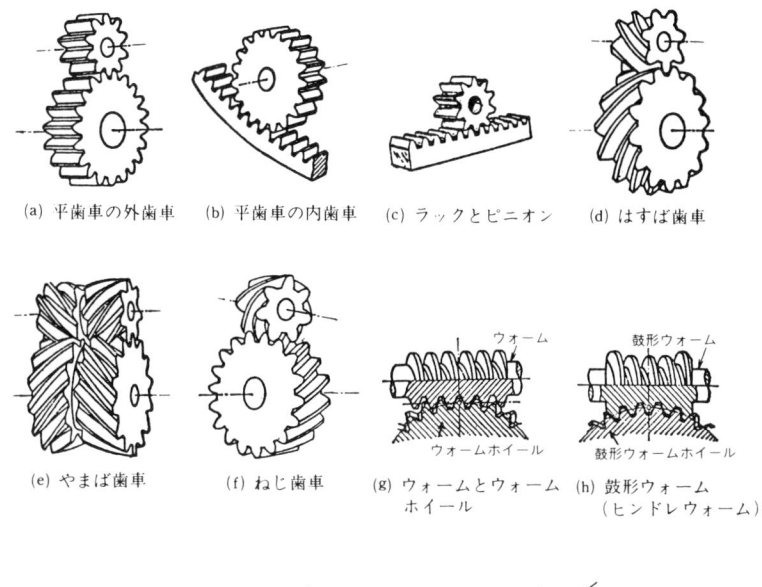

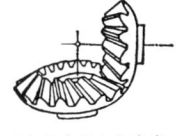

(a) 平歯車の外歯車　(b) 平歯車の内歯車　(c) ラックとピニオン　(d) はすば歯車

(e) やまば歯車　(f) ねじ歯車　(g) ウォームとウォームホイール　(h) 鼓形ウォーム（ヒンドレウォーム）

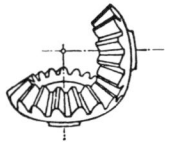

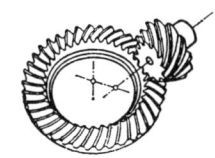

(i) はすばかさ歯車　(j) すぐばかさ歯車　(k) 食違い軸歯車（ハイポイド歯車）

図 5.26　歯車の種類

(2)　**歯車各部の名称**

図 5.27 は，歯車の歯形を示すが，歯形各部の名称と意味は次のとおりである．

(1) ピッチ円(pitch circle)　軸に直角な平面とピッチ面とが交わってできる円．
(2) 円ピッチ(circular pitch)　ピッチ円上で測った隣合う歯の対応する部分の距離，p．

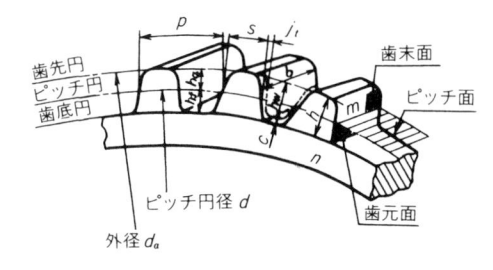

図 5.27　標準平歯車の名称

217

(3) 歯末のたけ（addendum） ピッチ円から歯先円までの距離, h_a.
(4) 歯元のたけ（deddendum） ピッチ円から歯底円までの距離, h_f.
(5) 全歯たけ（whole depth, height of tooth） 歯全体の高さ, $h=h_a+h_f$.
(6) 有効歯たけ（working depth） かみ合っている一対の歯における大歯車と小歯車の歯末のたけの和, h' または h_w.
(7) 頂げき（clearance） 歯底円からそれとかみ合う歯車の歯先円までの距離, $c \geq 0.25 \sim 0.35\,m$ （m：モジュール）.
(8) バックラッシ（backlash） ピッチ面上において歯車の歯みぞの幅が,それとかみ合っている相手の歯厚より大きい量, j_t （円周方向）, j_n （法線方向）.
(9) 歯車（tooth surface） 歯のかみ合いにあずかる面.
(10) 歯末の面（tooth face） 歯面の歯末部分, m （図 5.27 参照）.
(11) 歯元の面（tooth flank） 歯面の歯元の部分, n （図 5.27 参照）.
(12) 歯幅（face width） 歯の軸断面における長さ, b.
(13) 歯厚（thickness of tooth）ピッチ円に沿った歯の厚さ, s （円弧歯厚）, $\bar{s}$ （弦歯厚）.

（3） 歯の大きさ

歯の大きさは，次の3種類の形で表される.
(1) モジュール（module）（記号 M または m）

$$m=\frac{\text{ピッチ円の直径（mm）}}{\text{歯数}}=\frac{d}{z}$$

(2) 直径ピッチ（diametral pitch）（記号 $D.P.$ または P）

$$P=\frac{\text{歯数}}{\text{ピッチ円の直径（in）}}=\frac{z}{d}$$

(3) 円ピッチ（circular pitch）（記号 $C.P.$ または p）

$$p=\frac{\text{ピッチ円周}}{\text{歯数}}=\frac{\pi d}{z}\,\text{mm 又は inch}$$

ここで，d はピッチ円の直径，z は歯数である．したがって，m, P, p の間には次の関係がある．

$$p = \pi m, \quad p = \frac{25.4\pi}{P}, \quad P = \frac{25.4}{m}$$

JISでは，モジュールを標準として採用している．なお，互いにかみ合う歯車のピッチやモジュールは，必ず互いに等しくなければならない．また，これらを各人が任意に定めると歯の大きさがまちまちになり，工作上や取扱い上不便をきたすので，JIS規格（JIS B 1701 インボリュート歯車の歯形および寸法）により標準値を定めている（**表 5.6**）．

表 5.6 モジュール標準値（JISB 1701） (単位 mm)

第1系列	第2系列	第3系列	第1系列	第2系列	第3系列	第1系列	第2系列	第3系列
0.1			1.25			8		
	0.15		1.5				9	
0.2				1.75		10		
	0.25		2				11	
0.3				2.25		12		
	0.35		2.5				14	
0.4				2.75		16		
	0.45		3				18	
0.5				3.5		20		
	0.55				3.75		22	
0.6			4			25		
		0.65		4.5			28	
	0.7		5			32		
	0.75			5.5			36	
0.8			6			40		
1	0.9				6.5		45	
			7			50		

備考：第2系列及び第3系列はなるべく使用しないほうがよい．

（4） 圧力角 (pressure angle)

かみ合っている一対のインボリュート歯形の歯の接触点の軌跡を結ぶと，**図5.28**中のL_1L_2になり，動力で伝える力はこの直線に沿って作用するので作用線 (line of action) という（$L_1'L_2'$も同様）．この作用線は，二つの歯面の接触点C_1における共通切線T_1T_2と常に直交している．なお，L_1L_2は基礎円（インボリュート曲線を作り出す円）a_0, b_0の共通切線であり，a_0, b_0は，ピッチ円a, bよりは小さいので，L_1L_2はピッチ円の共通切線TTに対して一定の角度で交わっている．この角aを圧力角という．

圧力角は，基礎円の直径がピッチ円の直径より小さいほど大きくなる．最近のJISでは，この圧力角が20°のものを標準歯として規定している．

(5) 歯の干渉とアンダーカット

インボリュート歯車では，歯数の少ない場合や歯数比が非常に大きい場合には，一方の歯車の歯先が相手の歯元に当たって回転できないことがある．これを歯の干渉 (interference) という．

また，ラック工具やホブで歯切りをするとき，歯数の少ない歯車は歯の干渉を生じて歯車の歯元を削り取られるよ

表 5.7 アンダーカットを起こさない最小歯数

圧力角 α	20°	15°	14.5°
最小歯数 理論的	17	30	32
最小歯数 実用的	14	25	26

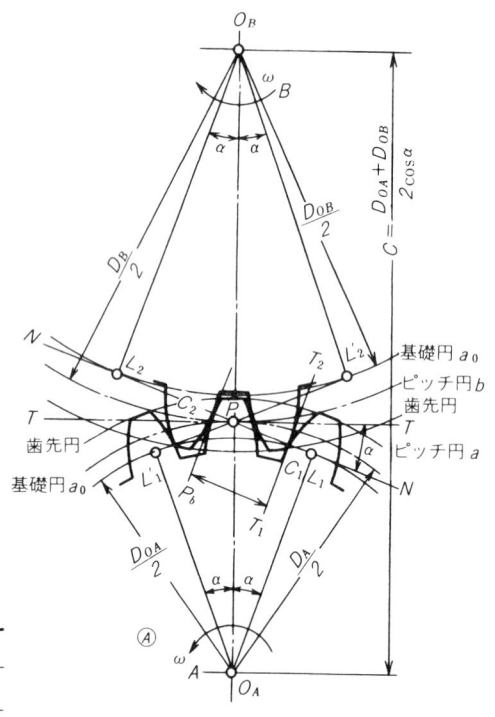

図 5.28 インボリュート歯形のかみあい

うになる．これを歯のアンダーカット (under cut) という．アンダーカットされた歯は歯面のかみ合う部分が少ないと同時に，歯元が細くなって強度を低下することになる．表5.7には，アンダーカットを起こさない最小歯数を示す．

(6) 転位歯車

大歯車の歯元のたけを長く，歯末のたけを短くし，その反応に小歯車の歯元のたけを短く，歯末のたけを長くするように切削するとアンダーカットが避けられる．このような切り方をして得られた歯車を，転位歯車 (profile-shifted gear) という．転位した大歯車では，かみ合いピッチ円は基準ピッチ円よりも小さく，小歯車では大きくなる．ただし，歯車の組合わせとしては，常に両者が転位歯車である必要はない．

転位歯車の歯を切る際には，ラックの基準ピッチ線を歯車のピッチから外

にモジュールの x 倍だけずらす．その xm（m はモジュール）を転位量，x を転位係数という（**図 5.29**）．

転位歯車を標準歯車（$x=0$）と比べると，歯みぞが狭く，歯元の肉が厚くなるので強さは増し，また，アンダーカットを生じないで歯数を少なくできるなどの利点があるので，最近では広く用いられるようになってきた．

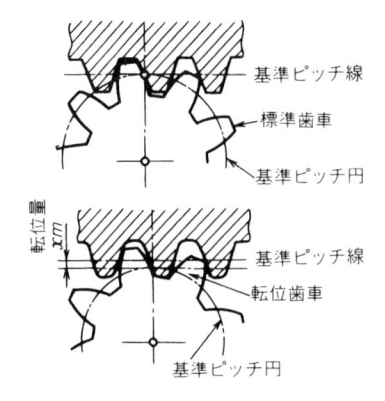

図 5.29 標準歯車と転位歯車

5.3.3　歯車の図示法

歯車の図示法については，JIS B 0003 歯車製図で規定されている．この規格は，一般の機械に使用される歯車で，主としてインボリュート歯車として取り扱われている平歯車，はすば歯車，やまば歯車，ねじ歯車，すぐばかさ歯車，まがりばかさ歯車，ハイポイドギヤ，ウォームおよびウォームホイールの8種のものの製図について規定している．なお，このほかの歯車については，この規格を準用する．

（1）歯車図示の原則

歯車の部品図は，表（要目表[5]）と図を併用し，それぞれの記入事項は，次のとおりとする．

(1) 表には，原則として歯切り，組立，検査などに必要な事項を記入する．なお，表記事項中＊印を付けた事項は，必ず記入することとし（図5.35参照），他の事項もなるべく記入する．

(2) 図には，主として歯車素材（歯切り前の機械加工を終えたもの）を製作するに必要な寸法を記入する．なお，歯車加工において特に基準面を考慮して加工する場合には，"基準"の文字によってその場所を指示することが望ましい（図5.35その他参照）．

(3) 熱処理に関する事項は，必要に応じて表の備考欄，または図中に適宜記入する．

(4) 備考欄において，計算紙の数値は，必要に応じて工作上の限度に関係

221

なく，小数点以下適宜の桁数を用いてもよい（図5.35参照）．

 5）要目表とは，図面の内容を補足する事項を，図面の中に表の形で表したもの．例えば，加工，測定，検査などに必要な事項を示す．

（2）図示方法

歯車を図示するには，前にも述べたとおり，歯形を省略して示すが，この場合の線の使い方は，**図 5.30** に示す．すなわち，

(1) 歯先円は，太い実線で示す．

(2) ピッチ円は，細い一点鎖線で示す．なお，この線は中心線ではないので，中心線を細い実線で示す図の場合でも，ピッチ円は，必ず一点鎖線でなければならない．

(3) 歯底円は，細い実線で表す．ただし，軸に直角な方向から見た図（正面図）を断面で図示するときは，歯底の線は太い実線で表す（図5.35その他参照）．なお，**図 5.31** は，かみ合っている1組の歯車を示す．ここで，①正面図では，両歯車の歯先は両方とも太い実線で表し，②側面図を断面にして示すときは，かみ合い部の一方の歯先を示す線は太い破線とする．

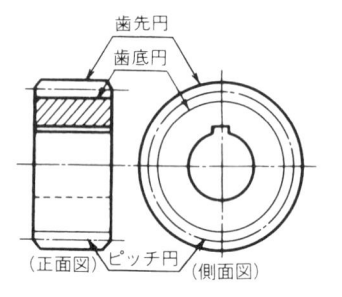

図 5.30　歯車図示法の原則

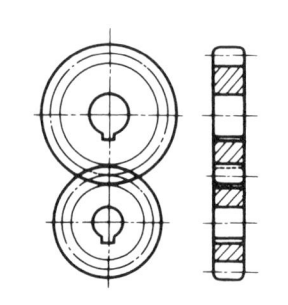

図 5.31　かみ合う1組の平歯車

(4) 歯形の詳細および寸法測定方法を明示する必要があるときには，図面中に

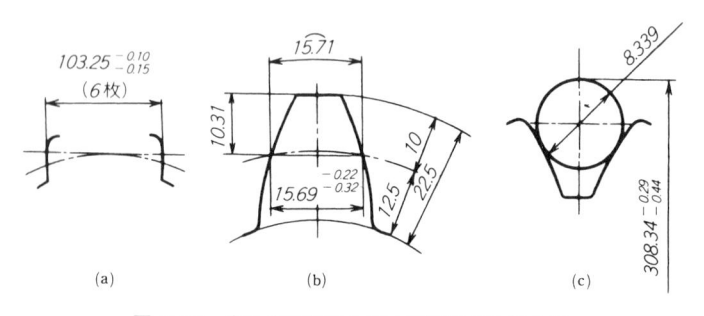

図 5.32　歯形の詳細および寸法測定方法記入例

5.3 歯車製図

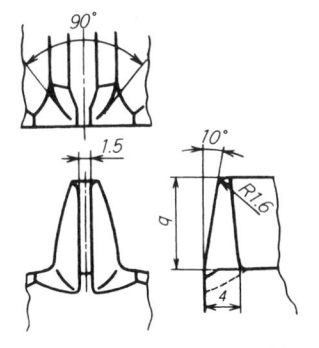

図 5.33 歯の面取り記入例

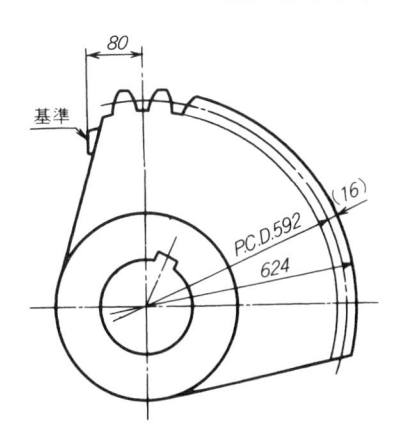

図 5.34 歯の位置指示例
(セクタ歯車の場合の例)

図示する（**図** 5.32 および図 5.34）.

(5) 歯の面取りの図示については，**図** 5.33 にその一例を示す.

(6) 歯の位置を明示する必要があるときは，**図** 5.34 および図 5.53 による.

（3） 平歯車の図示法

図 5.35 は，平歯車の部品図の一例を示すが，ここでは，歯車特有の寸法以外および寸法許容差は省略してある.

図 5.36 は，かみ合っている平歯車の正面図の略示法で，組立図などに用いられる．この場合，省略する線は，同図(b)のように歯底の線とかみ合い部のピッチ線であるが，まぎらわしくない場合には，同図(a)のようにピッチ線も省略する．また，平歯車であることを示す必要のある場合には，同図(c)のように3本の細い実線を平行に描き入れる.

図 5.37 は，一連の歯がかみ合っている場合の図示法で，正面図に正しく表すとかえって分かりにくくなる場合には，図のように各歯車の中心を一直線上に展開して示す．なお，この場合には，歯車中心の位置は，側面図と正面図では一致しないことになる.

（4） はすば歯車とやまば歯車の図示法

図 5.38 は，はすば歯車の部品図の一例を示す．この場合の正面図には，はすば歯車であることを表すために，外形図上に3本の細い実線を平行に斜めに引いて歯すじのねじれ方向を図示する．ねじれ方向の左右の判断は，ねじの場合に準ずる．正面図を断面図で示す場合には，紙面より手前の歯すじ方

223

5章 主要な機械要素の製図および標準部品の呼び方

単位 mm

平 歯 車					
*歯車歯形		転 位	精 度	JIS B 1702 5級	
工具	歯 形	並 歯	備考	転位係数	+0.526
	モジュール	6		相手歯車転位係数	0
	圧 力 角	20°		相手歯車歯数	50
*歯 数		18		相手歯車トノ中心距離	207.00
*基準ピッチ円直径		108		カミアイ圧力角	22°10′
歯厚	マタギ歯厚	（マタギ歯数＝　　）		カミアイピッチ円直径	109.59
	弦 歯 厚	（キャリバ歯タケ＝　　）		標準切込深サ	13.34
	オーバピン（玉）寸法	122.68$^{-0.21}_{-0.88}$ （ピンノ径＝8.856 玉ノ径＝　）			
仕上方法		ホブ切リ			

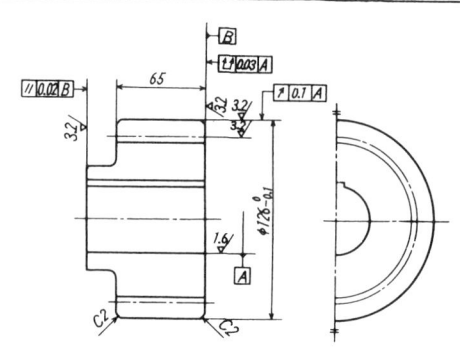

図 5.35 平歯車の部品図

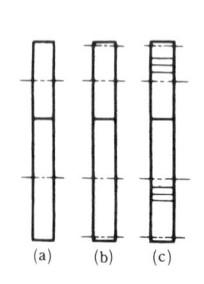

図 5.36 組立図用平歯車の略示法

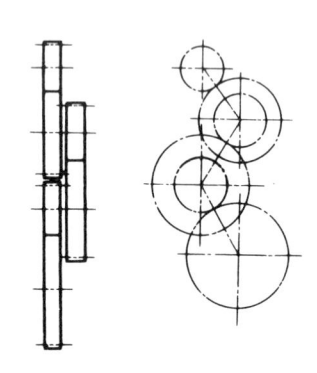

図 5.37 一連の平歯車の略示法

224

5.3 歯車製図

単位 mm

ハスバ歯車					
*歯車歯形	標 準	歯厚	マタギ歯厚 （歯直角）	$30.99{}^{-0.08}_{-0.16}$	(マタギ歯数＝ 3)
*歯形基準平面	歯直角		弦歯厚(歯直角)		(キャリパ歯タケ＝)
工具	歯形	並歯		オーバピン寸法	(ピンノ径＝ 玉ノ径＝)
	モジュール	4		仕上方法	研削仕上
	圧力角	20°		精度	JIS B 1702　1級
*歯数	19	備考	基礎円直径　78.78 標準切込深サ　9.4 歯形修整オヨビクラウニングヲ行ナウコト.		
*ネジレ角	26°42′				
*ネジレ方向	左				
リード	531.385				
*基準ピッチ円直径	85.071				

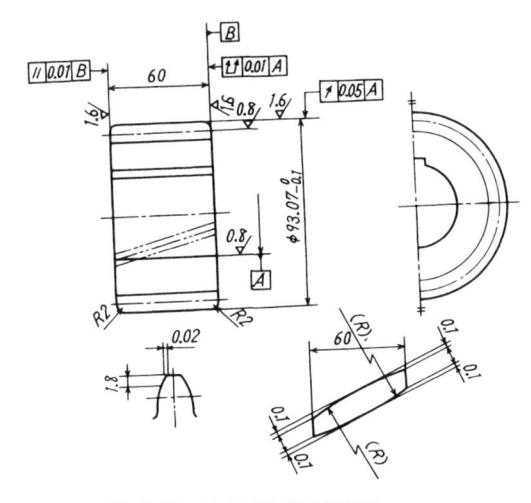

図 5.38 はすば歯車の部品図

向を3本の想像線（細い一点鎖線）で表す．なお，実際のねじれ角とは無関係に30°（ただし，ねじれ方向だけは一致させる）で描くこともある（やまば歯車についても同様）．

図5.38には，歯形修整およびクラウニングを行うことについての指示事項も示してある．

図 5.39 は，はすば内歯車の部品を示すが，この場合の歯すじの方向は直接

5章 主要な機械要素の製図および標準部品の呼び方

単位 mm

ハスバ内歯車					
*歯車歯形	標　準	歯厚	弦歯厚（　）	（キャリパ歯タケ＝　　　）	
*歯形基準平面	歯直角		オーバピン（玉）寸法	$246.99^{+0.70}_{+0.20}$（ピンノ径＝　　玉ノ径＝4.428）	
工具	歯　形	並　歯		仕上方法	ピニオンカッタ切り
	モジュール	3		精　度	JIS B 1702　　5級
	圧力角	20°			
*歯　数	84	備考			
*ネジレ角	29°38′				
*ネジレ方向	図　示				
リード					
*基準ピッチ円直径	289.918				

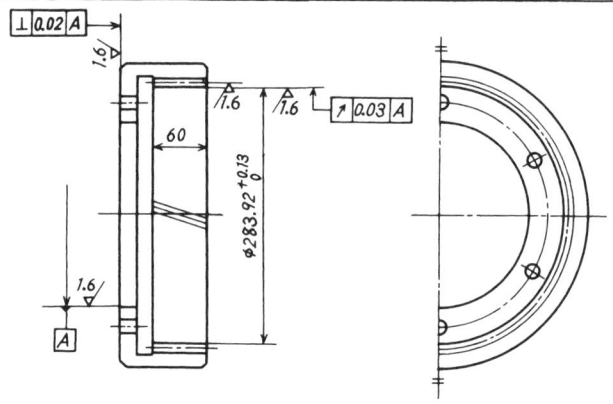

図 5.39　はすば内歯車の部品図

図示せずに，これとかみ合う外歯車を略示して，その歯すじを図示する．

やまば歯車の場合も，はすば歯車に準じて図示する（**図5.40**）．

組立図に用いられるはすば歯車とやまば歯車について，それぞれのかみ合いを示すには**図5.41**のようにする．

また，**図5.42**には，やまば歯車の山形部の形状と名称を示す．

（5）ねじ歯車の図示法

図5.43は，ねじ歯車の部品図の一例を示す．なお，この図では相手歯車との中心距離も図示してある．**図5.44**は，かみ合うねじ歯車の省略図を示

5.3 歯車製図

単位 mm

			ヤマバ歯車			
* 歯車歯形		標　準	歯	マタギ歯厚 　　（歯直角）	（マタギ歯数＝　　　）	
* 歯形基準平面		歯直角		弦歯厚(歯直角)	$15.71^{-0.06}_{-0.62}$	
工具	歯　形	並　歯	厚		（キャリパ歯タケ＝11.05）	
	モジュール	10		オーバピン 　　（玉）寸法	（ピンノ径＝　玉ノ径＝　）	
	圧力角	20°	仕上方法		ホブ切リ	
	* 歯数	92	精　度		JIS B 1702　4級	
	* ネジレ角	25°	備考			
	* ネジレ方向	図　示				
	リード					
	* 基準ピッチ円直径	1015.105				

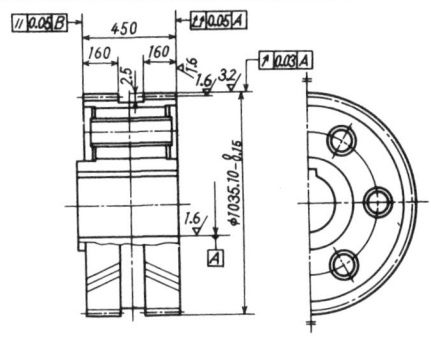

図 5.40 やまば歯車の部品図

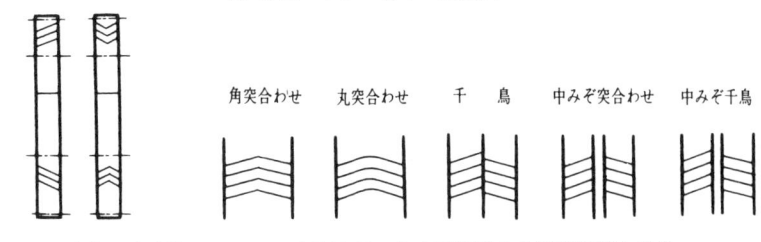

図 5.41 歯車の略示法　　図 5.42 やまば歯車の山形部形状と名称

す．

（6）かさ歯車の図示法

図 5.45 は，すぐばかさ歯車の製作図の一例を示す．この場合の側面図で

227

単位　mm

ネジ歯車						
区　　別	小歯車	（大歯車）	区　　別		小　歯　車	（大歯車）
＊歯車歯形	標　準		歯厚	マタギ歯厚 （歯直角）		
＊歯形基準平面	歯　直　角			弦　歯　厚 （歯直角）	$3.14^{-0.06}_{-0.19}$ （キャリパ歯タケ＝2.033）	
工具	歯　形	並　歯		オーバピン （玉）寸法		
	モジュール	2		仕上方法	ホブ切リ	
	圧力角	20°		精　度	JIS B 1702　　4級	
＊歯　数	13	（26）	備考			
＊軸　角	90°					
＊ネジレ角	45°	（45°）				
＊ネジレ方向	右	左				
リード	115.51	（231.03）				
＊基準ピッチ円直径	36.769	（73.539）				

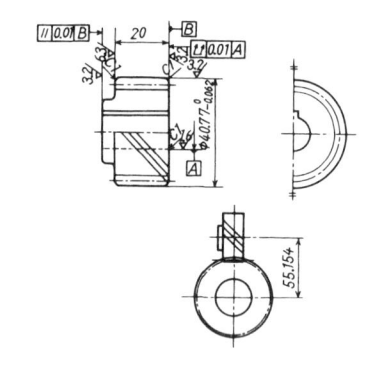

図 5.43　ねじ歯車の部品図

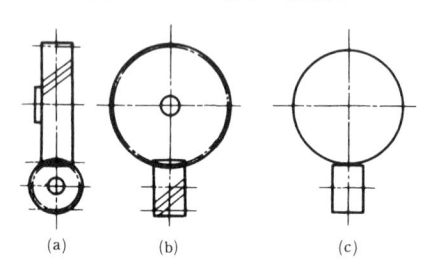

図 5.44　かみ合うねじ歯車の略示法

単位 mm

スグバカサ歯車

区 別	大歯車	(小歯車)	区 別	大 歯 車	(小歯車)
*歯 形	グリーソン式		ピッチ円スイ角	60°39′	(29°21′)
*モジュール	6		歯底円スイ角	57°32′	
*圧力角	20°		歯先円スイ角	62°28′	
*歯 数	48	(27)	歯厚	測定位置	外端歯先円部	
*歯 幅	50			弦歯厚(歯直角)	$8.05{-0.10 \atop -0.15}$ (キャリパ歯タケ=4.14)	
*軸 角	90°		仕上方法	ラッピング	
*ピッチ円直径	288	(162)	精度	JIS B 1704　4級	
全歯タケ	13.13		備考		
歯末ノタケ	4.11				
歯元ノタケ	9.02				
円スイ距離	165.22				

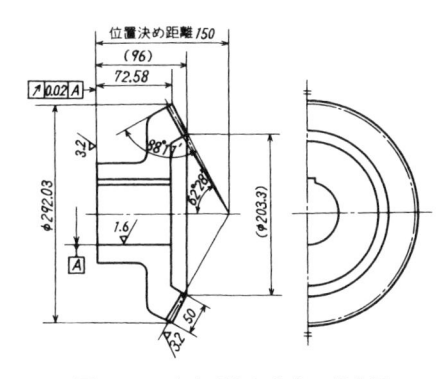

図 5.45　すぐばかさ歯車の部品図

は，歯底円は省略するのを普通とする．

図5.46は(円弧)まがりばかさ歯車の部品図の一例を示す．この場合，歯車の歯すじの方向は，1本の太い実線で示すが，この線の引き方は，歯車の直径と歯幅の中心線との交点を通って直径とねじれ角（図では35°右）に等しい角度をなす直線を引き，その直線に接する円弧（中心は歯幅の中心線上）を描く．なお，歯のねじれ方向は，歯車の上面から見て時計方向のねじれを右ねじれ，反時計方向を左ねじれと呼ぶ．

単位 mm

\multicolumn{4}{c	}{マガリバカサ歯車}				
区 別	大歯車	小歯車	区 別		大 歯 車	小歯車
*歯 形	グリーソン式		歯末ノタケ		3.69	
歯切方法	シングル サイド法		歯元ノタケ		8.20	
カッタ直径	304.8		円スイ距離		159.41	
*モジュール	6.3		ピッチ円スイ角		60°24′	(29°36′)
*圧力角	20°		歯底円スイ角		57°27′	
*歯 数	44	(25)	歯先円スイ角		62°09′	
歯 幅	50		歯厚	測定位置	外端歯先円部	
*軸 角	90°			円弧歯厚	8.06	
*ネジレ角	35°		仕上方法		ラッピング	
*ネジレ方向	右		精 度		JIS B 1704 4級	
*ピッチ円直径	277.2	(157.5)	備考	歯当タリ JIS B 1704 B		
全歯タケ	11.89					

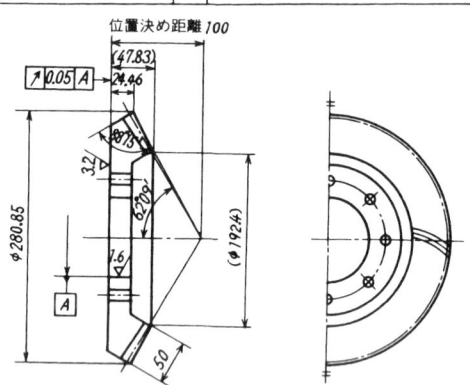

図 5.46 まがりばかさ歯車の部品図

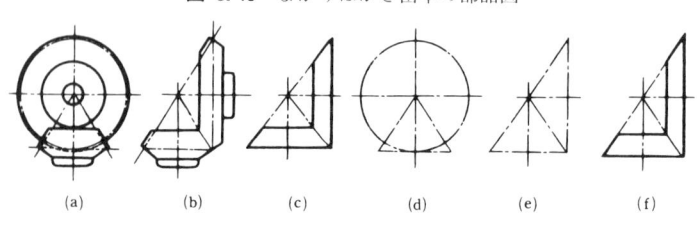

図 5.47 組立図用のかさ歯車の略示法

5.3 歯車製図

単位 mm

ハイポイドギヤ

区 別	大歯車	(小歯車)	区 別	大 歯 車	(小歯車)
*歯 形	グリーソン式		歯末ノタケ	1.655	
歯切方法	創成歯切法		歯元ノタケ	9.231	
カッタ直径	228.6		円スイ距離	108.85	
*モジュール	5.12		ピッチ円スイ角	74°43′	
*平均圧力角	21°15′		歯底円スイ角	68°25′	
*歯 数	41	(10)	歯先円スイ角	76°0′	
*軸 角	90°		歯厚 測定位置	外端歯先円部カラ 16mm	
*ネジレ角	26°25′	(50°0′)	弦歯厚(歯直角)	4.148(キャリバ歯タケ=1.298)	
*ネジレ方向	右		仕上方法	ラッピング仕上	
歯 幅	32		精 度	JIS B 1704　3級	
*オフセット量	38		備考		
*オフセット方向	下				
*ピッチ円直径	210				
全歯タケ	10.886				

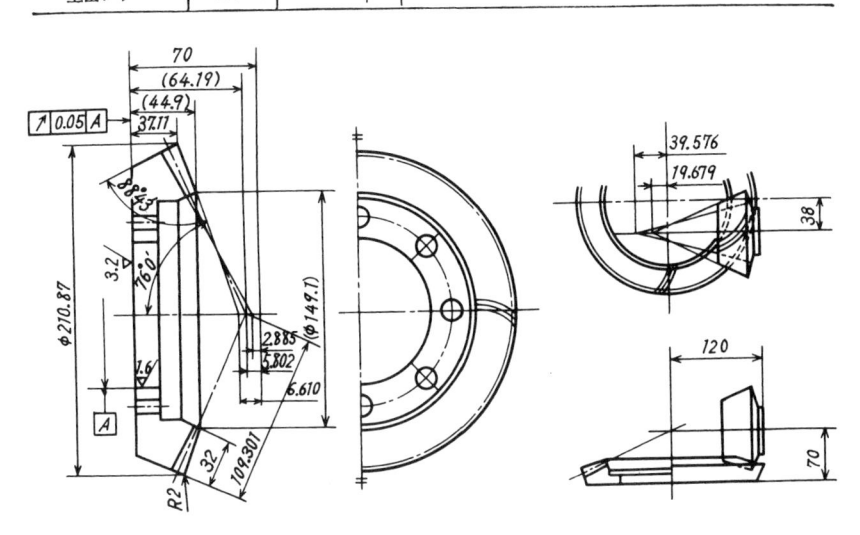

図 5.48　ハイポイドギヤの部品図

かさ歯車の組立図用の図示法数例を**図 5.47**に示す．

（7） ハイポイドギヤの図示法

図 5.48は，ハイポイドギヤの部品図の一例を示す．ハイポイドギヤは，大歯車と小歯車とが常に一対となり，相手歯車の歯数を変えてかみ合うことがないので，図面にはそれぞれの歯車の必要項目を追加記入することが望ましい．しかし，ハイポイドギヤの小歯車のモジュール，ピッチ円直径，歯たけ，ピッチ円すい角などは，グリーソン式では記入できない．なお，歯切りするときにバックラッシの指示がないと歯厚寸法を決めることができないので，図面にはバックラッシを記入する必要がある．ハイポイドギヤの組立図用の図示法は，**図 5.49**に示す．

図 5.49 ハイポイドギヤの略示法

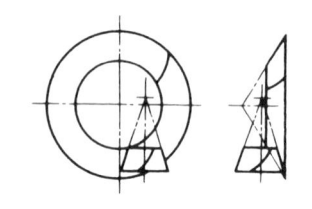

単位 mm

ウォーム				
*歯形基準断面	歯直角	歯厚	弦歯厚（歯直角）	$12.57^{-0.14}_{-0.28}$（キャリパ歯タケ＝　）
モジュール	8		オーバピン寸法	（ピンノ径＝　）
*ピッチ	25.240	仕上方法		ネジフライス削リ
*条 数	1 条	精 度		級
*方 向	右	備考	バックラッシ（相手歯車ピッチ円周方向）0.28〜0.56	
*圧力角	20°			
*ピッチ円直径	87.00			
リード	25.240			
進ミ角	5°16′34″			
全歯タケ	18.00			

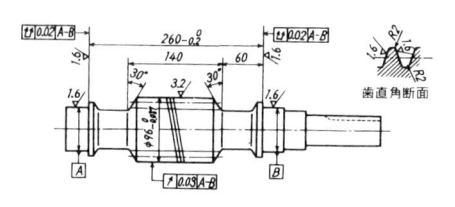

図 5.50 ウォームの部品図

5.3 歯車製図

(8) ウォームおよびウォームホイールの図示法

図 5.50 は，ウォームの部品図の一例を示す．図のように正面図を外形図で図示する場合の歯すじの方向は，3本の細い実線で示し，断面の場合には一点鎖線とする．

単位　mm

ウォームホイール				
＊歯形基準断面	歯 直 角		全歯タケ	18.00
モジュール	8 || 歯厚	厚歯弦(歯直角)	$12.56^{-0.14}_{-0.28}$ （キャリバ歯タケ=8.09）
＊円ピッチ	25.240		仕上方法	舞イカッタ削リ
＊圧力角	20°		精　度	級
＊歯　数	54		備考	バックラッシ（ピッチ円周方向）0.28～0.56
＊ピッチ円直径	433.84			
＊相手ウォーム	条　数	1　条		
	方　向	右		
	ピッチ円直径	87		
	軸方向ピッチ	25.240		
	進ミ角	5°16′34″		

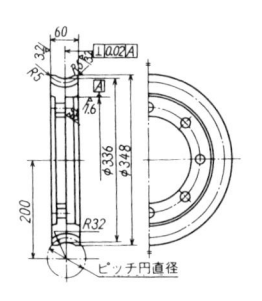

図 5.51　ウォームホイールの部品図

図 5.51 は，ウォームホイールの部品図の一例を，図 5.52 は，ウォームおよびウォームホイールの組立図用の一例を示す．

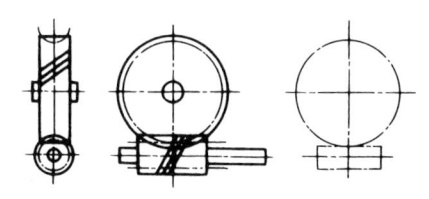

図 5.52　ウォームおよびウォームホイールの略示法

(9) ラックの図示法

図5.53は，ラックに対する記入例を示す．この例のように，基準になる部分から歯の位置を示す必要のある場合には，歯の一部を図示するとともに歯みぞの中心で歯の位置の寸法を示す．また，ラックの場合には，実歯数（実在する歯数）を示す．

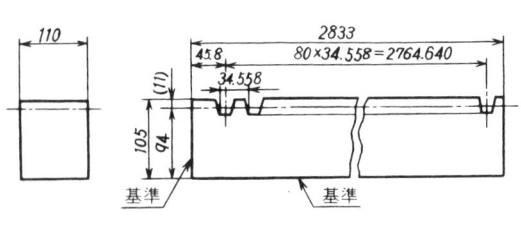

図 5.53 ラックに対する記入法

(10) 要目表の記入方法

歯車用部品図中の要目表に記入するには，次のように行う．

a) 歯車歯形欄 この欄には標準，転位などの区別を記入する．また，歯車の歯形の修整を行うのに，工具の歯形修整によらない場合には，備考欄に修整することを記入し，さらに修整歯形を図示する．クラウニングの場合も同様とする．

b) 歯形基準平面欄 この欄には，はすば歯車，やまば歯車の歯形を表す場合の歯直角式（歯すじに直角な平面で断面とする場合）か軸直角式（歯車の軸に直角な平面で断面とする場合）かの区別を記入する．

c) 工具歯形欄 この欄には，並歯，低歯などの区別を記入する．工具の歯形を修整する場合には，備考欄に"修整"と記入し，さらに歯形を図示する．

d) 工具モジュール欄 この欄には，使用する工具の歯形のモジュールを記入する．なお，この欄にモジュール以外の表示をする場合には，ダイヤメトラルピッチなどと文字を書き換える．

e) 工具圧力角欄 この欄には，工具圧力角を20°のように記入する．転位歯車では，工具圧力角とかみ合い圧力角が異なる場合があるが，この欄には常に工具圧力角を記入し，かみ合い圧力角は備考欄に記入する．

なお，一般に圧力角は度単位で表し，例えば"17.42"と書き，"17°25′12″"とは書き表さない．これに対し，ねじれ角や円すい角などは，通常，度分秒単位で表す．このように，圧力角とねじれ角，円すい角などで角度数値の表

5.3 歯車製図

し方を変えたのは，計算上の便宜と習慣とを考慮したためである．

　f) **ねじれ角欄**　この欄には，はすば歯車，やまば歯車などのように歯すじがつる巻き線と円筒とのなす角，すなわち，ねじれ角とその方向を記入する．ウォームの場合にはさらに条数と方向を記入する．

　g) **基準ピッチ円直径欄**　この欄には，歯数×モジュールの数値を記入する．ただし，歯直角方式のはすば歯車においては，(歯数×モジュール)÷cos(ねじれ角)の数値を記入する．

　転位歯車では，基準ピッチ円（すなわち，歯切りの際のピッチ円）直径とかみ合いピッチ円直径とが異なった値をとることがあるが，この欄には，基準ピッチ円直径のほうを記入し，かみ合いピッチ円直径は備考欄に記入する．

　図のほうに基準ピッチ円直径を記入する場合には，その寸法の前に必ずP.C.Dの記号を付記し，また歯末のたけの寸法を記入しておく．

　h) **歯厚欄**　この欄には，またぎ歯厚法によるのか，歯厚ノギス(ギヤースバーニア)による弦歯厚法によるのか，あるいは，ピンまたは玉はさみ測定法（オーバピン法）によるのかの区別と，それらによる場合の基準寸法とその寸法許容差を記入する．なお，これらの測定方法の概要は，**図 5.54**に示す．

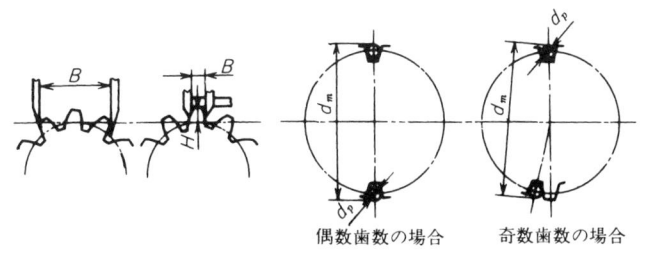

図 5.54　各種の歯厚測定法

　i) **仕上げ方法欄**　この欄には，歯切り機械および歯切り工具の種類，また，やまば歯車では山形部の形状の種類を記入する．

　j) **精度欄**　この欄には，JIS B 1702 または JIS B 1704 が適用される歯車に対しては，その規定する精度等級を記入する．これらの規格の適用されない歯車に対しては，自社精度規格など適当な方法により規定さるべきものであるが，記入の必要がある場合には，その指示法については，JSI B 0601（表

235

面性状）による．

k） **備考欄** この欄には，歯切りと検査の際に必要な事項，すなわち転位係数，相手歯車の転位係数，中心距離，かみ合い圧力角，かみ合いピッチ円の径，標準切込み深さ，バックラッシなどを記入する．なお，熱処理に関する事項は，必要に応じてこの欄に記入する．

5.4 ばね製図

5.4.1 概　　説

ばね（spring）は弾性を利用して機械器具の運動や圧力の抑制，エネルギの蓄積，力の測定，振動や衝撃の緩和などいろいろの目的に使用され，その種類は極めて多い．

ばねは，主としてばね専門メーカーの手によって作られ，特別の場合を除いては，一般機械メーカーがばねを自製することはない．

ばねの形は，製作法あるいは加工機械によっておのずから決まってくるので，ばねの実形を忠実に描いても，ばねを作るうえからはほとんど役に立たない．ばねの製作に当たっては，ばねを作るうえで必要な諸条件を明示した要目表が大切である．このため，ばねの図面としては概略の形状が分かる程度の図形に，主要な外形寸法を入れる程度にとどめ，詳細は要目表で示す．この場合のばねの略図の描き方は，JIS B 0004 ばね製図で規定されている．

5.4.2 ばねの種類

ばねの種類は，多種多様であるが，JIS のばね製図では，圧縮コイルばね，引張コイルばね，ねじりコイルばね，重ね板ばね，竹の子ばね，うず巻きばねおよびさら（皿）ばねの7種類が規定されている．

（1）**コイルばね**

コイルばね（coil spring）は，断面が円形あるいは正方形，長方形のばね用線（ばね鋼線を主としてステンレス鋼やりん青銅も用いられる）を熱間あるいは冷間でら旋状に巻いて作る．

a） **圧縮コイルばね**（compression spring）　圧縮したときに発生するば

5.4 ばね製図

(a-1)　(a-2)　(a-3)　(a-4)　(a-5)　(a-6)　(a-7)　(a-8)　(a-9)

(a) 圧縮コイルばね

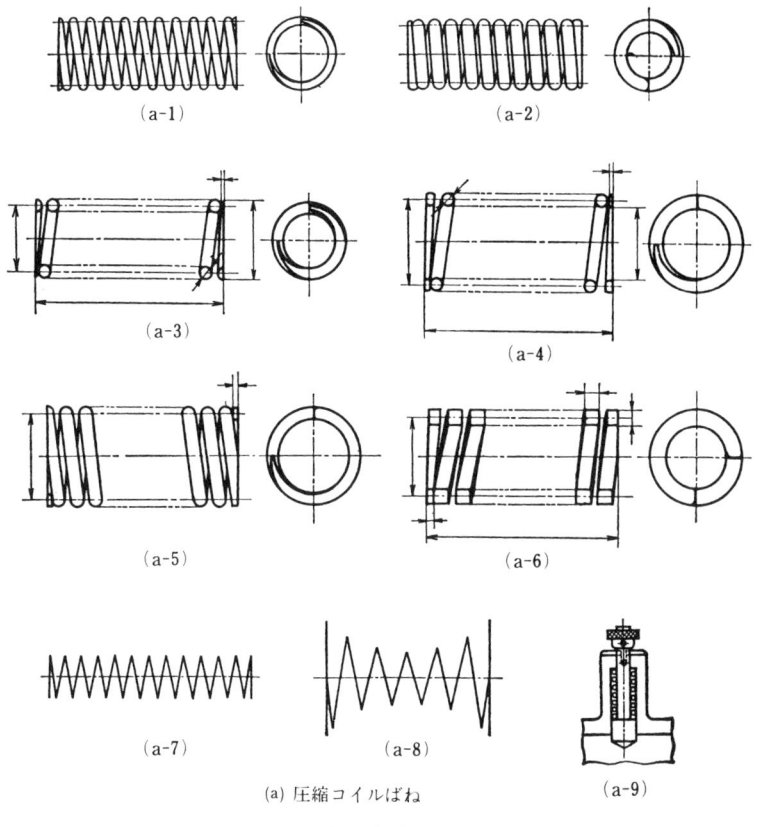

図 5.55(1)　各種ばねの略図

ねの力を利用するもので広い用途をもっている（**図 5.55**(a) 参照）．

　b）　**引張コイルばね**（tension spring）　引張ったときに発生するばねの力を利用するもので，一般に広く使われている（**図 5.55**(b)）．

　c）　**ねじりコイルばね**（torsion spring）　ねじりを受けたときに出るばねの力を利用するもので，前2者に比べれば用途は多少少ない（**図 5.55**(c) 参照）．

（2）　**重ね板ばね**（laminated spring）

　これは，帯状のばね板を何枚も重ね合わせて作ったもので，用途によりにないばね（bearing spring）（図 5.60 参照）と，まくらばね（bolster spring）

237

5章　主要な機械要素の製図および標準部品の呼び方

(b-1)　(b-2)　(b-3)

(b) 引張コイルばね

(c-1)　(c-2)

(c) ねじりコイルばね

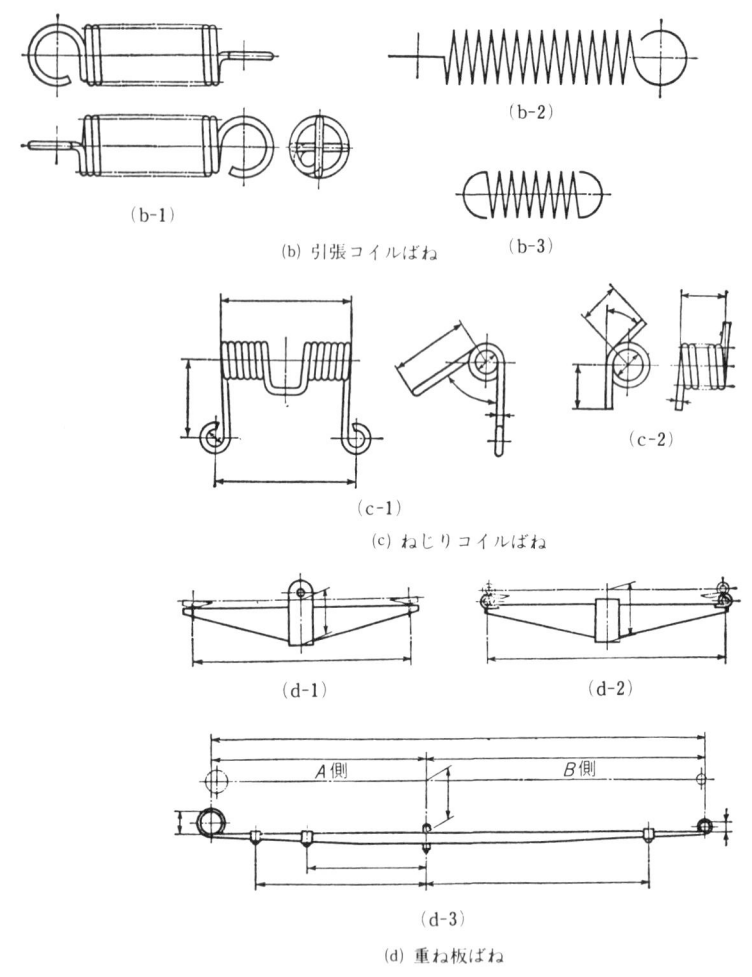

(d-1)　(d-2)

(d-3)

(d) 重ね板ばね

図 5.55(2)　各種ばねの略図(2)

などがあり，いずれも鉄道車両，自動車などの車体を支えて走行中の振動および衝撃を緩和するために用いられる（図5.55(d)参照）．

（3）竹の子ばね（volute spring）

これは，鋼帯を円すい状に巻いたもので，外観は竹の子状をしており，比較的小さな容量で大きな力を必要とする場合に用いられる（図5.61参照）．

238

5.4 ばね製図

(4) うず巻きばね（ぜんまいばね）（spiral spring）

これは，薄い帯状のばね鋼を1平面内でうず巻き状（spiral）に巻いて作ったものである．力を蓄積し，これを原動力として用いるもので，時計や蓄音器などに使用された（図5.62参照）．

(5) さらばね（initially coned disc spring；Bellville spring）

これは，底のない皿形をしたばねで（図5.63参照），荷重方向の比較的小さい空間で大きな負荷容量が得られること，並列（同一方向に重ねる）や直列（交互に向きを変えて重ねる）に組み合わせてさらに広範囲のばね特性が得られる．ただし，ばねの高さや板厚のわずかな製作誤差でばね特性が大きく変化するので，荷重公差を他のばねほど狭く押えることができない欠点がある．

5.4.3 ばねの図示

(1) 省略図の種類

a) **ばねのすべての部分を示した図**（図5.55(a-1)，(a-2)，**図5.55**，**図5.56**参照）．

b) **一部を省略して図示した図**（図5.55(a-3)，(a-4)，(a-5)，(a-6)，(b-1) 参照）．

c) **中心線を太い実線で示した図**（図5.55(a-7)，(a-8)，(b-2)，(b-3) 参照）．

d) **その他** 重ね板ばねの場合には，ばねの外形を実線で示す（図5.55(d)）．説明図用のコイルばねは，断面だけで表してもよい（図5.55(a-9)）．

(2) ばねを図示する場合の約束

(1) ばねを図示する場合のばねの状態は，

　a) コイルばね，竹の子ばね，うず巻きばね，およびさらばねの場合には無負荷状態とする．

　b) 重ね板ばねの場合には，ばね板が水平の状態を示す．

(2) 荷重と高さ（または長さ）あるいはたわみとの関係を示す必要がある場合には，線図または表で示す．コイルばねの場合は，線図で表すことが多いが，図5.56のようにする．

5章　主要な機械要素の製図および標準部品の呼び方

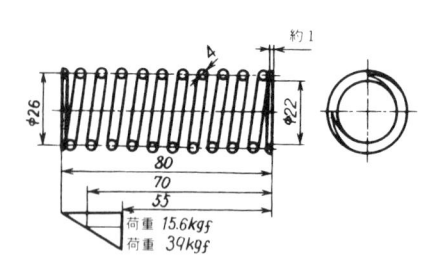

要　目　表

材　料		SWPA
材料ノ直径　　（mm）		4
コイル平均径　　（mm）		26
コイル内径　　（mm）		22±0.4
有効巻数		9.5
総巻数		11.5
巻方向		右
自由高サ　　（mm）		80
取付時	荷　重　（kgf）｛N｝	15.6±10%｛153±10%｝
	高　サ　（mm）	70
最大荷重時	荷　重　（kgf）｛N｝	39｛382｝
	高　サ　（mm）	55
バネ定数	（kgf/mm）｛N/mm｝	1.56｛15.3｝
表面処理	成形後ノ表面加工	ショットピーニング
	サビ止メ処理	MFZn II-C

図 5.56　圧縮コイルばねの図示法（その1）

(3) 図にことわりのないコイルばねと竹の子ばねは，すべて右巻きのものを表す．左巻きの場合は，"巻方向左"と記す．

(4) 図中に記入しにくいことは，一括して表に記入する．なお，表中の事項と図中に記入する事項は，重複しても差し支えない．表に記入する事項は，ばねの種類，ばねの図の種類と使用目的などによって異なる．

圧縮コイルばねについては，次に示す項目のうちから必要なものを選ぶ．すなわち，これらの項目としては，①材料，②材料の径，③コイルの平均直

5.4 ばね製図

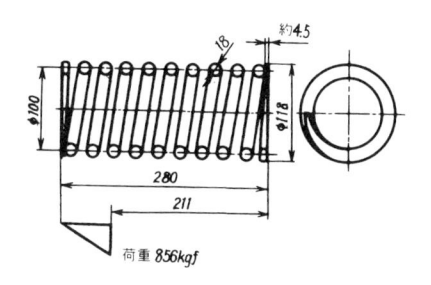

要目表

材料		SUP6
材料ノ直径	(mm)	18
コイル平均径	(mm)	100
コイル外径	(mm)	118±1.5
有効巻数		8.5
総巻数		10.5
巻方向		右
自由高サ	(mm)	280
常用	荷重 (kgf) {N}	856 {8 395}
	荷重時高さ (mm)	211±2
試験荷重	(kgf) {kN}	1 240 {12.16}
表面処理	材料ノ表面加工	研削
	成形後ノ表面加工	ショットピーニング
	サビ止メ処理	黒エナメル塗装

図 5.57 圧縮コイルばねの図示法 (その2)

径, ④コイルの内径と外径, ⑤自由巻き数 (コイルばねの総巻き数—両端の座巻き数), ⑥有効巻き数 (コイルばねにおいて, ばね定数の計算に用いる巻き数) ⑦座巻き数 (コイルの素線が互いに接触する部分で, ばねとしての作用はせず, ばねのすわりをよくする部分の巻き数), ⑧ピッチ, ⑨ばね定数 (ばねを1mm変形させるために必要な荷重kgf), ⑩巻き方向, ⑪自由高さ, ⑫取付け時の高さ, ⑬取付け時のたわみ, ⑭取付け時の荷重, ⑮最大試験荷重などがある.

(5) ばねの図示法は, JIS B 0004 ばね製図によるが, コイル部分は, ら旋

の投影となり，また，座に近接した部分は，ピッチおよび角度が連続的に変化するのを簡単に直線で表す．すなわち，ばねのすべての部分を図示する図においても，コイルの部分は，すべて同一傾斜状態で直線状に描く．

(3) コイルばねの図示法

(1) コイルばねの図に描き入れる中心線は，コイル全体に対するものと，コイルの平均直径を示す部分に入れる2本か3本だけで，傾斜している素線には，中心線を入れない．側面図には，水平と垂直に中心線を入れる（図5.56参照）．

(2) 圧縮コイルばねでは，巻き初めと巻き終わりを明らかにするために，①端面図をそえて平面部分を明示する．ただし，見えない側は示さない．②コイルの先端の厚さは，材料寸法の1/4を標準としてその厚さを記入する．③円形断面の素材をそのままの断面で巻いた後断面を仕上げた部分の形は，図5.56のように表し，その他は図5.57のように表す．

(3) 圧縮コイルばねを図に描くには，①コイル全体の中心線を引き，要目表の数値に従って，②コイル平均直径を示す中心線を引く．コイル端面（側面図）の位置を決め，④コイル先端の厚さを取り，これに接する素線の断面形を描く（有効巻き数が整数の場合には，先端厚さは中心線に対して同じ側に置き，0.5巻きが或る場合には，互いに反対の側に置く）．⑤次式によってコイルのピッチを計算して平均有効径上に等間隔にピッチを取っていく（最後だけは，ピッチが小さくなる）（以上**図 5.58** 参照）．

(a) 座巻き数1の場合　　　(b) 座巻き数1.5の場合

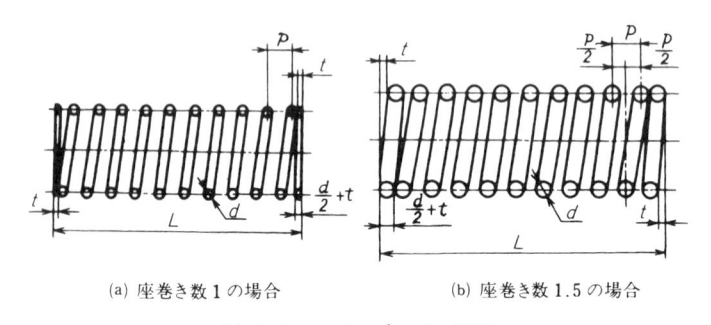

図 5.58　コイルピッチの計算

5.4 ばね製図

座巻き数＝1の場合には，$p = \dfrac{L-(d+2t)}{n}$

座巻き数＝1.5の場合には，$p = \dfrac{L-2(d+t)}{n}$

ここで，n＝有効巻き数，p＝コイルのピッチ mm，L＝コイルの自由高さ mm，t＝コイル＝先端の厚さ mm $(t ≒ \dfrac{1}{4}d)$

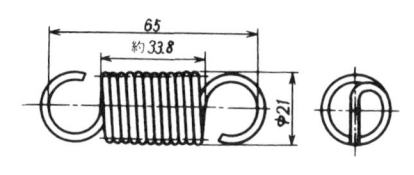

要 目 表

材　料		SWC
材料ノ直径	(mm)	2.6
コイル平均径	(mm)	18.4
コイル外径	(mm)	21±0.3
総巻数		12
巻方向		右
自由長サ	(mm)	65±1.6
初張力	(kgf) {N}	約4 {39}
ばね特性指定　指定長サ	(mm)	87
ばね特性指定　指定長サ時ノ荷重	(kgf) {N}	17.3 {169.7}
ばね特性指定　長サ75ト87ノ間デノバネ定数 (kgf/mm){N/mm}		0.61 {5.98}
ばね特性指定　指定長サ時ノ応力 (kgf/mm^2) {N/mm^2}		57 {559}
ばね特性指定　試験荷重	(kgf) {N}	22.5 {220.7}
ばね特性指定　試験荷重時ノ応力 (kgf/mm^2) {N/mm^2}		72.6 {712}
最大許容引張長サ	(mm)	95
フックノ形状		丸フック
サビ止メ処理		サビ止メ油塗布

備考：1) ソノ他ノ要求項目：＿＿＿＿＿＿＿＿＿＿
　　　2) 用途マタハ使用条件：＿＿＿＿＿＿＿＿＿＿

図 5.59　引張コイルばねの図示法

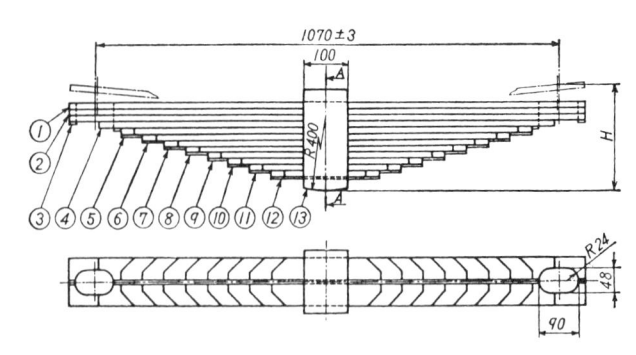

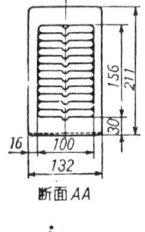

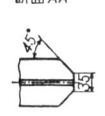

5章　主要な機械要素の製図および標準部品の呼び方

バネ板寸法 (JIS G 4801 甲種断面)

番　号	展開ノ長サ	厚　サ	幅
1	1200	13	100
2	1200		
3	1200		
4	1050		
5	950		
6	850		
7	750		
8	650		
9	550		
10	450		
11	350		
12	250		

番　号	名　称	材　料	個　数
13	胴締メ	S10C	1

要目表

	荷重 (kgf){kN}	高サ H (mm)	スパン (mm)
無荷重時	0 { 0 }	224	
常用荷重時	5 120 { 50.21}		
最大荷重時	5 840 { 57.27}	186±4	1070±3
試験荷重時	10 250 {100.52}		

図 5.60　重ね板ばねの図示法

244

5.4 ばね製図

以上のようにして，図示して寸法を記入し，これに要目表を付け加えたものを図5.56と図5.57に示す．

(4) 引張コイルばねにつき，上記と同様にして図示したものに寸法を記入し，要目表をつけ加えたものを**図 5.59** に例示する．

（4） 重ね板ばねの図示法

重ね板ばねは，一般にボルト，ナット，金具などとともに組み立てられた状態で描くが，これらの部品の詳細図は別に描き表すのがよい．

また，ばね板の寸法は，通常，規格化されているので，特に必要な場合だけ1枚のばね板の図を描き表すが，一般には組み立てられた状態で，その展開長を記入するにとどめる．

重ね板ばねは，原則としてばね板が水平の状態で描き，これに無負荷のときの状態を想像線で描き表す．なお，荷重時の状態で描き，寸法を記入する場合には，荷重を明記する．

以上によって図示した重ね板ばねに寸法を記入し，要目表を付けたものを**図 5.60** に示す．

（5） 竹の子ばねの図示法

竹の子ばねの図示法を**図 5.61**に示すが，図中(b)は，竹の子ばねの外形図を示すもので，主として組立図などで，ばねの形状を詳しく描く場合などに用いられ，寸法を記入しないのが普通である．

（6） うず巻きばねの図示法

うず巻きばねの図示法を図5.62に示す．同図(a)では，トルクを指定する必要上うず巻きばねの巻き心と外面取付けとの距離を示し，巻きしめの状態を一点鎖線で示してある．同図(b)は，ひげぜんまいばねを示すが，これは，うず巻きばねと異なり，アルキメデス線であることを示すために，板と板との間隔を等しく描き表してある．なお，ひげぜんまい

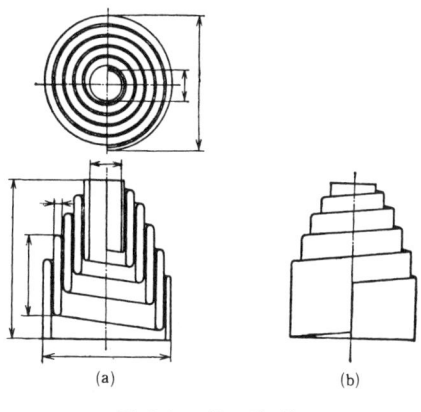

図 5.61 竹の子ばね

5章 主要な機械要素の製図および標準部品の呼び方

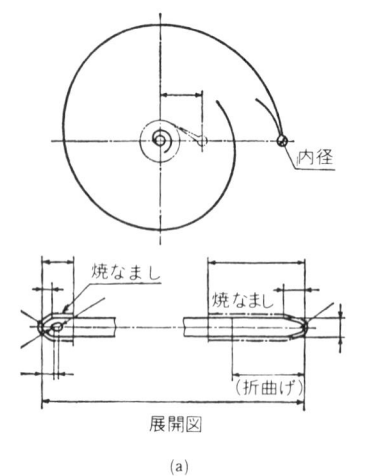

材　料	
幅×厚サ	
全　長	
1回モドシトルク	kgf·cm {N·cm}
回モドシトルク	kgf·cm {N·cm}
巻軸ノ径	
香箱ノ内径	
表面処理	材料ノ表面加工
	サビ止メ処理

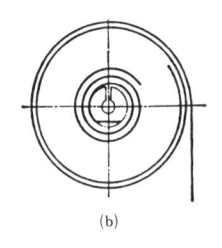

(a)

材　料	
幅×厚サ	
全　長	
ピッチ	
巻　数	

(b)

図 5.62　うず巻きばね

ばねとひげ玉との結合方法は，別に適宜に描くものとし，特にこの図では記入しない．

(7)　さらばねの図示法

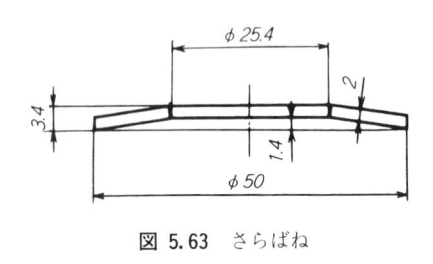

図 5.63　さらばね

材　料		SK5M
板　厚	(mm)	2
内　径	(mm)	25.4
外　径	(mm)	50
有効高サ	(mm)	1.4
総高サ	(mm)	3.4
取付荷重	(kgf){N}	233 {2 187}
取付高サ	(mm)	3

さらばねの図示法を**図 5.63** に示す.

5.5 転がり軸受の製図

5.5.1 概　　説

転がり軸受 (rolling bearing) を一般の機械メーカーが使用する場合には, 軸受の性質上自家製作とする例はほとんどなく, 専門メーカーの製品をそのまま使用するのが普通である. 転がり軸受の種類, 形式, 寸法などは, JISやメーカーのカタログによって標準化されているので, これらを使用する設計の場合には, 種類や形式の理解ができる程度の図示を行い, また, 呼び番号と等級番号などを表示すればよいことが多い.

5.5.2 転がり軸受の種類と規格

転がり軸受は, 軸受部に玉または, ころを入れて転がり接触させるようにしたもので, **図 5.64** に一例を示す. 面で接触するすべり軸受に比べると摩擦が少なく, 機械効率を著しく高めることができ, さらに軸方向の寸法が少なくてすむこと, 価格も適当であるなどのために広く使用されている.

転がり軸受	玉軸受	ラジアル玉軸受	深みぞ玉軸受	JIS B 1521
			アンギュラ玉軸受	JIS B 1522
			マグネト玉軸受	JIS B 1538
			自動調心玉軸受	JIS B 1523
		スラスト玉軸受	平面座スラスト玉軸受	JIS B 1532
			調心座スラスト玉軸受	
	ころ軸受	ラジアルころ軸受	円筒ころ軸受	JIS B 1533
			円すいころ軸受	JIS B 1534
			自動調心ころ軸受	JIS B 1535
			針状ころ軸受	JIS B 1536
		スラストころ軸受	スラスト自動調心ころ軸受	JIS B 1539

転がり軸受には, 玉を使った玉軸受 (ball bearing) と, ころを使ったころ軸受 (roller bearing) とがあるが, 玉やころの配列, 荷重の受け方によって前

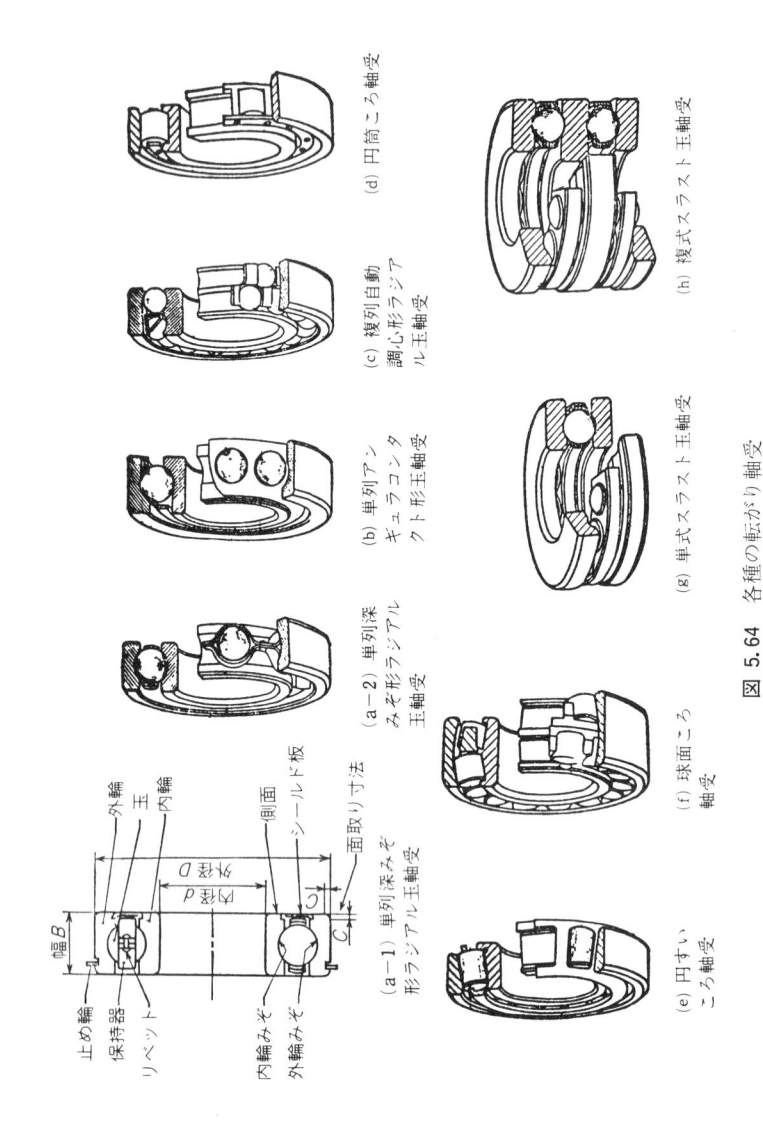

5章　主要な機械要素の製図および標準部品の呼び方

図 5.64　各種の転がり軸受

(a-1) 単列深みぞ形ラジアル玉軸受
(a-2) 単列深みぞ形ラジアル玉軸受
(b) 単列アンギュラコンタクト形玉軸受
(c) 複列自動調心形ラジアル玉軸受
(d) 円筒ころ軸受
(e) 円すいころ軸受
(f) 球面ころ軸受
(g) 単式スラスト玉軸受
(h) 複式スラスト玉軸受

記（p.247）のように分類されている．

5.5.3 転がり軸受の図示

転がり軸受を図示するには，JIS B 0005 により，**図 5.65** に示すような種類の略画方法が規定されており，使用目的によって選択使用する．

組立図などにおいて，転がり軸受の輪郭を描く場合は，隣接部との関係を示すためであることが多いので，略図であっても輪郭は正確に描き，特に隣接部分と接する位置にある面取りは，必ず描くようにする．これらの寸法は，前記の規格に定められている．

図 5.65 の略画方法の内容は，

(1) 転がり軸受の輪郭と内部構造の概略を図示するもの（1.2～1.21）
(2) 転がり軸受の輪郭と記号とを併記するもの（2.1～2.21）
(3) 系統図などで，転がり軸受であることを示すもの（3.1～3.16）

の3種類になっている．

以上のうち(1)については，**図 5.66** にその描き方を示す．図中のAおよびBの寸法は，前記の各規格，あるいは，軸受メーカーのカタログに示されているものである．

図 5.67 は，(3)についての応用例を示す．

以上のほか，規格に定められた転がり軸受の呼び番号と等級番号を表示するには，**図 5.68** に示すように引出線を用いて記入する．この場合の転がり軸受の図示法は，前記の略画法のうちの(1)か(2)によるが，単に転がり軸受であることを示せばよい場合には，同図(c)のように＋記号を玉やころの位置に描いておけばよい．

5.5.4 転がり軸受の呼び番号の概要

転がり軸受の呼び番号は，JIS B 1513 で定められており，基本番号と補助記号から成り立っている（**表 5.8**）．補助記号は，基本記号で表せない詳細な軸受の仕様を示す．表 5.8 中の接触角記号と補助記号については，該当するものだけを書いて，該当しないものは省略する．

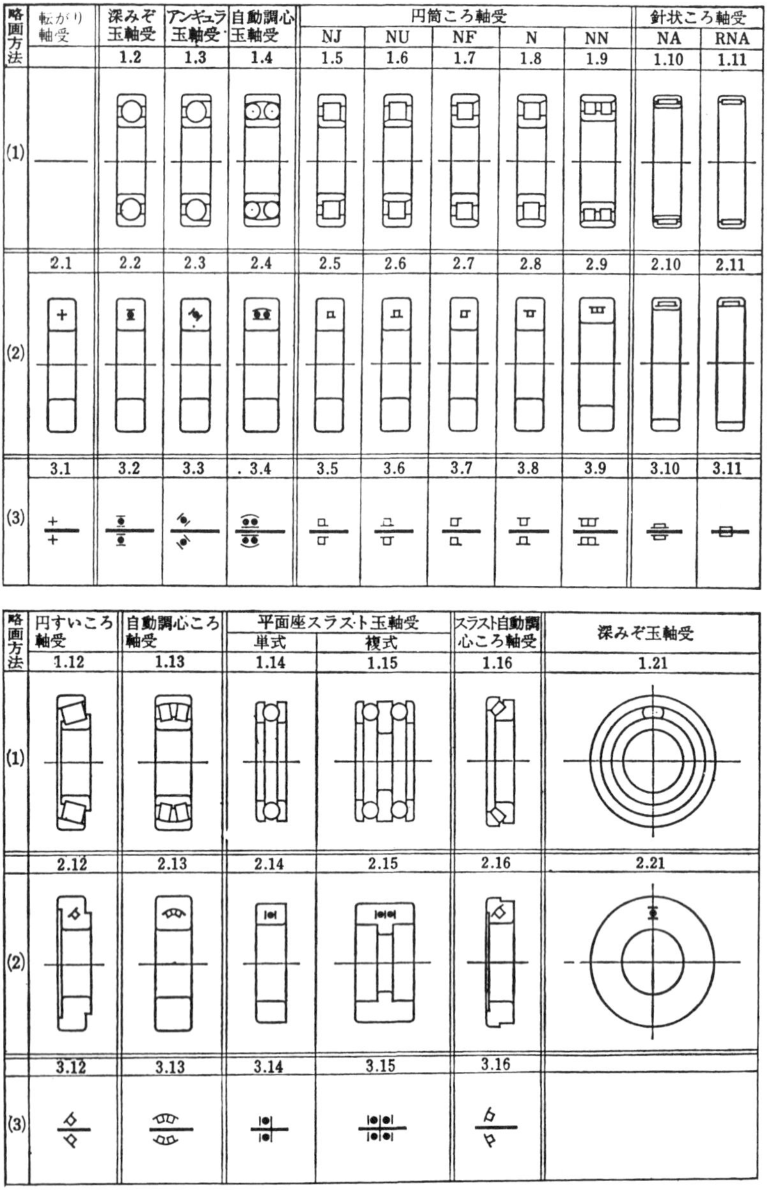

5章 主要な機械要素の製図および標準部品の呼び方

略画方法	転がり軸受	深みぞ玉軸受	アンギュラ玉軸受	自動調心玉軸受	円筒ころ軸受 NJ	NU	NF	N	NN	針状ころ軸受 NA	RNA
		1.2	1.3	1.4	1.5	1.6	1.7	1.8	1.9	1.10	1.11
(1)											
	2.1	2.2	2.3	2.4	2.5	2.6	2.7	2.8	2.9	2.10	2.11
(2)											
	3.1	3.2	3.3	3.4	3.5	3.6	3.7	3.8	3.9	3.10	3.11
(3)											

略画方法	円すいころ軸受	自動調心ころ軸受	平面座スラスト玉軸受 単式	複式	スラスト自動調心ころ軸受	深みぞ玉軸受
	1.12	1.13	1.14	1.15	1.16	1.21
(1)						
	2.12	2.13	2.14	2.15	2.16	2.21
(2)						
	3.12	3.13	3.14	3.15	3.16	
(3)						

図 5.65 転がり軸受略画法

5.5 転がり軸受の製図

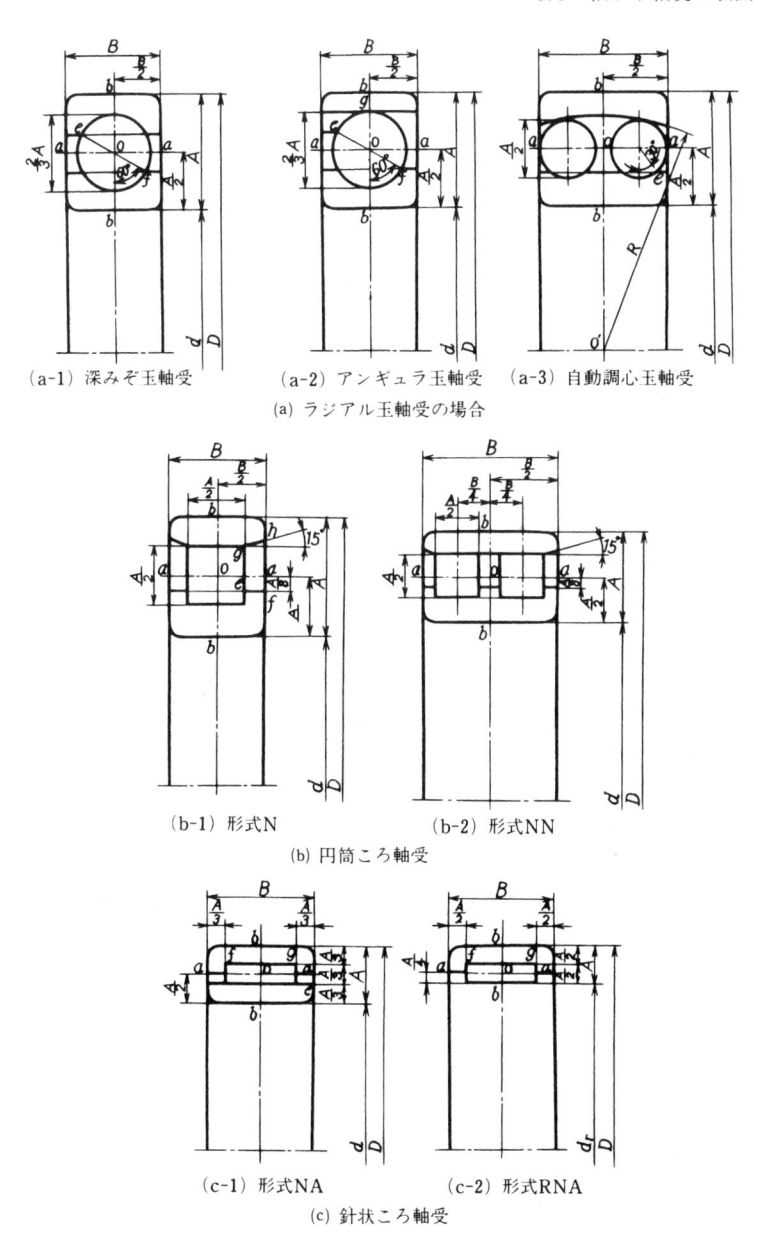

(a-1) 深みぞ玉軸受　　(a-2) アンギュラ玉軸受　　(a-3) 自動調心玉軸受
(a) ラジアル玉軸受の場合

(b-1) 形式N　　(b-2) 形式NN
(b) 円筒ころ軸受

(c-1) 形式NA　　(c-2) 形式RNA
(c) 針状ころ軸受

図 5.66(1)　略画方法(1)による転がり軸受の画法

5章　主要な機械要素の製図および標準部品の呼び方

(d) 円すいころ軸受

(e) 自動調心ころ軸受

(f) 単式スラスト玉軸受

(g) 複式スラスト玉軸受

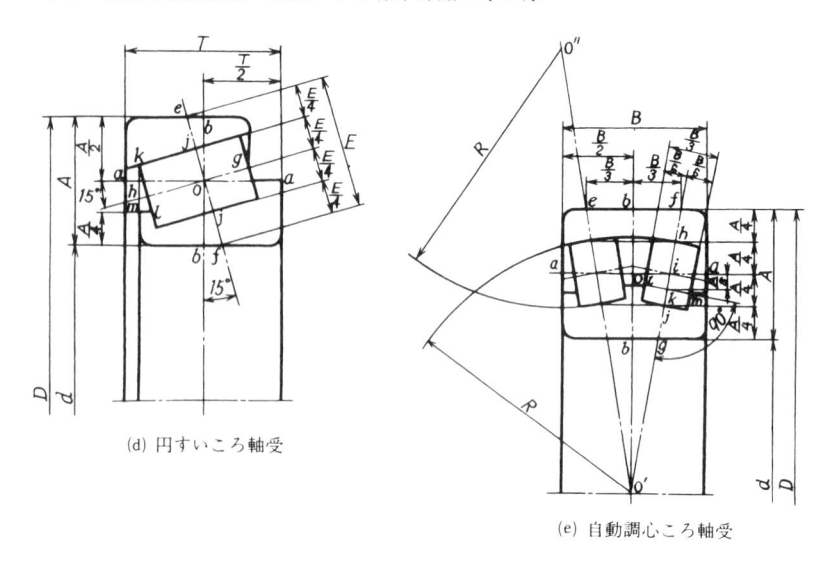

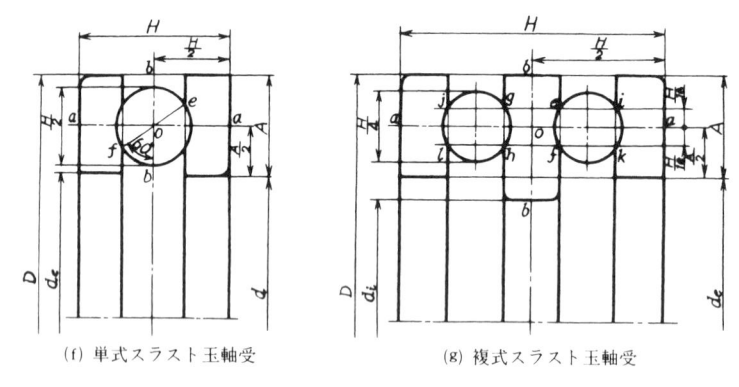

図 5.66(2)　略画方法(1)による転がり軸受の画法

(1) 軸受系列記号

軸受の形式を示す英字や数字と寸法系列を示す数字を組み合わせたものである．寸法系列は，同じ軸受内径についても軸受の幅または高さを示す1桁の数字と，軸受の外径を示す1桁の数字とを組み合わせたものである（詳細

252

5.5 転がり軸受の製図

(h) スラスト自動調心ころ軸受

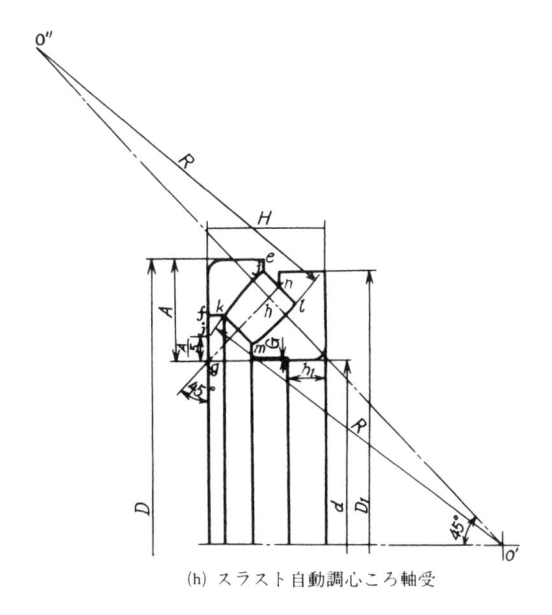

図 5.66(3) 略画方法(1)による転がり軸受の画法

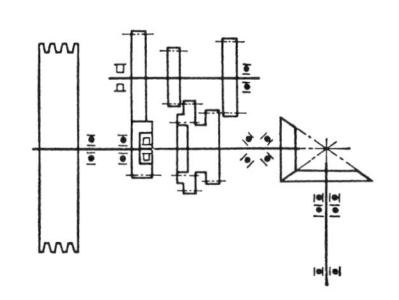

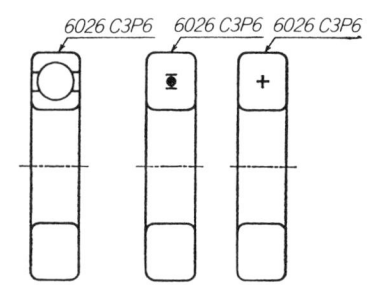

図 5.67 系統図の例　　図 5.68 呼び番号および等級記号の記入法

表 5.8 転がり軸受の呼び番号の配列

基本番号		補　助　記　号					等級記号
軸受系列記号	内径番号	接触角記号	保持器記号	シール記号又はシールド記号	軌道輪形状記号	組合わせ記号	すきま記号

は，JIS B 1513 参照のこと)．

(a) 内径番号

軸受の内径を示すもので，内径が 20～480 mm では，内径の寸法を5で割った2桁の数字である．

(b) 接触角記号

軸受で内外輪と転動体との接点での法線と軸受のラジアル方向とのなす角

253

を接触角といい，単列アンギュラ玉軸受の場合，この角度が 10°〜22°の場合を記号 C，22°〜32°（通常 30°）の場合を記号 A，32°〜45°（通常 40°）の場合を記号 B で表す（記号 A の場合は省略してもよい）．

(c) 補助記号

保持器の有無，シールあるいはシールドの内容，軌道輪の形状，複数の軸受を組み合わせる場合の配置，軸受のすきまおよび精度等級を表す．

(2) 呼び番号の例

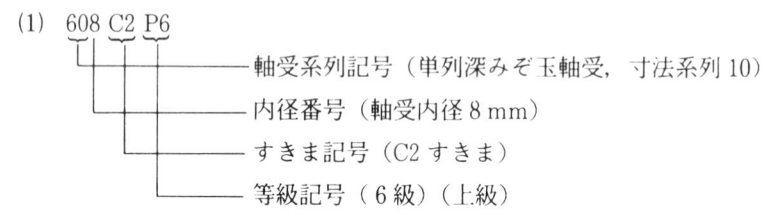

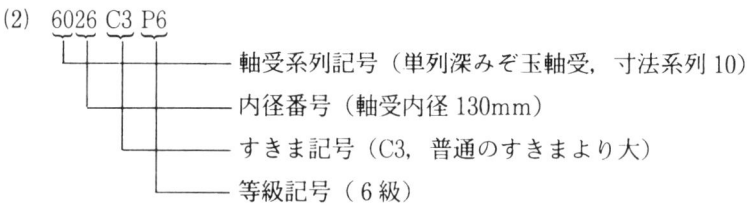

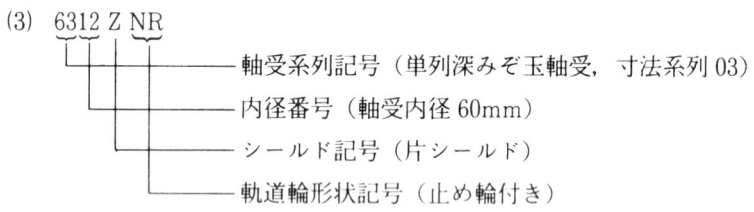

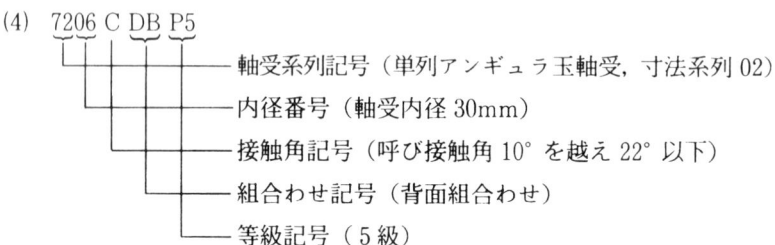

(1) 608 C2 P6
 ― 軸受系列記号（単列深みぞ玉軸受，寸法系列 10）
 ― 内径番号（軸受内径 8 mm）
 ― すきま記号（C2 すきま）
 ― 等級記号（6 級）（上級）

(2) 6026 C3 P6
 ― 軸受系列記号（単列深みぞ玉軸受，寸法系列 10）
 ― 内径番号（軸受内径 130mm）
 ― すきま記号（C3，普通のすきまより大）
 ― 等級記号（6 級）

(3) 6312 Z NR
 ― 軸受系列記号（単列深みぞ玉軸受，寸法系列 03）
 ― 内径番号（軸受内径 60mm）
 ― シールド記号（片シールド）
 ― 軌道輪形状記号（止め輪付き）

(4) 7206 C DB P5
 ― 軸受系列記号（単列アンギュラ玉軸受，寸法系列 02）
 ― 内径番号（軸受内径 30mm）
 ― 接触角記号（呼び接触角 10°を越え 22°以下）
 ― 組合わせ記号（背面組合わせ）
 ― 等級記号（5 級）

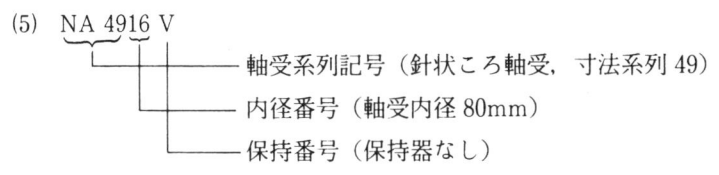

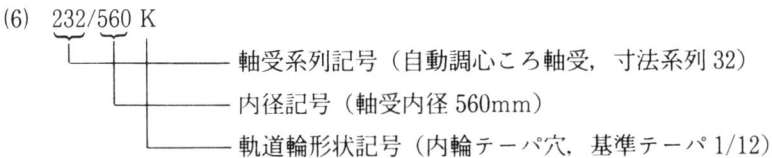

(5) NA 4916 V
　　　└─┬─┘ └── 軸受系列記号（針状ころ軸受，寸法系列 49）
　　　　│ └──── 内径番号（軸受内径 80mm）
　　　　└────── 保持番号（保持器なし）

(6) 232/560 K
　　　└─┬─┘ └── 軸受系列記号（自動調心ころ軸受，寸法系列 32）
　　　　│ └──── 内径記号（軸受内径 560mm）
　　　　└────── 軌道輪形状記号（内輪テーパ穴，基準テーパ 1/12）

5.6 標準部品の呼び方

5.6.1 部品と部品欄における標準部品の取扱い

ここでいう標準部品とは，ボルト，ナット，小ねじ，座金，割りピン，テーパピンなどで，どの機械にも共通に使えるものを指す．このような部品は，一々部品図に描いて示すことをしないでも，その部品の呼び方を決めておいて，間違いなくそれを使えるようにしてあればよいわけで，多くの工場では，このような取扱いをしている．このような場合には，組立図中の標準部品に部品番号を付けるだけで，その部品の図面は，改めて作らないのが普通である．ただし部品欄には，後述のような呼び方で示し，材質も記入する．

標準部品の呼び方は，JIS に制定されているものについては，それに従うが，JIS にないものでも工場規格を作り，それに従って運用することができる．

5.6.2 標準部品の呼び方

呼び方とは，部品を図示しないで，その部品の種別，寸法，材質などを区別する表し方をいうが，図面の場合には，材質は別に部品欄の材質欄に記入するようになっているので，この場合の呼び方では材質を外す．

JIS に規定されている標準部品の主要なものについて，呼び方とその例および関連規格を示すと**表 5.9** のようになる．

5章 主要な機械要素の製図および標準部品の呼び方

表 5.9 標準部品の呼び方

区分	部品名	呼び方及び例							
		規格番号又は規格名称	種類	仕上げ程度[5]	呼び×長さ	ねじの等級	強度区分	材料	指定事項
ボルト類	六角ボルト	JIS B 1180	六角ボルト[1]	上	M8×40	-6g[7]	8.8[9]		MFZnⅡ-C[11)]
			六角ボルト[2]	中	M42×150	-6g		S 20 C	s=70[12]
			小形六角ボルト[3]	上	M12×1.25[6]×30	-6g	A2-70[10]	性状区分	
			六角ボルト[4]	上	M3×20	-2[8]	(性状区分)	C 2700	
		1) M39以下の鋼ボルトの場合 6) ピッチ 10) A 2：オーステナイト								
		2) M42以上の鋼ボルトの場合 7) 表5.3参照 70≒700 N								
		3) ステンレスボルトの場合 8) 2級（表5.3参照） 11) 電気亜鉛メッキ2種2級有								
		4) 黄銅ボルトの場合 9) 8≒800 N．8＝降伏点 色クロメート（厚さ5μm以上）								
		5) ISOによらない仕上程度 が引張り強度の0.8倍 12) 2面幅								
	四角ボルト	JIS B 1182	四角ボルト	中	M8×40(30)[1]	-8g	-4.8		
			四角ボルト	上	M5×20	-6g	-4T[2]		
			大形四角ボルト	並	M10×50	-8g	-4.6		（丸先）
		1) （ ）内はねじ部長さ 2) 4≒40kgf/㎟．T：引張り強さ								
	六角穴付きボルト	JIS B 1176	六角穴付きボルト		M6×20		10.9		
					M42×100	-6g		SCM 3	（ローレットなし）
	部品名	規格番号又は規格名称	呼び径×ℓ	強度区分	植込み側のピッチ系列	bm[1]の種別	ナット側のピッチ系列		指定事項
	植込みボルト	JIS B 1173	4×20	4.8	並	2 種	並		
			12×40	4 T	並	2 種	細		MFZnⅡ-C
		1) 植込み長さの種別（JIS B 1173参照）								
ナット類	部品名	規格番号又は規格名称	種類	形状の区別[6]	仕上げ程度[7]	ねじの呼び	ねじの等級	強度区分	材料	指定事項
	六角ナット	JIS B 1181	六角ナット[1]	2 種	上	M8	-6H	-4T		
		JIS B 1181	小形六角ナット[2]	3 種	上	M8	-6H		S 12 C	(MFZnⅡ-C)
			六角ナット[3]	4 種	並	M42	-7H		SS 41	(m=42)[9]
			六角ナット[4]	1 種	上	M10×1.25	-6H	-A-50[8]	状区分)	
			六角ナット[5]	2 種	上	M3	-6H	(性状区分)	C 2700	
		1) 3種を除くM39以下の鋼ナットの場合 6) JIS B 1181 参照のこと								
		2) 3種鋼ナットの場合 7) ISOによらない仕上程度								
		3) M42以上の鋼ナットの場合 8) A：オーステナイト，50：ナットの保								
		4) ステンレスナットでJIS B 1054を適用した場合 証荷重＝500 Nの $\frac{1}{10}$								
		5) 黄銅ナットの場合 9) m：ナットの高さ								
	六角袋ナット	JIS B 1183	六角袋ナット	3 形		M10		-5 T		MFZnⅡ-C
			小形六角袋ナット	1 形		M12			C 2700	

5.6 標準部品の呼び方

区分	部品名	規格番号又は規格名称	種類	部品等級	$d \times l$	強度区分	材料	指定事項
小ねじ類	すりわり付き小ねじ	JIS B 1101	なべ小ねじ[1]	A	M3×12	4.8		MFZnⅡ-C
			皿小ねじ[2]	A	M5×16	A2-50（性状区分）		
			丸皿小ねじ[3]	A	M6×20		C 2700	平先
		1) 鋼小ねじの場合，2) ステンレス小ねじの場合，3) 非鉄金属小ねじの場合							
	十字穴付き小ねじ	JIS B 1111	なべ小ねじ[1]	A	M3×12	4.8-H		MFZnⅡ-C
			皿小ねじ[2]	A	M5×16	A2-50-H（性状区分）		
			丸皿小ねじ[3]	A	M6×20	-Z	C 2700	
		1) 鋼小ねじの場合，2) ステンレス小ねじの場合，3) 非鉄金属小ねじの場合							
						ねじ等級		
	すりわり付き止めねじ	JIS B 1117	とがり先		M6×12	-6g（ねじ等級）	-22H	MFZnⅡ-C
			棒先		M8×20		-A1-50	
			平先		M10×25	-2級	S12C（滲炭）	
	四角止めねじ	JIS B 1118	とがり先		M6×12	-6g	-22H	MFZnⅡ-C
			棒先		M8×20		-A1-50	
			平先		M10×25	-2級	S12C	
	六角穴付き止めねじ	JIS B 1177	とがり先		M6×12	-5g,-6g	45H[1]	MFZnⅡ-C
			平		M8×20	-2級	45H	
			棒				A2-70	

1) ビッカース硬さ450HV

区分	部品名	規格番号又は規格名称	種類（又はその記号）	呼び径×外径×厚さ	硬さ区分	材料	指定事項
座金	平座金	JIS B 1256	小形丸	6		C2801P	ニッケルめっき外形面取り形
		JIS B 1256	みがき丸	12			
		平座金	大形丸	16×6			
		平座金	並丸	10×28×5			
	ばね座金	JIS B 1251	2号	8		S	MFZnⅡ
		ばね座金	2号	12		SUS	
				呼び径×長さ			
ピン類	割りピン	JIS B 1351		2×20		SWRM10	
		割りピン		2×20		黄銅	とがり先
	テーパピン	JIS B 1352	A種	6×30		S45C-Q[1]	φ6 f 8
		テーパピン	B種	6×30		St[2]	りん酸塩被膜
	平行ピン	JIS B 1354	A種	6×30		S45C-Q[1]	りん酸塩被膜
		平行ピン	B種	6×30		St[2]	

1) Q：焼入れ焼戻し
2) St：熱処理しない鋼ピン材料

5章 主要な機械要素の製図および標準部品の呼び方

区分	部品名	規格番号又は規格名称	種類	$d \times l$	材料	指定項目
				呼び方及び例		
	冷間成形リベット	JIS B 1213	丸リベット 冷間なべリベット	6 × 18 3 × 18	SWRM10 銅	先付け
	熱間成形リベット	JIS B 1214	丸リベット 熱間さらリベット ボイラ用丸リベット	16 × 40 20 × 50 13 × 30	SV34 SV34 SV41B	
キー	沈みキー	JIS B 1301	平行キー 平行キー こう配キー 頭付きこう配キー	呼び寸法×長さ 12 × 8 × 50 25 × 14 × 90 16 × 10 × 56 20 × 12 × 70	端部の形状　材料 　 両 丸　S20C-D 　　　　S45C-D 　　　　SF55	
	半月キー	JIS B 1302 JIS B 1302	A種 B種 半月キー A種 半月キー B種	3 × 16 5 × 22 3 × 16 5 × 22	S45C-D S45C S20C-D	
	滑りキー	JIS B 1303 JIS B 1303	滑りキー		S45C-D SF55	

区分	部品名	規格番号	種類	呼び径		種類	規格名称	呼び径
				呼び方及び例				
止め輪	C形止め輪	JIS B 2804	軸用	50	又は	軸用	C形止め輪	50
	E形止め輪	JIS B 2805		8			E形止め輪	8
	C形同心止め輪	JIS B 2806	軸用	50		軸用	C形同心止め輪	50

注) JISの呼び方は指定事項の前に材料を記入することになっているが，図面では，部品欄に材料を記入するので，この場合には省略する。

6章 検　　図

6.1　検図の意義

　諸論にも述べたように，図面は，機械工業の原動力となるものであるから，一度配布された図面には，設計者以外これに改変を加えることを許されないほど権威のあるものである．もとより，配布された後での訂正や設計変更は，設計者の考え，関係者の意見，要求などに基づいて，担当設計者によって行われることは，普通にあることである．これは，決して好ましいことではないが，ある程度はやむをえない．これに対して，製図上のミスは，性質が全く違い，生産にも悪影響を及ぼす重大なことであり，絶対に許されない．したがって，完成した図面に対しては，製図者が自分で十分に誤りをチェックすべきであることはいうまでもないが，同時に，必ず第三者の検図者にチェックしてもらい，表題欄の検図欄に検印を受けなければならず，工場としては，検印のない図面を配布することはできない．図面関係者は，検図の重要性を深く認識するとともに，十分に責任をもって製図上のミスは絶対に起こさない覚悟でことに当たる必要がある．これには，チェックリストの確立など，検図方法の合理化と組織化が重要なこととなる．

6.2　検図方法の一例

　検図方法の一例を項目別に示すと次のようになる．
　(1)　図面全体について
　(1)　用紙の大きさは，規格に合っているか．
　(2)　線は十分に濃く，図は明瞭で読みやすいか．

(2) 図形について

(1) 尺度は，すべての細部をはっきり示す程度にしてあるか．
(2) 図形は，部品の形を完全に表しているか．すなわち，投影法は正しいか．必要な投影図と断面図を備えているか．矢視は正しいか．
(3) 図形の配置と選定は正しいか．
(4) 不必要な図はないか．
(5) 図形は，正しい寸法で描かれているか（次の寸法とも関連するが，スケールで大体の寸法を当たりながらチェックするとよい）．

(3) 寸法と注記について

(1) 寸法は，正しく記入されているか．すなわち，寸法の記入数値に誤りや矛盾はないか．文字の向きは正しいか．部品図についてだけでなく，他の関連部品との関係寸法についてもチェックすること．
(2) 重複寸法や不足寸法はないか．
(3) 寸法線，文字，数字などに不明確や薄いところはないか．
(4) 寸法の指示個所は明確か．
(5) 寸法の許容限界は，必要な個所に漏れなく記入されているか．
(6) 寸法の許容限界の指示は，実際的で，組立や機械の作動に適当か．
(7) タップ穴，ねじ，ドリル，リーマ，スプライン，キーみぞ，面取り，逃げ，センタなどに関する注記は適当か．
(8) 表面性状の指示記号は，適当か．また，不必要な個所に対して仕上げが要求されていないか．
(9) 脱字や誤字，間違いやすい書き方はないか．

(4) 表題欄と部品欄その他について

(1) 名称，図面番号，部品番号などは正しいか．
(2) 投影法や尺度の指示は，図形と一致しているか．
(3) 作製年月日，設計者サイン，製図者のサインは，記入されているか．
(4) 寸法の一般許容限界の記入は適当か．
(5) 使用材料は，材料規格に従って正しく記入されているか．
(6) 表面処理を要するものに対する指示は適当か．
(7) 物理的性質の検査，あるいは，磁粉検査などの特別指示事項は，適当

に指示されているか．
(8) 所要個数の指示は正しいか．
(9) 標準部品に対する指示は適当か．
(10) その他，必要事項への記入漏れや脱字はないか．
(11) 不必要な項目は，抹消してあるか．

（5） その他の事項について

(1) 設計に関して，部品の形は，木型および鍛造型の製作が容易であるように考えられてあるか．機械加工は，容易であるか．原価を高くするような要素はないか．
(2) 類似な設計と比較して改善されているか．
(3) いままでに作られている部品と重複していないか．また，流用は，考えられないか．
(4) 材料取りに問題はないか．

以上は，主として部品図を対象としたものであるが，組立図については，さらに，

(1) 性能は，設計仕様書の要求を満足すると判断されるか．
(2) 作動部分が他に当たることはないか．
(3) 組立，分解は，容易であろうか．
(4) 回転方向に誤りはないか．
(5) 軸方向や半径方向の荷重の受け方は適正か．
(6) 給油方法は適正か．
(7) 保守，点検性は十分考慮されているか．
(8) 据付けや運搬について十分考慮されているか．
(9) 主要寸法が記入されているか．
(10) 運転操作は簡単で，安全性は確保されているか．
(11) 廃棄時は環境に負荷をかけないか，さらにリサイクルにも配慮されているか．

などについて検討する必要がある．

7章　製図に関する工作法の要点

7.1　概　　説

　機械図面は，機械を製作する場合の最も基礎となるものであるが，その機械は，材質と形がさまざまな部品を多数組み合わせて作られる．このため，優れた機械製図を行うには，機械部品用材料の材質について十分な理解を持つと同時に，形については，強度や取扱いの点について考慮する必要がある．また，形を作り出すための材料や素材とそれらに対する加工法，その際の寸法精度についても十分に心得ている必要がある．

7.2　機械部品の形状

　機械を構成する各部品には，機械が必要とする機能を果たすために，適当な大きさや形，強度が与えられており，しかも，不要な肉はできるだけ除いて軽量化が図られるが，これは価格の低減，容易な取扱いにも寄与する．機械部品を作るための原材料として普通一般に手に入るものは，棒材，型材，管材，板材などの材料と呼ばれるものであるが，複雑な形をした機械部品をこれらだけから作ろうとすると，機能上だけでなく，能率的にも経済的にも有利でない場合がしばしば起こる．このような場合に用いられるものが，その部品専用に用意される鋳造品や鍛造品で，これを一般に素材といっている．

　これらの素材や材料に機械加工やプレス加工その他を加えて形を整えたものが機械部品である．なお，機械加工は，素材や材料の全面に対して施されるものではなく，必要最小限にとどめられるものである．以上により，機械部品の形には，

　(1) 鋳造によって作り出される形．

7章 製図に関する工作法の要点

(2) 鍛造によって作り出される形.
(3) 機械加工によって作り出される形.
(4) プレス加工によって作り出される形.
(5) 溶接作業によって作り出される形.

などがあることになる．このため，製図で図形を描く場合には，その部品がどのような加工法によって形作られるものであるかを心得ている必要がある．もし仮に，加工法を無視した形を描いたとすると，それは，極めて不経済なもの，あるいは，実現困難，極端な場合には，実現不可能なものとなり，いずれにしても生産的でないことになる．すなわち，部品の形が上述のいずれの方法で作られるにしても，各作業が生産的に行われ，しかも，でき上がったものは，機械部品として十分機能を発揮できるような形になっていなければならない．

本章においては，便宜上鋳造，鍛造および機械加工による成形に関する要点について触れておく．

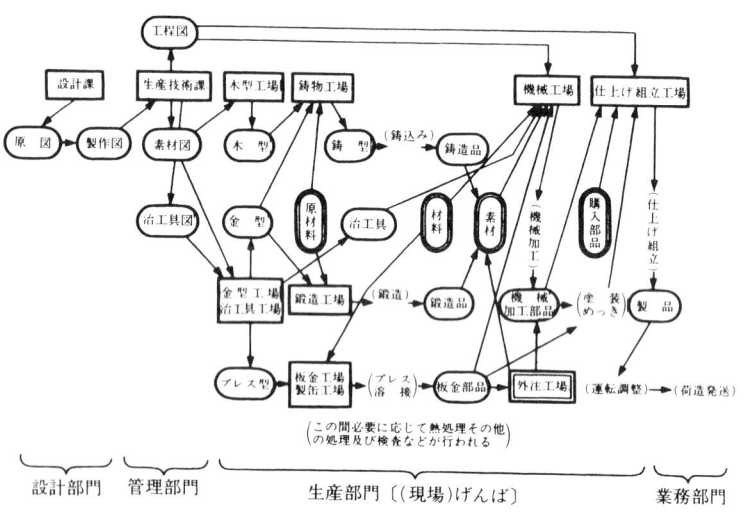

注) 原材料：材料や素材を作るためのもととなる材料(ビレットなど).
　　材　料：棒材，板材，型材などをいう.
　　素　材：鋳鍛造などにより，その部品専用の形に作られた材料.

図 7.1　製作工程概略図

264

7.3 機械部品の製作工程の概略

設計部門で作製された製作図に基づいて，機械製作に対するすべての手配が行われるが，品物でができ上がるまでの工場内における製作工程を図7.1に略示する．これにより品物の製作工程の概略が分かるとともに，図面と各作業の関係の概要を知ることができよう．

7.4 鋳造部品の形状に関する要点

鋳造部品は，形状が複雑で他の方法では得にくいような部品を作る場合に用いられるものである．鋳造部品の形状を決める場合の要点といわれることを"鋳鉄，鋼鋳物の設計資料"（日本機械学会誌 61, 477）から引用すると次のようである．

7.4.1 型込めが容易であるような形とする

(1) 鋳型の分割面は，1平面であることが望ましく，できるだけ凹凸を避ける必要がある．

(2) 中子は，できるだけ使わないですむような形にするが，やむをえない場合には，数が少なくてすむようにし，また，中子の位置が狂わないようにする（図7.2）．

(3) 残し置き形（置いてこい）（ルーズピース）は，砂型を破損しやすく，位置も狂いやすいので，できるだけこれを使わなくてもすむような形にすることが望ましいが，やむをえず設ける場合には，その抜取りが簡単にできるようにする．

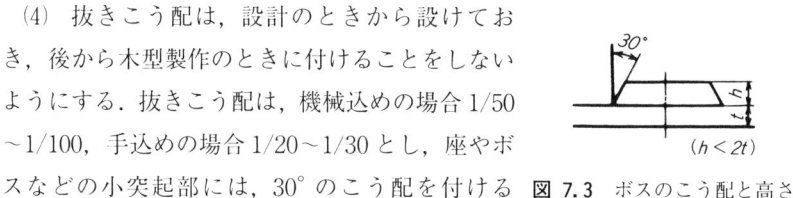

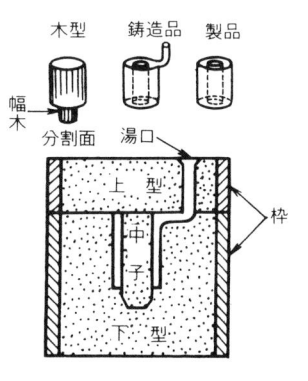

(4) 抜きこう配は，設計のときから設けておき，後から木型製作のときに付けることをしないようにする．抜きこう配は，機械込めの場合 1/50〜1/100，手込めの場合 1/20〜1/30 とし，座やボスなどの小突起部には，30°のこう配を付ける

図 7.2 鋳造法—合わせ枠法（中子を用いた例）

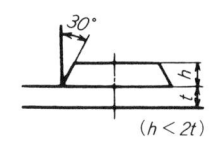

図 7.3 ボスのこう配と高さ

(図7.3).

(5) 型込めの際の狂いによる寸法差の誤差の補正しろを付けておくこと(図7.4).

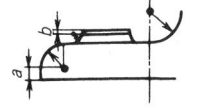

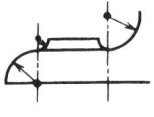

(a) 良 (a, b は補正しろ)　(b) 不良 (半径過大)　(c) 不良 (極限半径)

図7.4　半径寸法の取り方

(6) 型込めの点からくる寸法の限度標準の一例を表7.1に示す.

表7.1　型込めに対する寸法の限度標準

穴の種類	最小径又は厚さ mm	肉厚に制限される径又は厚さ d	長さ L
貫通穴	10	$\geqq T$	$\leqq 5d$
盲穴	10	$\geqq T$	$\leqq 3d$

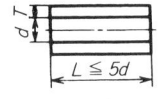

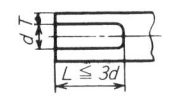

7.4.2　鋳造容易な形とする

(1) 冷却速度が一様になるような形とするため,肉厚は,できるだけ均一にし,やむをえないとき以外は,肉厚の急変は避けるようにする(図7.5).

(2) 広い平面を避けるようにする.やむをえないときには,リブ,凹凸,穴などを設ける(これらは,強度の点からも必要なことである).

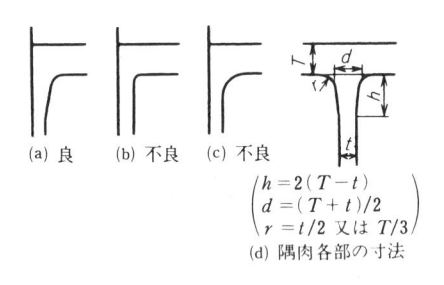

(a) 良　(b) 不良　(c) 不良

$$\begin{pmatrix} h = 2(T-t) \\ d = (T+t)/2 \\ r = t/2 \text{ 又は } T/3 \end{pmatrix}$$

(d) 隅肉各部の寸法

図7.5　肉厚変化の付け方

(3) 密閉構造を避け,一方を完全に開放した形として,砂落としや手入れを容易にする.

(4) 肉厚の最小寸法については,鋳造技術者と相談して決め,薄めすぎないようにする.表7.2は,最小肉厚に対する一つの目安である.

(5) 鋳造応力を避けるよう,隅肉(fillet)には,十分の丸味(R)を付ける.これにより,湯流れも良好になる.また,引張り応力を生ずる個所では,直

表 7.2 鋳造品の最小肉厚

形状 材種	大きさ	簡単なもの			普通のもの		
		小型	中型	大型	小型	中型	大型
鋳	鉄	3	4	7	3.5	5	8
鋳	鋼	3.5	4	7	4	6	8
青	銅	2.5	4	6	2.5	4	7
軽 合	金	2	4	7	2	4	7

線部を湾曲させたり（ベルト車やハンドル車などのスポークが細い場合），リブを付けて補強する．

(6) 鋳物を一体とせずに分割して健全なものを作り，後でボルト締め，あるいは，溶接などによって一体化を図る．

7.4.3 機械加工が容易な形とする

(1) 仕上げ面は，なるべく1方向に集めて，加工に便利なようにする．なお，この際できる限り同一平面とする．

(2) 機械加工のための加工基準面を鋳物部品の一部に設けておくが，これには，鋳物作業を十分に理解して，狂いの生じない面を選ぶようにする．

(3) 座のためのボスをあらかじめ盛り上げておくなど，加工しろを見込んでおく（図7.3参照）．

(4) 鋳物の一体化を考えること．これは，前述の7.4.2の(6)とは反対の事がらであるが，他に差し支えのない限り，鋳物は一体化して，機械加工や組立の手間を省くように考える．

7.4.4 その他の事項

(1) 形状の簡単化を図って木型の製作を容易，正確になるようにする．
(2) 重量の軽減を図るため，不必要な部分を除き肉厚を薄くする．
(3) 外観をよくして商品価値を高める．

以上を要するに，鋳物部品の形を決めるには，多くの要素が関連しているので，かなり年期を入れないと，よい鋳物部品の設計は難しく，よい鋳物部品の設計が自由にできるようになれば，設計者としては一人前であるといわれている．

7.5 鍛造部品の形状に関する要点

鍛造部品は，形状がやや複雑で，しかも強度を必要とする場合に用いられるが，鍛造部品を使えば，一体のものを削出しで作る場合よりも，材料の節約と切削加工の工数の低減が図られる．鍛造部品の形を決める際に考慮することとしては，

(1) できるだけ左右対称として，鍛造作業時の型に横方向の力が作用するのを防ぐようにする．
(2) 鋭角や急激な断面変化を避ける．
(3) できるだけ円形断面を採用して，型の製作を容易にする．
(4) 一つの部品については，肉厚の最大値と最小値の差をできるだけ小さくする．
(5) 肉が薄くて面積の広い部分を極力避ける．
(6) 型の分割面は，なるべく1平面上に設けられるような形とする．

なお，型鍛造部品の部分的形状については，抜きこう配，型合わせ面に平行な部分の断面の肉厚，型打ち方向に平行な側壁，リブの高さなどについては，標準が示されている．

7.6 機械加工による形状に関する要点

機械加工によって得られる形状と，それを得るための工作機械を表7.3に示すが，同じ形状を得るにもいろいろな加工法があるので，図形を描く場合には，加工の難易，寸法精度，表面仕上げ，部品の材質などを考え，いずれの加工法によるのかを決めてかかる必要がある．

なお，機械加工によって成形する場合の注意事項としては，次のようなものがある．

(1) **特殊の工作機械による加工部分は，できるだけ少なくすること**
(2) **加工しにくい形を避け，加工が容易，迅速に行える形とすること**
(1) 適当に逃げを設けること（図7.6）．これによって，①工具が品物に当たるのを防ぐことができる（同図(a)，(b)，(c)参照）．②加工が完全に行われる（同図(b)，(c)，(d)，(e)参照）．③加工を必要個所に限定できるので，工数

7.6 機械加工による形状に関する要点

表 7.3 機械加工によって得られる部品の形状

加工法と工作機械	機械加工によって得られる品物の形 円筒外面円すい面回転体	円筒内面円すい面回転体内面	穴 円すい穴	穴 丸穴(円筒内面) 穴の仕上げ削り	穴 丸穴 むくの穴	穴 異形穴 角穴,みぞ付き穴,スプライン穴	平面	曲面	みぞ	ねじ	歯
工作機械 旋削	旋盤	旋盤	旋盤	旋盤			旋盤(端面旋削)			旋盤	旋盤(ウォーム)
穴あけ				ボール盤(リーマ使用)中ぐり盤	ボール盤					ボール盤(タップ使用)	
フライス削り						フライス盤	フライス盤	フライス盤	フライス盤		フライス盤(総形カッタ使用)ホブ盤
平削り形削り						立削盤(穴あけ後)	平削盤形削盤立削盤	平削盤形削盤	立削盤		歯車形削盤
研削		円筒研削盤	内面研削盤	内面研削盤			平面研削盤	円筒研削盤	円筒研削盤	ねじ研削盤	歯車研削盤
						ブローチ盤	ブローチ盤		ブローチ盤		
その他		ラップ盤超仕上げ装置		ホーニング						転造盤	シェービング盤 転造盤 鋳造

が節減され，組立も容易となる（同図(f)参照）．

(2) 品物を工作機械に取り付けやすい形となる．

(3) 品物の取付けや工具の段取りをしばしば変えなくてもすむようにする（これには，加工面を一方に集中するようにしたり，穴の内径の種類をなるべく少なくする．また，穴の深さもできるだけ統一する）．

(4) きり穴をあける場合には，必ずきり穴に垂直な面を設けたり，また，

7章 製図に関する工作法の要点

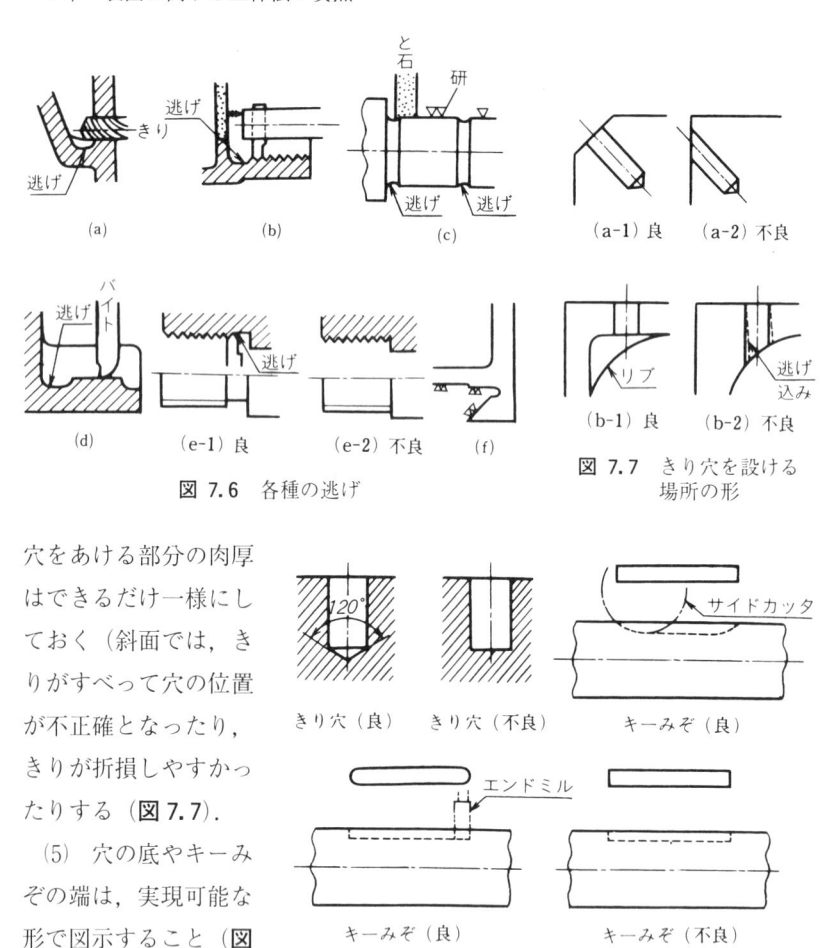

図 7.6 各種の逃げ

図 7.7 きり穴を設ける場所の形

穴をあける部分の肉厚はできるだけ一様にしておく（斜面では，きりがすべって穴の位置が不正確となったり，きりが折損しやすかったりする（**図 7.7**）．

(5) 穴の底やキーみぞの端は，実現可能な形で図示すること（**図 7.8**）．

図 7.8 きり穴とキーみぞの形

7.7 取扱いその他の点からの形に関する要点

機械の図面をまとめる際に，以上の加工上の点に十分留意するほか，組立や分解，調整，操作その他の取扱いについても，それらが容易に行えることを考えて部品の形状を決めなければならない．この場合には，単独の部品だけでは不十分であるので，部分組立図あるいは組立図について十分に検討すべきである．また，強度を低下するような形を避けるように注意することも

7.7 取扱いその他の点からの形に関する要点

必要である.すなわち,主なことを列挙すると,
(1) 組立や分解には,なるべく特殊の工具を必要としないように考える.
(2) 締めにくいボルトやナットのないようにする.
(3) ダブルフィットとなる部分をできるだけ避けること.例えば同軸上に2個の転がり軸受をもつ場合には,一方の軸受は,軸とケースに固定してもよいが,他方の軸受は,ケースあるいは軸に対して軸方向の移動ができるようにしておく.
(4) 長い軸の上にいくつかの部品(歯車,プーリなど)を組み付けるものでは,軸に段を付けて(直径を変えて)それらの部品の組付けを容易にする.
(5) 2個の部品を組み立てる際,角で当たることのないよう必ず逃げを設けておくこと.
(6) 部品の形は,なるべく応力集中を少なくするために,切欠部や鋭角を設けないよう,隅の R は差し支えない限り大きくする.また,大きな力のかかる所には,油穴やねじ穴を設けないようにする.
(7) 部品の角の部分,特に運動部品の場合には,面取りや R を付けて人の安全を図っておくこと.その他全般的に安全を考慮した形とすること.

などのことがある.

8章　見　取　図

8.1　見取図の意義とフリーハンドによる作図

8.1.1　見取図の意義

見取図（スケッチ図）(sketch：sketch drawing) とは，品物を見ながらその形を紙面に描き表したものに，各種の測定器具を用いて測った品物各部の寸法を記入した図のことをいう．この図を描くには，原則として製図器具を使わずに，フリーハンド (free hand) で作図する．そして，できた粗雑な図をもとにし，製図器具を用いて正式の図面を作る．

見取図が必要となるのは，
(1)　機械の現物はあるが，その図面がなくて，それと同じ機械を作りたい場合．
(2)　機械の破損個所の修理，または改良を行いたい場合．
(3)　一つの機械を参考にして，同種の機械を設計する場合．
(4)　運転，取扱いなどのために，機械の構造，作用を理解する必要がある場合．
などである．

工場では，このような必要に迫られることがしばしばあるので，設計技術者でなくても，機械技術者は，見取図を作ることに熟練していることが必要である．

8.1.2　フリーハンドによる作図

フリーハンドで作図することは，単に見取図を作る場合に限らず，次に述

8章 見取図

べるような場合に，しばしば，必要となるものであるから，機械技術者はだれでも，自由に，また，正しい図をフリーハンドで描ける技術を身につけている必要がある．

フリーハンドで図を描く必要があると考えられる場合としては，

(1) 部品を作るために，組立図から一部を見取りする場合．
(2) 図面を読んだり，図面について説明したり，新しい構想をまとめたりするための補助手段とする場合．
(3) 現在ある機械や装置の設計に変更をする場合．
(4) 新しい機構を考える場合．
(5) 製作図を作る前に，比較のためにいろいろな装置の略図を描く場合．

などがあげられる．

フリーハンドで図形を描く場合には，HBないしHの鉛筆を使って普通の紙，あるいは方眼紙に描く（物差の代わりになったり，比率をとるのに便利である）．また，方眼紙や等測図用の斜眼紙（等測図を描く場合）の上にトレース紙を置いて描くと，フリーハンドの図を迅速に，また，便利に描くことができる．

フリーハンドで，水平や垂直，あるいは，斜めの線を描くには，**図 8.1** のように，また，円や円弧を描くには，**図 8.2** のようにすると容易に描ける．

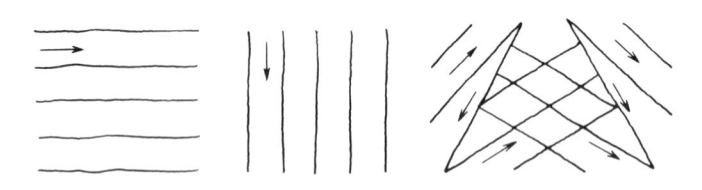

図 8.1 フリーハンドによる直線の描き方

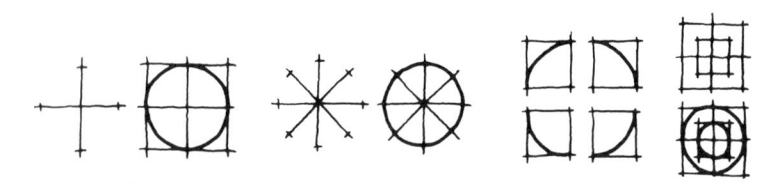

図 8.2 フリーハンドによる円と円弧の描き方

フリーハンドで描く図形は，製図器や定規を使って描く通常の製図の場合と同様，製図法に従って正面図，平面図，側面図などを描くのがよいが，簡単な品物の場合には，等測図や斜行図によることもある．

8.2 見取図に必要な器具

見取りをするのに必要な器具には，次のようなものがある．

(1) **鉛筆および消しゴム**

線や文字，図形を描くための鉛筆としては，HB ないし H のものを使う．寸法記入の点検用や断面図のスマッジング用には，赤・青の色鉛筆を使うと具合がよい．

(2) **用　　紙**

用紙には，どんなものでもスケッチに使うことができるが，方眼紙が便利である．

(3) **スケール**

スケールには，折尺，巻尺，鋼製直尺などあるが，これらを全部同時に必要とするわけではなく，場合によって使いやすいものを選べばよい．一般には，携帯に便利な鋼製の巻尺が使用範囲も広く，都合のよい場合が多い．

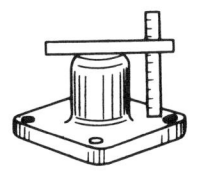

鋼直尺を使って，品物の一部の高さを測る場合の一例を図 8.3 に示す．

図 8.3 高さの測定

(4) **丸パスおよび穴パス（図 8.4）**

外径を測るときに用いるのが丸パス（外パス）であり，穴径を測るときに用いるのが穴パス（内パス）である．これらの使い方の一例および丸パスと駒を使ってフランジ付きの管の壁厚を測る場合を図 8.5（後出）に例示する．

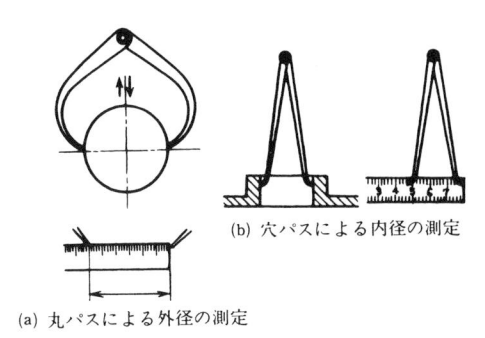

(a) 丸パスによる外径の測定

(b) 穴パスによる内径の測定

図 8.4 パスによる内外径の測定

(5) コンパス

　見取りには，原則として製図器具は用いないけれども，コンパス（大または中コンパス）だけは使用してもよい．フリーハンドで円を描くのは，図8.2にも示したようにかなり苦労するが，コンパスを用いれば早くて見やすい図を描くことができる．その他の製図器具は，現場で使うには手間がかかり，見取りの目的にそわないので用いない．

　以上のほか，機械を分解するための分解工具として，組スパナ，モンキスパナ，ボックススパナ，木ハンマ，鋼ハンマ，ポンチ，ドライバなど，また分解した部品類に付ける荷札，さらに，それらを散逸させないための収容箱などが入用である．

　なお，分解組立に使う洗油，機械油，ブラシ，へら，洗浄槽，ウェスなども必要である．

8.3　機械の取扱い

　機械の見取りをする場合には，なるべく組み立てたままで各部品を描き，分解しなければできないものに限って取り外すようにする．なお，機械を分解するには，ていねいに扱って，ハンマで強く叩くなど手荒なことをしてはいけない．ねじの中には，左ねじのものもあるので，少し固くて締まりすぎないように思えるときは，左ねじでないかどうか試してみることが必要である．

　機械を分解するに先立ち，接合部の必要個所には，ポンチやすりなどで合印（合マーク）を付けてから手順よく分解すると，組立のときにまごつかなくてすむ．なお，複雑な部分などに対しては，分解前に写真をとっておくと，いっそう具合がよい．パッキンのように破損しやすいものは，なるべく取り外さないようにする．

　分解した部品には，荷札を付けて分解順序の番号や名称その他を記入しておく．また，小物は，箱にまとめて紛失しないように保管する．

　運動部には，ゴミや土を付けないようにし，特にねじとねじ穴，軸と軸受などのはめあい部分や，すり合わせ部分には，十分に注意する．

　見取図を描いた後で機械を組み立てるには，各部品を洗油で洗い，きれい

に油をふき取ってから機械油をぬる．分解順序の反対に組付けを行う．組立後，すべり面や軸受に注油して手回しその他により，調子を調べる．

8.4　見取図の作成

見取図を描くには，まず，機械を外側からよく観察して，その作動機能をのみ込んでから，注意深く分解しながら構造を調べる．次に各部品の1個1個について，どの面を主投影図として表すか，また，どの面で切断して内部を示したらよいかなどを研究した後，その形状をフリーハンドで描く．

フランジ面のようなものは，場合によると実物の表面に光明丹を塗るか，あるいは，油ボロで表面をこすってこれを紙に押し当て，実形を取る方法が行われることがある．

また，品物の外形が不規則な曲線になっていて，寸法が正しく測りにくいような場合には，その面を直接紙に押し付け，鉛筆で形を取る方法が行われる．

このようにして図形が描かれたならば，どの部分に寸法を入れたらよいかを考えて，必要な部分に漏れなく寸法補助線や寸法線を引く．次にスケール，パスなどによって現物を測定し，求めた寸法を逐次記入する．なお，機械の分解がある程度以上許されないような場合には，外観を描き，内部については，あらゆる知識を総合して，想像によって描くより仕方がない．

見取図ができたならば，部品図の傍らに図面だけでは表せない項目，すなわち，部品個数，材質，表面性状，はめあい程度，機械工作，ねじの種類，ボルトやナットの種類，線や板厚の番手などを記入する．なお，見取図は，正規の図面ではないから，表題欄や部品表は不要である．

普通の製図では，各投影図にわたる寸法の重複記入は避けなければならないが，見取図の場合には，重複記入をしておくほうが都合のよいことが多い．

見取図は，一般に部品図に重きをおいて描くのであるが，部品の数が多く，複雑な機械になるほど，後で製図をする際，組立図を描くのに苦労するものであるから，後で困らないようにするには，前もって部分組立図を簡単に描いておくと具合がよい．

8.5 寸法測定に対する二，三の要領

工作の知識があれば，どの寸法が必要であるかは，おのずから分かるわけであるが，ここでは，見取図を行う場合に必要な寸法測定の要領を二，三述べることにする．

(1) フランジのある場合の壁厚をパスで測定するには，**図 8.5** に示すように，適当の既知の厚さをもった小片を使って行うと具合がよい．

(2) 2個の穴の中心距離を測定する場合，2個の穴が同径であるならば，**図 8.6** のように，一方の穴の側端から他方の穴の側端までの距離 C' を測ってこれを C に記入すればよい．あるいは，A' と B' とを測って $(A'+B')/2$ を求めれば，これが穴の中心距離の寸法となる．なお，後の方法は，2個の穴の径が異なる場合にも通用する．

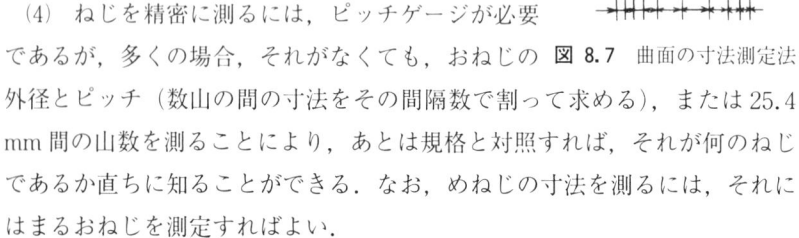

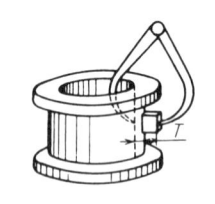

図 8.5 フランジのある場合の壁圧の測定

(3) 曲面の寸法を記入するには，**図 8.7** のように，一つの基準面から曲面に到る距離をいくつも測って記入し，各々の位置をそれと直角な方向の他の定面から測って記入しておけばよい．なお，このような曲面は，いくつかの円弧の接続によってできていることが多いが，このような場合には，製図をする際に紙の上に，これらの点を通る円弧の半径とその中心位置を求めるようにする．

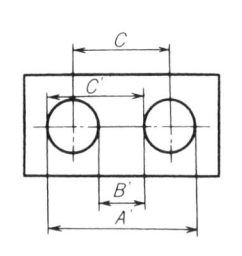

図 8.6 2個の穴の中心の距離の測定

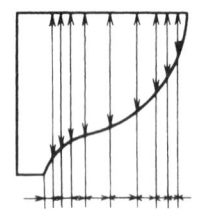

(4) ねじを精密に測るには，ピッチゲージが必要であるが，多くの場合，それがなくても，おねじの外径とピッチ（数山の間の寸法をその間隔数で割って求める），または 25.4 mm 間の山数を測ることにより，あとは規格と対照すれば，それが何のねじであるか直ちに知ることができる．なお，めねじの寸法を測るには，それにはまるおねじを測定すればよい．

図 8.7 曲面の寸法測定法

(5) 現物には，鋳造の砂落ちによって生じた突起，不平均な肉厚，機械加

工上の失敗によるきずなどがあるから，これらは，その場で判断したうえ，正しい形のものを描くべきである．

8.6 材料の見分け方

　見取図には，前述のように，部品の材質も記入しておかなければならない．正確なことは，化学分析その他の材質検査によらなければならないが，スケッチの場合には目視，重さ，硬さ，火花試験（鉄鋼材料の場合）の結果と，従来の実例や経験などで判断できる範囲で記入するようにする．これらの概要については，下記のとおりである．ただし，火花試験については割愛する．

（1）色つやと肌合による判別

　a）**鋳鉄**　仕上げてない表面は，ざらついており，仕上げてある面は，光沢のある灰色をし，針で突いたような穴がある．

　b）**鋳鋼**　鋳鉄よりも滑らかな肌で，仕上げ面は，軟鋼に近いが，紫色を帯びた光沢がある．

　c）**鋼**　仕上げてない面は青黒い黒皮で，仕上げられた面は，鋼独特の色つやをしている．目で見ただけでは，軟鋼か硬鋼か分からないので，この場合は，硬さ計，あるいはやすりで硬さを調べて判断する．

　d）**青銅（砲金）**　橙色をしている．空気に触れる面は酸化してつやがない．機械部品で黄色い感じをしたものは，青銅と思って間違いない．

　e）**黄銅（真ちゅう）**　青銅よりは黄色である．板材，管材以外は，機械部品にはほとんど使わない．

　f）**銅**　小豆色をしている．

　g）**ホワイトメタル（白合金）**　白色ないしは黄白色で，アルミニウムよりはるかに重い．

　h）**アルミニウム**　青白色で非常に軽い．

（2）硬さによる判定

　外観上から材料の鑑定が困難な場合には，硬さなどによって材質を判別する．この場合の硬さを調べるには，ショアの硬さ計がよく使われ，部品の数個所について硬さを測り，その平均値から材料の種類を判別する．場合によっては，硬さ判別用のやすりも利用される．

付表 1　メートル並目ねじ（JIS B 0205 より抜粋）

太い実線は，基準山形を示す
$H = 0.866025\,P$
$H_1 = 0.541266\,P$
$d_2 = d - 0.649519\,P$
$d_1 = d - 1.082532\,P$
$D = d$
$D_2 = d_2$
$D_1 = d_1$

メートル並目ねじの基準寸法

（単位 mm）

ねじの呼び[1]			ピッチ	ひっかかりの高さ	めねじ 谷の径 D / おねじ 外径 d	めねじ 有効径 D_2 / おねじ 有効径 d_2	めねじ 内径 D_1 / おねじ 谷の径 d_1
1欄	2欄	3欄	P	H_1			
M1			0.25	0.135	1.000	0.838	0.729
	M1.1		0.25	0.135	1.100	0.938	0.829
M1.2			0.25	0.135	1.200	1.038	0.929
	M1.4		0.3	0.162	1.400	1.205	1.075
M1.6			0.35	0.189	1.600	1.373	1.221
	M1.8		0.35	0.189	1.800	1.573	1.421
M2			0.4	0.217	2.000	1.740	1.567
	M2.2		0.45	0.244	2.200	1.908	1.713
M2.5			0.45	0.244	2.500	2.208	2.013
M3			0.5	0.271	3.000	2.675	2.459
	M3.5		0.6	0.325	3.500	3.110	2.850
M4			0.7	0.379	4.000	3.545	3.242
	M4.5		0.75	0.406	4.500	4.013	3.688
M5			0.8	0.433	5.000	4.480	4.134
M6			1	0.541	6.000	5.350	4.917
		M7	1	0.541	7.000	6.350	5.917
M8			1.25	0.677	8.000	7.188	6.647
		M9	1.25	0.677	9.000	8.188	7.647
M10			1.5	0.812	10.000	9.026	8.376
		M11	1.5	0.812	11.000	10.026	9.376
M12			1.75	0.947	12.000	10.863	10.106
	M14		2	1.083	14.000	12.701	11.835
M16			2	1.083	16.000	14.701	13.835
	M18		2.5	1.353	18.000	16.376	15.294
M20			2.5	1.353	20.000	18.376	17.294
	M22		2.5	1.353	22.000	20.376	19.294
M24			3	1.624	24.000	22.051	20.752
	M27		3	1.624	27.000	25.051	23.752
M30			3.5	1.894	30.000	27.727	26.211
	M33		3.5	1.894	33.000	30.727	29.211
M36			4	2.165	36.000	33.402	31.670
	M39		4	2.165	39.000	36.402	34.670
M42			4.5	2.436	42.000	39.077	37.129
	M45		4.5	2.436	45.000	42.077	40.129
M48			5	2.706	48.000	44.752	42.587
	M52		5	2.706	52.000	48.752	46.587
M56			5.5	2.977	56.000	52.428	50.046
	M60		5.5	2.977	60.000	56.428	54.046
M64			6	3.248	64.000	60.103	57.505
	M68		6	3.248	68.000	64.103	61.505

注(1) 1欄を優先的に，必要に応じて2欄，3欄の順に選ぶ．

付表 2 メートル細目ねじ (JIS B 0207 より抜粋)

(単位 mm)

ねじの呼び	ピッチ P	ひっかかりの 高さ H_1	めねじ 谷の径 D / おねじ 外径 d	めねじ 有効径 D_2 / おねじ 有効径 d_2	めねじ 内径 D_1 / おねじ 谷の径 d_1
M 1 ×0.2	0.2	0.108	1.000	0.870	0.783
M 1.1 ×0.2	0.2	0.108	1.100	0.970	0.883
M 1.2 ×0.2	0.2	0.108	1.200	1.070	0.983
M 1.4 ×0.2	0.2	0.108	1.400	1.270	1.183
M 1.6 ×0.2	0.2	0.108	1.600	1.470	1.383
M 1.8 ×0.2	0.2	0.108	1.800	1.670	1.583
M 2 ×0.25	0.25	0.135	2.000	1.838	1.729
M 2.2 ×0.25	0.25	0.135	2.200	2.038	1.929
M 2.5 ×0.35	0.35	0.189	2.500	2.273	2.121
M 3 ×0.35	0.35	0.189	3.000	2.773	2.621
M 3.5 ×0.35	0.35	0.189	3.500	3.273	3.121
M 4 ×0.5	0.5	0.271	4.000	3.675	3.459
M 4.5 ×0.5	0.5	0.271	4.500	4.175	3.959
M 5 ×0.5	0.5	0.271	5.000	4.675	4.459
M 5.5 ×0.5	0.5	0.271	5.500	5.175	4.959
M 6 ×0.75	0.75	0.406	6.000	5.513	5.188
M 7 ×0.75	0.75	0.406	7.000	6.513	6.188
M 8 ×1	1	0.541	8.000	7.350	6.917
M 8 ×0.75	0.75	0.406	8.000	7.513	7.188
M 9 ×1	1	0.541	9.000	8.350	7.917
M 9 ×0.75	0.75	0.406	9.000	8.513	8.188
M10 ×1.25	1.25	0.677	10.000	9.188	8.647
M10 ×1	1	0.541	10.000	9.350	8.917
M10 ×0.75	0.75	0.406	10.000	9.513	9.188
M11 ×1	1	0.541	11.000	10.350	9.917
M11 ×0.75	0.75	0.406	11.000	10.513	10.188
M12 ×1.5	1.5	0.812	12.000	11.026	10.376
M12 ×1.25	1.25	0.677	12.000	11.188	10.647
M12 ×1	1	0.541	12.000	11.350	10.917
M14 ×1.5	1.5	0.812	14.000	13.026	12.376
M14 ×1.25	1.25	0.677	14.000	13.188	12.647
M14 ×1	1	0.541	14.000	13.350	12.917
M15 ×1.5	1.5	0.812	15.000	14.026	13.376
M15 ×1	1	0.541	15.000	14.350	13.917
M16 ×1.5	1.5	0.812	16.000	15.026	14.376
M16 ×1	1	0.541	16.000	15.350	14.917
M17 ×1.5	1.5	0.812	17.000	16.026	15.376
M17 ×1	1	0.541	17.000	16.350	15.917
M18 ×2	2	1.083	18.000	16.701	15.835
M18 ×1.5	1.5	0.812	18.000	17.026	16.376
M18 ×1	1	0.541	18.000	17.350	16.917
M20 ×2	2	1.083	20.000	18.701	17.835
M20 ×1.5	1.5	0.812	20.000	19.026	18.376
M20 ×1	1	0.541	20.000	19.350	18.917
M22 ×2	2	1.083	22.000	20.701	19.835
M22 ×1.5	1.5	0.812	22.000	21.026	20.376
M22 ×1	1	0.541	22.000	21.350	20.917
M24 ×2	2	1.083	24.000	22.701	21.835
M24 ×1.5	1.5	0.812	24.000	23.026	22.376
M24 ×1	1	0.541	24.000	23.350	22.917
M25 ×2	2	1.083	25.000	23.701	22.835
M25 ×1.5	1.5	0.812	25.000	24.026	23.376
M25 ×1	1	0.541	25.000	24.350	23.917
M26 ×1.5	1.5	0.812	26.000	25.026	24.376

以下 M27～M300 は省略する.

付表 3　管用平行ねじ（JIS B 0202 より抜粋）

太い実線は，基準山形を示す。

$$P = \frac{25.4}{n}$$
$$H = 0.960\,491\,P$$
$$h = 0.640\,327\,P$$
$$r = 0.137\,329\,P$$
$$d_2 = d - h \qquad D_2 = d_2$$
$$d_1 = d - 2h \qquad D_1 = d_1$$

（単位 mm）

ねじの呼び	ねじ山数 (25.4 mm につき) n	ピッチ P (参考)	ねじ山の高さ h	山の頂及び谷の丸み r	おねじ 外径 d / めねじ 谷の径 D	おねじ 有効径 d_2 / めねじ 有効径 D_2	おねじ 谷の径 d_1 / めねじ 内径 D_1
G 1/16	28	0.907 1	0.581	0.12	7.723	7.142	6.561
G 1/8	28	0.907 1	0.581	0.12	9.728	9.147	8.566
G 1/4	19	1.336 8	0.856	0.18	13.157	12.301	11.445
G 3/8	19	1.336 8	0.856	0.18	16.662	15.806	14.950
G 1/2	14	1.814 3	1.162	0.25	20.955	19.793	18.631
G 5/8	14	1.814 3	1.162	0.25	22.911	21.749	20.587
G 3/4	14	1.814 3	1.162	0.25	26.441	25.279	24.117
G 7/8	14	1.814 3	1.162	0.25	30.201	29.039	27.877
G 1	11	2.309 1	1.479	0.32	33.249	31.770	30.291
G 1 1/8	11	2.309 1	1.479	0.32	37.897	36.418	34.939
G 1 1/4	11	2.309 1	1.479	0.32	41.910	40.431	38.952
G 1 1/2	11	2.309 1	1.479	0.32	47.803	46.324	44.845
G 1 3/4	11	2.309 1	1.479	0.32	53.746	52.267	50.788
G 2	11	2.309 1	1.479	0.32	59.614	58.135	56.656
G 2 1/4	11	2.309 1	1.479	0.32	65.710	64.231	62.752
G 2 1/2	11	2.309 1	1.479	0.32	75.184	73.705	72.226
G 2 3/4	11	2.309 1	1.479	0.32	81.534	80.055	78.576
G 3	11	2.309 1	1.479	0.32	87.884	86.405	84.926
G 3 1/2	11	2.309 1	1.479	0.32	100.330	98.851	97.372
G 4	11	2.309 1	1.479	0.32	113.030	111.551	110.072
G 4 1/2	11	2.309 1	1.479	0.32	125.730	124.251	122.772
G 5	11	2.309 1	1.479	0.32	138.430	136.951	135.472
G 5 1/2	11	2.309 1	1.479	0.32	151.130	149.651	148.172
G 6	11	2.309 1	1.479	0.32	163.830	162.351	160.872

付表 4 管用テーパねじの基準山形（JIS B 0203 より抜粋）

テーパおねじ及びテーパめねじに対して適用する基準山形

$P = \dfrac{25.4}{n}$
$H = 0.960237P$
$h = 0.640327P$
$r = 0.137278P$

平行めねじに対して適用する基準山形

$P = \dfrac{25.4}{n}$
$H' = 0.960491P$
$h = 0.640327P$
$r' = 0.137329P$

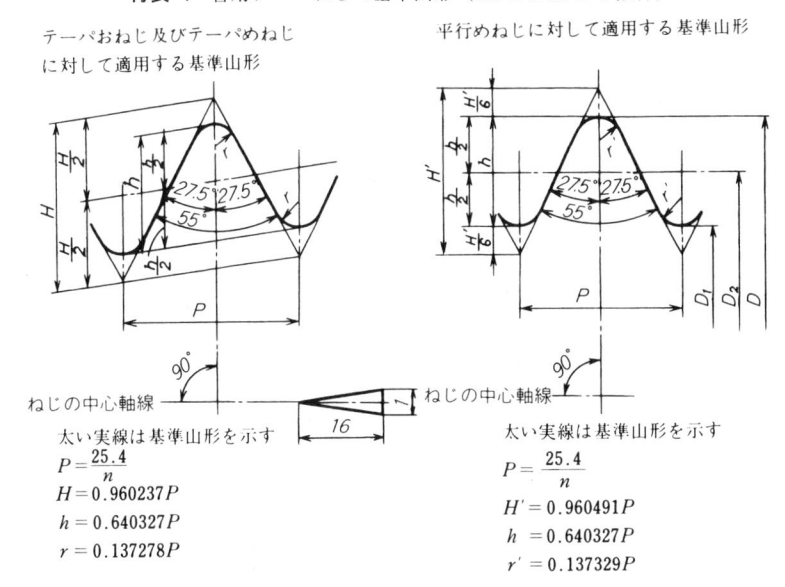

太い実線は基準山形を示す

テーパおねじとテーパめねじ又は平行めねじとのはめあい

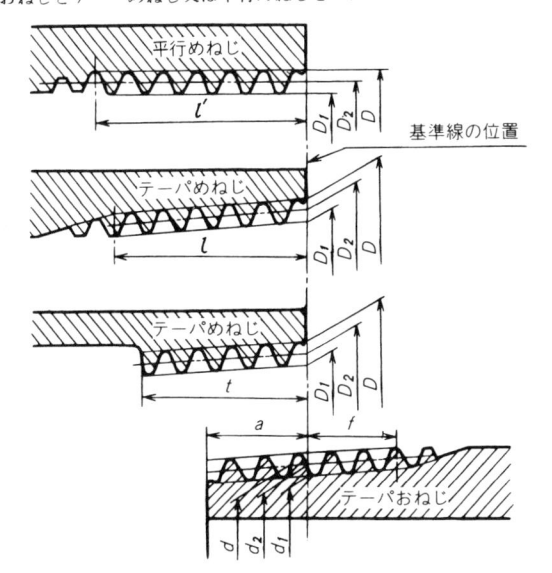

付表 5　管用テーパねじ（JIS B 0203 より抜粋）

(単位 mm)

(1)ねじの呼び	ねじ山数 25.4mmにつき n	ピッチ P (参考)	山の高さ h	丸み r 又は r'	基準径 おねじ 外径 d	基準径 おねじ 有効径 d_2	基準径 おねじ 谷の径 d_1 / めねじ 谷の径 D / 有効径 D_2 / 内径 D_1	基準径の位置 おねじ 管端から 基準の長さ a	基準径の位置 おねじ 軸線方向の許容差 b	基準径の位置 めねじ 管端部 軸線方向の許容差 c	平行めねじ D, D_2 及び D_1 の許容差	有効ねじ部の長さ (最小) おねじ 基準径の位置から大径側に向かって f	有効ねじ部の長さ (最小) めねじ 不完全ねじ部がある場合 テーパめねじ	有効ねじ部の長さ (最小) めねじ 不完全ねじ部がある場合 平行めねじ 基準径の位置から小径側に向かって l	有効ねじ部の長さ (最小) めねじ 不完全ねじ部がない場合 テーパめねじ、平行めねじ 管又は管継手端から l' (2) t	配管用炭素鋼鋼管の寸法 (参考) 外径	配管用炭素鋼鋼管の寸法 (参考) 厚さ
R 1/16	28	0.907 1	0.581	0.12	7.723	7.142	6.561	3.97	±0.91	±1.13	±0.071	2.5	6.2	7.4	4.4	—	—
R 1/8	28	0.907 1	0.581	0.12	9.728	9.147	8.566	3.97	±0.91	±1.13	±0.071	2.5	6.2	7.4	4.4	10.5	2.0
R 1/4	19	1.336 8	0.856	0.18	13.157	12.301	11.445	6.01	±1.34	±1.67	±0.104	3.7	9.4	11.0	6.7	13.8	2.3
R 3/8	19	1.336 8	0.856	0.18	16.662	15.806	14.950	6.35	±1.34	±1.67	±0.104	3.7	9.7	11.4	7.0	17.3	2.3
R 1/2	14	1.814 3	1.162	0.25	20.955	19.793	18.631	8.16	±1.81	±2.27	±0.142	5.0	12.7	15.0	9.1	21.7	2.8
R 3/4	14	1.814 3	1.162	0.25	26.441	25.279	24.117	9.53	±1.81	±2.27	±0.142	5.0	14.1	16.3	10.2	27.2	2.8
R 1	11	2.309 1	1.479	0.32	33.249	31.770	30.291	10.39	±2.31	±2.89	±0.181	6.4	16.2	19.1	11.6	34	3.2
R 1 1/4	11	2.309 1	1.479	0.32	41.910	40.431	38.952	12.70	±2.31	±2.89	±0.181	6.4	18.5	21.4	13.4	42.7	3.5
R 1 1/2	11	2.309 1	1.479	0.32	47.803	46.324	44.845	12.70	±2.31	±2.89	±0.181	6.4	18.5	21.4	13.4	48.6	3.5
R 2	11	2.309 1	1.479	0.32	59.614	58.135	56.656	15.88	±2.31	±2.89	±0.181	7.5	22.8	25.7	16.9	60.5	3.8
R 2 1/2	11	2.309 1	1.479	0.32	75.184	73.705	72.226	17.46	±3.46	±3.46	±0.216	9.2	26.7	30.1	18.6	76.3	4.2
R 3	11	2.309 1	1.479	0.32	87.884	86.405	84.926	20.64	±3.46	±3.46	±0.216	9.2	29.8	33.3	21.1	89.1	4.2
R 4	11	2.309 1	1.479	0.32	113.030	111.551	110.072	25.40	±3.46	±3.46	±0.216	10.4	35.8	39.3	25.9	114.3	4.5
R 5	11	2.309 1	1.479	0.32	138.430	136.951	135.472	28.58	±3.46	±3.46	±0.216	11.5	40.1	43.5	29.3	139.8	4.5
R 6	11	2.309 1	1.479	0.32	163.830	162.351	160.872	28.58	±3.46	±3.46	±0.216	11.5	40.1	43.5	29.3	165.2	5.0

注(1) この呼びは，テーパおねじに対するもので，テーパめねじ及び平行めねじの場合は，Rの記号をR_c又はR_pとする。

(2) テーパのねじは基準径の位置から小径側に向かっての長さ，平行めねじは管又は管継手端からの長さ。

備考1. ねじ山は中心軸線に直角とし，ピッチは中心軸線に沿って測る。
　　2. 有効ねじ部の長さとは，完全なねじ山の切られたねじ部の長さで，最後の数山だけは，その頂に管又は管継手の面が残っていてもよい。また，管又は管継手の末端に面取りがしてあっても，この部分を有効ねじ部の長さに含める。
　　3. a, f又はtがこの表の数値によりがたい場合は，別に定める部品の規格による。

付表 6　六角ボルト（JIS B 1180 より抜粋）
（ISO 4014〜4018 によらない六角ナット）

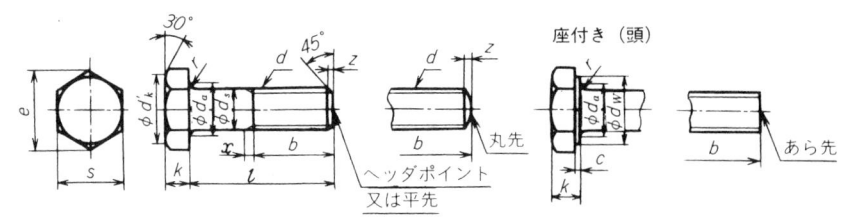

（単位 mm）

ねじの呼び (d)		d_s	k	s	e	d'_k	r	d_a	z	l	b		
並目	細目	基準寸法	基準寸法	基準寸法	約	約	最小	最大	約		$l≦125$	$130≦l≦200$	$l≦200$
M 3	—	3	2	5.5	6.4	5.3	0.1	3.6	0.6	5 〜(32)	12	—	—
(M 3.5)	—	3.5	2.4	6	6.9	5.8	0.1	4.1	0.6	5 〜(32)	14	—	—
M 4	—	4	2.8	7	8.1	6.8	0.2	4.7	0.8	6 〜 40	14	—	—
(M 4.5)	—	4.5	3.2	8	9.2	7.8	0.2	5.2	0.8	6 〜 40	16	—	—
M 5	—	5	3.5	8	9.2	7.8	0.2	5.7	0.9	(7)〜 50	16	—	—
M 6	—	6	4	10	11.5	9.8	0.25	6.8	1	(7)〜 70	18	—	—
(M 7)	—	7	5	11	12.7	10.7	0.25	7.8	1	(11)〜100	20	—	—
M 8	M 8×1	8	5.5	13	15	12.6	0.4	9.2	1.2	(11)〜100	22	—	—
M 10	M 10×1.25	10	7	17	19.6	16.5	0.4	11.2	1.5	14 〜100	26	—	—
M 12	M 12×1.25	12	8	19	21.9	18	0.6	13.7	2	(18)〜140	30	36	—
(M 14)	(M 14×1.5)	14	9	22	25.4	21	0.6	15.7	2	20 〜140	34	40	—
M 16	M 16×1.5	16	10	24	27.7	23	0.6	17.7	2	(22)〜140	38	44	—
(M 18)	(M 18×1.5)	18	12	27	31.2	26	0.6	20.2	2.5	25 〜200	42	48	—
M 20	M 20×1.5	20	13	30	34.6	29	0.8	22.4	2.5	(28)〜200	46	52	—
(M 22)	(M 22×1.5)	22	14	32	37	31	0.8	24.4	2.5	(28)〜200	50	56	—
M 24	M 24×2	24	15	36	41.6	34	0.8	26.4	3	30 〜200	54	60	—
(M 27)	(M 27×2)	27	17	41	47.3	39	1	30.4	3	35 〜240	54	66	—
M 30	M 30×2	30	19	46	53.1	44	1	33.4	3.5	40 〜240	66	72	85
(M 33)	(M 33×2)	33	21	50	57.7	48	1	36.4	3.5	45 〜240	72	78	91
M 36	M 36×3	36	23	55	63.5	53	1	39.4	4	50 〜240	78	84	97
(M 39)	(M 39×3)	39	25	60	69.3	57	1	42.4	4	50 〜240	84	90	103
M 42	—	42	26	65	75	62	1.2	45.6	4.5	55 〜325	90	96	109
(M 45)	—	45	28	70	80.8	67	1.2	48.6	4.5	55 〜325	96	102	115
M 48	—	48	30	75	86.5	72	1.6	52.6	5	60 〜325	102	108	121
(M 52)	—	52	33	80	92.4	77	1.6	56.6	5	130 〜400	—	116	129
M 56	—	56	35	85	98.1	82	2	63	5.5	130 〜400	—	124	137
(M 60)	—	60	38	90	104	87	2	67	5.5	130 〜400	—	132	145
M 64	—	64	40	95	110	92	2	71	6	130 〜400	—	140	153
(M 68)	—	68	43	100	115	97	2	75	6	130 〜400	—	148	161
—	M 72×6	72	45	105	121	102	2	79	6	130 〜400	—	156	169
—	(M 76×6)	76	48	110	127	107	2	83	6	130 〜400	—	164	177
—	M 80×6	80	50	115	133	112	2	87	6	130 〜400	—	172	185

備　考　1．ねじの呼びにかっこを付けたものは，なるべく用いない．
　　　　2．六角ボルトの仕上げ程度には上，中，並の3種があるが，中及び並にはM5以下のものはなく，また，並には座付きはない．
　　　　3．ねじ先は，特に指定のない限り，ねじの呼びM6以下はあら先，それを超えるものはヘッダポイント，平先又は丸先とし，そのいずれかを必要とする場合は注文者が指定する．
　　　　4．転造ねじの場合は，M6以下のものは，特に指定のない限りd_sをほぼねじの有効径とする．また，M6を超えるものは，指定によりd_sをほぼねじの有効径とすることができる．

付表 7 六角ナット（JIS B 1181 より抜粋）（ISO 4032～4036 によらない六角ナット）

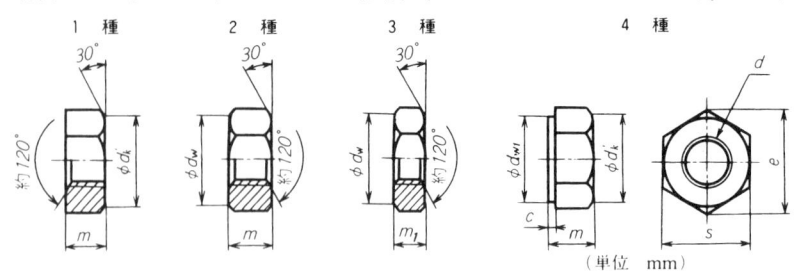

1 種　　2 種　　3 種　　4 種

(単位　mm)

ねじの呼び (d)		m	m_1	s	e	d_1'及びd_W	d_{W_1}	c
並　目	細　目	基準寸法	基準寸法	基準寸法	約	約	最小	約
M 2	−	1.6	1.2	4	4.6	3.8		
(M 2.2)	−	1.8	1.4	4.5	5.2	4.3	−	−
*M 2.3	−	1.8	1.4	4.5	5.2	4.3		
M 2.5	−	2	1.6	5	5.8	4.7		
*M 2.6	−	2	1.6	5	5.8	4.7		
M 3	−	2.4	1.8	5.5	6.4	5.3		
(M 3.5)	−	2.8	2	6	6.9	5.8		
M 4	−	3.2	2.4	7	8.1	6.8	−	−
(M 4.5)	−	3.6	2.8	8	9.2	7.8		
M 5	−	4	3.2	8	9.2	7.8	7.2	0.4
M 6	−	5	3.6	10	11.5	9.8	9	0.4
(M 7)	−	5.5	4.2	11	12.7	10.8	10	0.4
M 8	M 8×1	6.5	5	13	15	12.5	11.7	0.4
M 10	M 10×1.25	8	6	17	19.6	16.5	15.8	0.4
M 12	M 12×1.25	10	7	19	21.9	18	17.6	0.6
(M 14)	(M 14×1.5)	11	8	22	25.4	21	20.4	0.6
M 16	M 16×1.5	13	10	24	27.7	23	22.3	0.6
(M 18)	(M 18×1.5)	15	11	27	31.2	26	25.6	0.6
M 20	M 20×1.5	16	12	30	34.6	29	28.5	0.6
(M 22)	(M 22×1.5)	18	13	32	37	31	30.4	0.6
M 24	M 24×2	19	14	36	41.6	34	34.2	0.6
(M 27)	(M 27×2)	22	16	41	47.3	39		
M 30	M 30×2	24	18	46	53.1	44	−	−
(M 33)	(M 33×2)	26	20	50	57.7	48		

備　考　1．六角ナットの仕上げ程度には，上，中，並の3種類あるが，中及び並にはM 5以下のものはなく，並には種はない．また，M85～M130の大型ナットは，22では省略した．
　　　　2．高さmは，指定によって，おねじの外径寸法に等しくとることができる．
　　　　3．止ナットには，通常3種を使用する．
　　　　4．＊印を付けたねじの呼びは，ISO 261のISOメートルねじにない．

付表 8 植込みボルト（JIS B 1173 より抜粋）

植込み側　　　　　ナット側

（単位 mm）

呼び径 (d)			4	5	6	8	10	12	(14)	16	(18)	20
ピッチ P	並目ねじ		0.7	0.8	1	1.25	1.5	1.75	2	2	2.5	2.5
	細目ねじ		−	−	−	−	1.25	1.25	1.5	1.5	1.5	1.5
d_s			4	5	6	8	10	12	14	16	18	20
b			10	12	14	18	20	22	25	28	30	32
b_m	1種		−	−	−	−	12	15	18	20	22	25
	2種		6	7	8	11	15	18	21	24	27	30
	3種		8	10	12	16	20	24	28	32	36	40
z (約)			0.8	0.8	1	1.2	1.5	2	2	2	2.5	2.5
l		12	○*	○*	○*	○*						
		14	○	○*	○*	○*						
		16	○	○	○*	○*	○*					
		18	○	○	○	○*	○*					
		20	○	○	○	○	○*	○*				
		22	○	○	○	○	○*	○*				
		25	○	○	○	○	○	○*	○*			
		28	○	○	○	○	○	○	○			
		30	○	○	○	○	○	○	○			
		32	○	○	○	○	○	○	○	○*	○*	○*
		35	○	○	○	○	○	○	○	○	○*	○*
		38	○	○	○	○	○	○	○	○	○	○
		40	○	○	○	○	○	○	○	○	○	○
		45		○	○	○	○	○	○	○	○	○
		50			○	○	○	○	○	○	○	○
		55				○	○	○	○	○	○	○
		60					○	○	○	○	○	○
		65					○	○	○	○	○	○
		70					○	○	○	○	○	○
		80					○	○	○	○	○	○
		90						○	○	○	○	○
		100						○	○	○	○	○
		110									○	○
		120									○	○
		140									○	○
		160									○	○

備考 1. 呼び径にかっこを付けたものは，なるべく用いない．
　　 2. x は不完全ねじ部の長さで原則として $^{+2P}_{\ 0}$ とする．ただし，P はねじのピッチとする．
　　 3. 各呼び径に対して推奨する呼び長さ (l) は太線の枠内とする．

付表 9 ボルト穴径及びざぐり径の寸法（JIS B 1001 より抜粋）

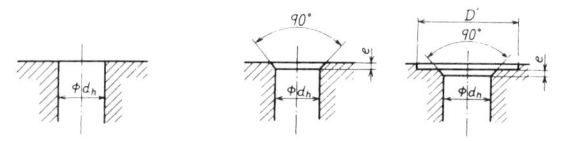

（単位　mm）

ねじの呼び径	ボルト穴径 d_h				面取り e	ざぐり径 D'	ねじの呼び径	ボルト穴径 d_h				面取り e	ざぐり径 D'
	1級	2級	3級	4級 (^{1})				1級	2級	3級	4級 (^{1})		
1	1.1	1.2	1.3	—	0.2	3	30	31	33	35	**36**	1.7	62
1.2	1.3	1.4	1.5	—	0.2	4	33	34	36	38	**40**	1.7	66
1.4	1.5	1.6	1.8	—	0.2	4	36	37	39	42	**43**	1.7	72
1.6	1.7	1.8	2	—	0.2	5	39	40	42	45	**46**	1.7	76
※1.7	**1.8**	**2**	**2.1**	—	0.2	5	42	43	45	48	—	1.8	82
1.8	2.0	2.1	2.2	—	0.2	5	45	46	48	52	—	1.8	87
2	2.2	2.4	2.6	—	0.3	7	48	50	52	56	—	2.3	93
2.2	2.4	2.6	2.8	—	0.3	8	52	54	56	62	—	2.3	100
※2.3	2.5	2.7	2.9	—	0.3	8	56	58	62	66	—	3.5	110
2.5	2.7	2.9	3.1	—	0.3	8	60	62	66	70	—	3.5	115
※2.6	2.8	3	3.2	—	0.3	8	64	66	70	74	—	3.5	122
3	3.2	3.4	3.6	—	0.3	9	68	70	74	78	—	3.5	127
3.5	3.7	3.9	4.2	—	0.3	10	72	74	78	82	—	3.5	133
4	4.3	4.5	4.8	**5.5**	0.4	11	76	78	82	86	—	3.5	143
4.5	4.8	5	5.3	**6**	0.4	13	80	82	86	91	—	3.5	148
5	5.3	5.5	5.8	**6.5**	0.4	13	85	87	91	96	—	—	—
6	6.4	6.6	7	**7.8**	0.4	15	90	93	96	101	—	—	—
7	7.4	7.6	8	—	0.4	18	95	98	101	107	—	—	—
8	8.4	9	10	**10**	0.6	20	100	104	107	112	—	—	—
10	10.5	11	12	**13**	0.6	24	105	109	112	117	—	—	—
12	13	13.5	14.5	**15**	1.1	28	110	114	117	122	—	—	—
14	15	15.5	16.5	**17**	1.1	32	115	119	122	127	—	—	—
16	17	17.5	18.5	**20**	1.1	35	120	124	127	132	—	—	—
18	19	20	21	**22**	1.1	39	125	129	132	137	—	—	—
20	21	22	24	**25**	1.2	43	130	134	137	144	—	—	—
22	23	24	26	**27**	1.2	46	140	144	147	155	—	—	—
24	25	26	28	**29**	1.2	50	150	155	158	165	—	—	—
27	28	30	32	**33**	1.7	55	（参考）d_h の許容差 (^{2})	H12	H13	H14	—	—	—

注 (^{1}) 4級は，主として鋳抜き穴に適用する．
　(^{2}) 参考として示したものであるが，寸法許容差の記号に対する数値は，JIS B 0401（寸法公差及びはめあい）による．

備考　1．この表で規定するねじの呼び径及びボルト穴径のうち，あみかけ（　）をした部分は，ISO 273に規定されていないものである．
　　　2．ねじの呼び径に※印を付けたものは，ISO 261 (ISO general purpose metric screw threads – General plan) に規定されていないものである．
　　　3．穴の面取りは，必要に応じて行い，その角度は原則として90度とする．
　　　4．あるねじの呼び径に対して，この表のざぐり径よりも小さいもの又は大きいものを必要とする場合は，なるべくこの表のざぐり径系列から数値を選ぶのがよい．
　　　5．ざぐり面は，穴の中心線に対して直角となるようにし，ざぐりの深さは，一般に黒皮がとれる程度とする．

付表 10 平座金 (JIS B 1256 より抜粋)
(a) 小形一部品等級 A の形状・寸法

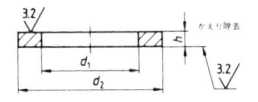

単位 mm

呼び径[1]	内径 d_1		外径 d_2		厚さ h		
	基準寸法 (最小)	最大	基準寸法 (最大)	最小	基準寸法	最大	最小
1.6	1.7	1.84	3.5	3.2	0.3	0.35	0.25
2	2.2	2.34	4.5	4.2	0.3	0.35	0.25
2.5	2.7	2.84	5	4.7	0.5	0.55	0.45
3	3.2	3.38	6	5.7	0.5	0.55	0.45
3.5	3.7	3.88	7	6.64	0.5	0.55	0.45
4	4.3	4.48	8	7.64	0.5	0.55	0.45
5	5.3	5.48	9	8.64	1	1.1	0.9
6	6.4	6.62	11	10.57	1.6	1.8	1.4
8	8.4	8.62	15	14.57	1.6	1.8	1.4
10	10.5	10.77	18	17.57	1.6	1.8	1.4
12	13	13.27	20	19.48	2	2.2	1.8
14	15	15.27	24	23.48	2.5	2.7	2.3
16	17	17.27	28	27.48	2.5	2.7	2.3
20	21	21.33	34	33.38	3	3.3	2.7
24	25	25.33	39	38.38	4	4.3	3.7
30	31	31.39	50	49.38	4	4.3	3.7
36	37	37.62	60	58.8	5	5.6	4.4

(b) 並形一部品等級 A の形状・寸法

単位 mm

呼び径[1]	内径 d_1		外径 d_2		厚さ h		
	基準寸法 (最小)	最大	基準寸法 (最大)	最小	基準寸法	最大	最小
1.6	1.7	1.84	4	3.7	0.3	0.35	0.25
2	2.2	2.34	5	4.7	0.3	0.35	0.25
2.5	2.7	2.84	6	5.7	0.5	0.55	0.45
3	3.2	3.38	7	6.64	0.5	0.55	0.45
3.5	3.7	3.88	8	7.64	0.5	0.55	0.45
4	4.3	4.48	9	8.64	0.8	0.9	0.7
5	5.3	5.48	10	9.64	1	1.1	0.9
6	6.4	6.62	12	11.57	1.6	1.8	1.4
8	8.4	8.62	16	15.57	1.6	1.8	1.4
10	10.5	10.77	20	19.48	2	2.2	1.8
12	13	13.27	24	23.48	2.5	2.7	2.3
14	15	15.27	28	27.48	2.5	2.7	2.3
16	17	17.27	30	29.48	3	3.3	2.7
20	21	21.33	37	36.38	3	3.3	2.7
24	25	25.33	44	43.38	4	4.3	3.7
30	31	31.39	56	55.26	4	4.3	3.7
36	37	37.62	66	64.8	5	5.6	4.4

注[1] 呼び径は，組み合わすねじの呼び径と同じである。

付表 11　ばね座金（JIS B 1251 より抜粋）

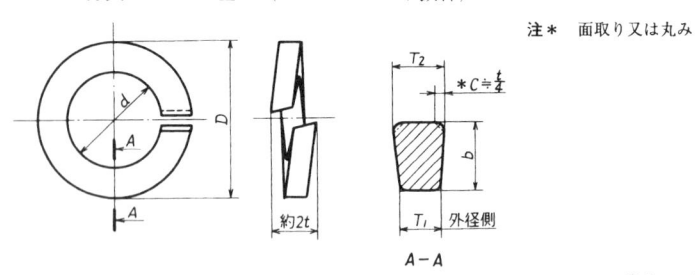

注＊　面取り又は丸み

（単位 mm）

呼び	内径d		断面寸法(最小)		外径D	試験後の	試験荷重
	基準寸法	許容差	幅b	厚さt(1)	（最大）	自由高さ（最小）	(kN)
2	2.1	+0.25 / 0	0.9	0.5	4.4	0.85	0.42
2.5	2.6	+0.3 / 0	1	0.6	5.2	1	0.69
3	3.1		1.1	0.7	5.9	1.2	1.03
(3.5)	3.6		1.2	0.8	6.6	1.35	1.37
4	4.1	+0.4 / 0	1.4	1	7.6	1.7	1.77
(4.5)	4.6		1.5	1.2	8.3	2	2.26
5	5.1		1.7	1.3	9.2	2.2	2.94
6	6.1		2.7	1.5	12.2	2.5	4.12
(7)	7.1		2.8	1.6	13.4	2.7	5.88
8	8.2	+0.5 / 0	3.2	2	15.4	3.35	7.45
10	10.2		3.7	2.5	18.4	4.2	11.8
12	12.2	+0.6 / 0	4.2	3	21.5	5	17.7
(14)	14.2		4.7	3.5	24.5	5.85	23.5
16	16.2	+0.8 / 0	5.2	4	28	6.7	32.4
(18)	18.2		5.7	4.6	31	7.7	39.2
20	20.2		6.1	5.1	33.8	8.5	49.0
(22)	22.5	+1.0 / 0	6.8	5.6	37.7	9.35	61.8
24	24.5		7.1	5.9	40.3	9.85	71.6
(27)	27.5	+1.2 / 0	7.9	6.8	45.3	11.3	93.2
30	30.5		8.7	7.5	49.9	12.5	118
(33)	33.5	+1.4 / 0	9.5	8.2	54.7	13.7	147
36	36.5		10.2	9	59.1	15	167
(39)	39.5		10.7	9.5	63.1	15.8	197

注(1)　$t = \dfrac{T_1 + T_2}{2}$
　　　この場合，$T_2 - T_1$ は，$0.064b$ 以下でなければならない。ただし，b はこの表で規定する最小値とする。
備考　呼びに括弧を付けたものは，なるべく用いない。

付表 12　すりわり付き小ねじ（JIS B 1101 より抜粋）

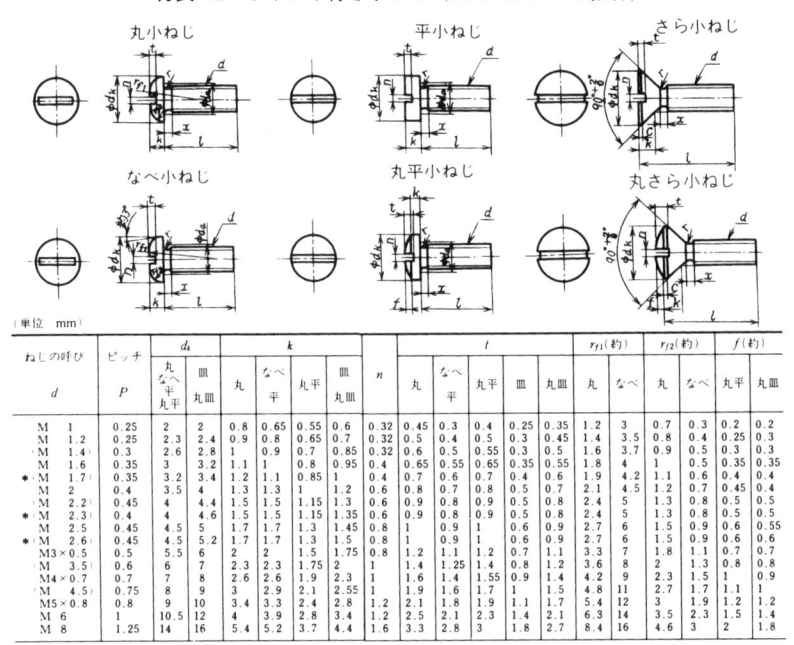

丸小ねじ　　　平小ねじ　　　さら小ねじ

なべ小ねじ　　丸平小ねじ　　丸さら小ねじ

（単位 mm）

ねじの呼び d	ピッチ P	d_k 丸 なべ 平 丸平	d_k 皿	k 丸 平	k なべ	k 丸平	k 皿	n	t 丸 なべ 平	t 丸平	t 皿	t 丸皿	r_{f1}(約) 丸 なべ	r_{f1}(約) 丸平	r_{f2}(約) 丸 なべ	r_{f2}(約) 丸平	f(約) 丸皿	f(約) 皿
M 1	0.25	2	2	0.8	0.65	0.55	0.6	0.32	0.45	0.3	0.25	0.35	1.2	3	0.7	0.3	0.2	0.2
M 1.2	0.25	2.3	2.4	0.9	0.8	0.65	0.7	0.32	0.5	0.4	0.3	0.45	1.4	3.5	0.8	0.4	0.25	0.3
(M 1.4)	0.3	2.6	2.8	1	0.9	0.7	0.85	0.4	0.6	0.5	0.35	0.5	1.6	4	0.9	0.5	0.3	0.3
M 1.6	0.35	3	3.2	1.1	1	0.8	0.95	0.4	0.65	0.55	0.35	0.55	1.8	4	1	0.5	0.35	0.35
*M 1.7	0.35	3.2	3.4	1.2	1	0.85	1	0.4	0.7	0.6	0.7	0.4	1.9	4.2	1.1	0.6	0.4	0.4
M 2	0.4	3.5	4	1.3	1.3	1	1.2	0.6	0.8	0.7	0.5	0.7	2.1	4.5	1.2	0.7	0.45	0.4
M 2.2	0.45	4	4.4	1.5	1.5	1.15	1.3	0.6	0.9	0.8	0.5	0.8	2.4	5	1.3	0.8	0.5	0.5
*M 2.3	0.4	4	4.6	1.5	1.5	1.15	1.35	0.6	0.9	0.8	0.5	0.8	2.4	5	1.3	0.8	0.5	0.5
M 2.5	0.45	4.5	5	1.7	1.7	1.3	1.45	0.8	1	0.9	1	0.6	2.7	6	1.5	0.9	0.6	0.55
*M 2.6	0.45	4.5	5.2	1.7	1.7	1.3	1.5	0.8	1	0.9	1	0.6	2.7	6	1.5	0.9	0.6	0.55
M3×0.5	0.5	5.5	6	2	2	1.5	1.75	0.9	1.2	1.1	1.2	0.7	3.3	7	1.8	1	0.7	0.7
M 3.5	0.6	6	7	2.4	2.5	1.75	2	1	1.4	1.25	1.4	1.2	3.6	8	2	1.3	0.8	0.8
M4×0.7	0.7	7	8	2.6	2.6	1.9	2.3	1	1.6	1.4	1.55	0.9	4.2	9	2.3	1.5	1	0.9
(M 4.5)	0.75	8	9	2.9	2.9	2.1	2.55	1	1.9	1.6	1.7	1.1	4.8	11	2.7	1.7	1.1	1
M5×0.8	0.8	9	10	3.4	3.3	2.4	2.8	1.2	2.1	1.8	1.9	1.1	5.4	12	3	2	1.2	1.2
M 6	1	10.5	12	3.9	3.9	2.8	3.4	1.6	2.5	2.1	2.1	1.5	6.3	14	3.5	2.3	1.5	1.4
M 8	1.25	14	16	5.4	5.2	3.7	4.4	1.6	3.3	2.8	3	1.8	8.4	16	4.6	3	2	1.8

備　考　1. ねじの呼びにかっこを付けたものは，なるべく使用しない．なお，＊印を付けたものは将来廃止することになっている．
　　　　2. 長さ l 及び b は下表による．

小ねじの l 及び b

（単位 mm）

ねじの呼び	M 1	M1.2	M1.4	M1.6	M 2	M2.2	M2.3	M2.5	M2.6	M 3	M3.5	M 4	M4.5	M 5	M 6	M 8	ねじの呼び
b	6	6	8	8	8	10	10	12	12	12	14	16	20	20	25	30	b
3	○•	○•	○•	○•													3
4	○	○	○	○	○•	○•	○•	○•	○•								4
5	○	○	○	○	○	○	○	○•	○•	○•							5
6	○	○	○	○	○	○	○	○	○	○•	○•						6
8	○	○	○	○	○	○	○	○	○	○	○	○•	○•				8
10	○	○	○	○	○	○	○	○	○	○	○	○	○	○•			10
12		○	○	○	○	○	○	○	○	○	○	○	○	○	○•		12
14				○	○	○	○	○	○	○	○	○	○	○	○		14
16					○	○	○	○	○	○	○	○	○	○	○	○•	16
20								○	○	○	○	○	○	○	○	○	20
25										○	○	○	○	○	○	○	25
30											○	○	○	○	○	○	30
35												○	○	○	○	○	35
40													○	○	○	○	40
45														○	○	○	45
50															○	○	50
55															○	○	55
60															○	○	60

備　考　1. 太線のわく内は，各ねじの呼びに対して推奨する呼び長さ（l）を示したもので，＊印を付けたものは，さら小ねじ及び丸さら小ねじには適用しない．
　　　　なお，呼び長さ（l）は，必要に応じて上表以外のものを使用することができるが，60mmを超える呼び長さ（l）を必要とする場合は，次によるのがよい．ただし，かっこを付けたものは，なるべく用いない．

（単位 mm）

65	70	75	80	85	90	(95)	100	(105)	110	(115)	120	(125)	130	140	150	160	170	180	190	200

付表 13　すりわり付き止めねじ（JIS B 1117 より抜粋）

平　先

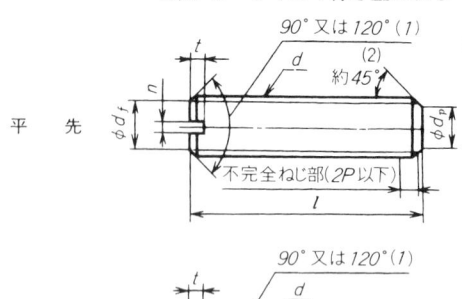

注 (1)　t が右の表に示す階段状の点線より短いものは，120°の面取りとする．
(2)　45°の角度は，おねじの谷の径より下の傾斜部に適用する．

丸　先

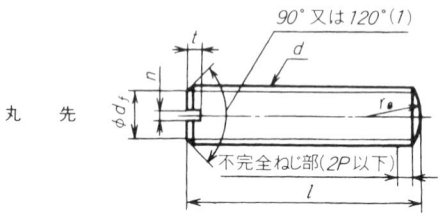

棒　先

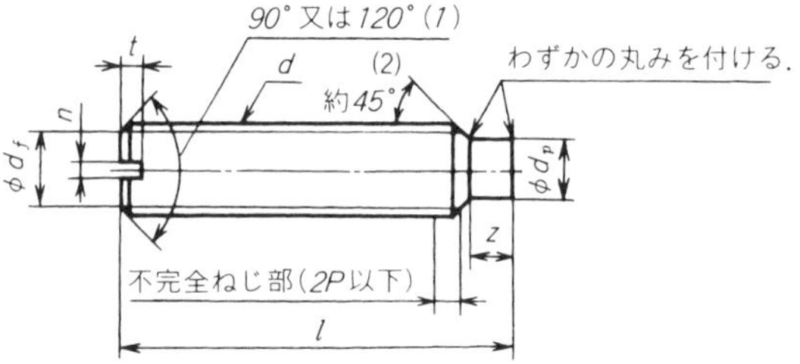

わずかの丸みを付ける．

とがり先

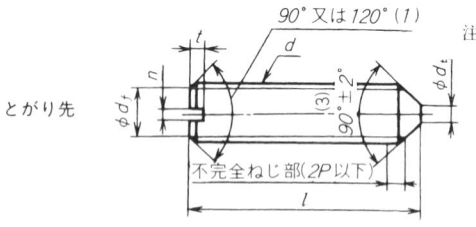

注 (3)　90°の角度は，t が右の表に示す階段状の点線より長い止めねじの谷の径より下の傾斜部に適用し，l がその点線より短いものに対しては，120°±2°の角度を適用する．

くぼみ先

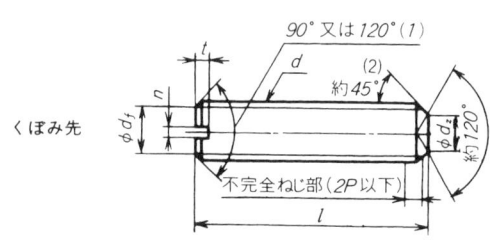

付表 13 すりわり付き止めねじ（つづき）

（単位 mm）

ねじの呼び d		M1	M1.2	(M1.4)	M1.6	*M1.7	M2	*M2.3	M2.5	*M2.6	M3	(M3.5)	M4	M5	M6	M8	M10	M12
ピッチ P		0.25	0.25	0.3	0.35	0.35	0.4	0.4	0.45	0.45	0.5	0.6	0.7	0.8	1	1.25	1.5	1.75
d_f	約	おねじの谷の径																
d_p (平先)	最小	0.25	0.35	0.45	0.55	0.55	0.75	0.95	1.25	1.25	1.75	1.95	2.25	3.2	3.7	5.2	6.64	8.14
	最大(基準寸法)	0.5	0.6	0.7	0.8	0.8	1	1.2	1.5	1.5	2	2.2	2.5	3.5	4	5.5	7	8.5
d_p (棒先)	最小	−	−	−	0.55	−	0.75	−	1.25	−	1.75	1.95	2.25	3.2	3.7	5.2	6.64	8.14
	最大(基準寸法)	−	−	−	0.8	−	1	−	1.5	−	2	2.2	2.5	3.5	4	5.5	7	8.5
d_t	最大	0.1	0.12	0.14	0.16	−	0.2	−	0.25	−	0.3	0.35	0.4	0.5	1.5	2	2.5	3
d_s	最小	−	−	−	0.55	−	0.75	−	0.95	−	1.15	1.45	1.75	2.25	2.75	4.7	5.7	6.64
	最大(基準寸法)	−	−	−	0.8	−	1	−	1.2	−	1.4	1.7	2	2.5	3	5	6	7
z	最小	−	−	−	0.8	−	1	−	1.25	−	1.5	1.75	2	2.5	3	4	5	6
	最大	−	−	−	1.05	−	1.25	−	1.5	−	1.75	2	2.25	2.75	3.25	4.3	5.3	6.3
r_e	約	1.4	1.7	2	2.2	2.2	2.8	3.1	3.5	3.5	4.2	4.9	5.6	7	8.4	11	14	17
n	呼び(基準寸法)	0.2	0.2	0.25	0.25	0.25	0.25	0.4	0.4	0.4	0.4	0.5	0.6	0.8	1	1.2	1.6	2
	最小	0.26	0.26	0.31	0.31	0.31	0.31	0.46	0.46	0.46	0.46	0.56	0.66	0.86	1.06	1.26	1.66	2.06
	最大	0.4	0.4	0.45	0.45	0.45	0.45	0.6	0.6	0.6	0.6	0.7	0.8	1	1.2	1.51	1.91	2.31
t	最小	0.3	0.4	0.4	0.56	0.56	0.64	0.64	0.72	0.72	0.8	0.96	1.12	1.28	1.6	2	2.4	2.8
	最大	0.42	0.52	0.52	0.74	0.74	0.84	0.84	0.95	0.95	1.05	1.21	1.42	1.63	2	2.5	3	3.6

呼び長さ l (基準寸法)	最小	最大
2	1.8	2.2
2.5	2.3	2.7
3	2.8	3.2
4	3.7	4.3
5	4.7	5.3
6	5.7	6.3
8	7.7	8.3
10	9.7	10.3
12	11.6	12.4
(14)	13.6	14.4
16	15.6	16.4
20	19.6	20.4
25	24.6	25.4
30	29.6	30.4
35	34.5	35.5
40	39.5	40.5
45	44.5	45.5
50	49.5	50.5
55	54.4	55.6
60	59.4	60.6

備考 1. ねじの呼びにかっこを付けたものは，なるべく用いない．
　　なお，ねじの呼びM1.7，M2.3及びM2.6のものは，1992年12月限りで廃止する．
　　2. ねじの呼びに対して推奨する呼び長さ(l)は，太線の枠内とする．ただし l にかっこを付けたものは，なるべく用いない．
　　なお，この表以外の l を特に必要とする場合は，注文者が指定する．

付表 14 円筒軸端 (JIS B 0903 より抜粋)

段のない場合　段付きの場合　沈みキーを用いる場合の例
　　　　　　　　　　　　　　（エンドミル加工）（みぞフライス加工）
　　　　　　　　　　　　　　　　キーの呼び寸法 $b \times h$

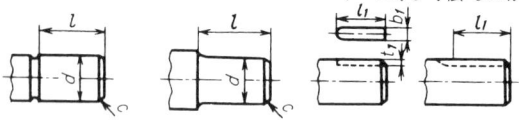

（単位　mm）

軸端の直径 d	軸端の長さ l		直径 d の許容差	（参考）端面の面取り c	沈みキーを用いる場合				キーの呼び寸法 $b \times h$
					キーみぞ		l_1（参考）		
	短軸端	長軸端			b_1	t_1	短軸端	長軸端	
6	—	16	$j6$	0.5	—	—	—	—	—
7	—	16			—	—	—	—	—
8	—	20			—	—	—	—	—
9	—	20	$j6$	0.5	—	—	—	—	—
10	20	23			3	1.8	—	20	3×3
11	20	23			4	2.5	—	20	4×4
12	25	30	$j6$	0.5	4	2.5	—	20	4×4
14	25	30			5	3.0	—	25	5×5
16	28	40			5	3.0	25	36	5×5
18	28	40	$j6$	0.5	6	3.5	25	36	6×6
19	28	40			6	3.5	25	36	6×6
20	36	50			6	3.5	32	45	6×6
22	36	50	$j6$	0.5	6	3.5	32	45	6×6
24	36	50			8	4.0	32	45	8×7
25	42	60			8	4.0	36	50	8×7
28	42	60	$j6$	1	8	4.0	36	50	8×7
30	58	80			8	4.0	50	70	8×7
32	58	80	$k6$		10	5.0	50	70	10×8
35	58	80		1	10	5.0	50	70	10×8
38	58	80	$k6$		10	5.0	50	70	10×8
40	82	110			12	5.0	70	90	12×8
42	82	110			12	5.0	70	90	12×8
45	82	110	$k6$	1	14	5.5	70	90	14×9
48	82	110			14	5.5	70	90	14×9
50	82	110	$k6$		14	5.5	70	90	14×9
55	82	110		1	16	6.0	70	90	16×10
56	82	110	$m6$		16	6.0	70	90	16×10
60	105	140			18	7.0	90	110	18×11
63	105	140	$m6$	1	18	7.0	90	110	18×11
65	105	140			18	7.0	90	110	18×11

付表 15　平行キー用のキー溝の形状及び寸法 (JIS B 1301)

キー溝の断面

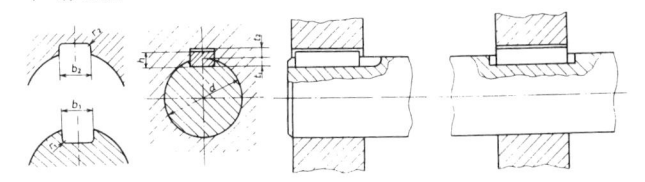

(単位 mm)

キーの呼び寸法 $b×h$	b_1及びb_2の基準寸法	滑動形 b_1 許容差(H9)	滑動形 b_2 許容差(D10)	普通形 b_1 許容差(N9)	普通形 b_2 許容差(Js9)	締込み形 b_1及びb_2 許容差(P9)	r_1及びr_2	t_1の基準寸法	t_2の基準寸法	t_1及びt_2の許容差	参考 適応する軸径(1) d
2×2	2	+0.025 / 0	+0.060 / +0.020	-0.004 / -0.029	±0.012 5	-0.006 / -0.031	0.08〜0.16	1.2	1.0	+0.1 / 0	6〜 8
3×3	3							1.8	1.4		8〜 10
4×4	4	+0.030 / 0	+0.078 / +0.030	0 / -0.030	±0.015 0	-0.012 / -0.042		2.5	1.8		10〜 12
5×5	5						0.16〜0.25	3.0	2.3		12〜 17
6×6	6							3.5	2.8		17〜 22
(7×7)	7	+0.036 / 0	+0.098 / +0.040	0 / -0.036	±0.018 0	-0.015 / -0.051		4.0	3.3	+0.2 / 0	20〜 25
8×7	8							4.0	3.3		22〜 30
10×8	10						0.25〜0.40	5.0	3.3		30〜 38
12×8	12	+0.043 / 0	+0.120 / +0.050	0 / -0.043	±0.021 5	-0.018 / -0.061		5.0	3.3		38〜 44
14×9	14							5.5	3.8		44〜 50
(15×10)	15							5.0	5.3		50〜 55
16×10	16							6.0	4.3		50〜 58
18×11	18							7.0	4.4		58〜 65
20×12	20	+0.052 / 0	+0.149 / +0.065	0 / -0.052	±0.026 0	-0.022 / -0.074	0.40〜0.60	7.5	4.9		65〜 75
22×14	22							9.0	5.4		75〜 85
(24×16)	24							8.0	8.4		80〜 90
25×14	25							9.0	5.4		85〜 95
28×16	28							10.0	6.4		95〜110
32×18	32	+0.062 / 0	+0.180 / +0.080	0 / -0.062	±0.031 0	-0.026 / -0.088		11.0	7.4		110〜130
(35×22)	35						0.70〜1.00	11.0	11.4	+0.3 / 0	125〜140
36×20	36							12.0	8.4		130〜150
(38×24)	38							12.0	12.4		140〜160
40×22	40							13.0	9.4		150〜170
(42×26)	42							13.0	13.4		160〜180
45×25	45							15.0	10.4		170〜200
50×28	50							17.0	11.4		200〜230
56×32	56	+0.074 / 0	+0.220 / +0.100	0 / -0.074	±0.037 0	-0.032 / -0.106	1.20〜1.60	20.0	12.4		230〜260
63×32	63							20.0	12.4		260〜290
70×36	70							22.0	14.4		290〜330
80×40	80						2.00〜2.50	25.0	15.4		330〜380
90×45	90	+0.087 / 0	+0.260 / +0.120	0 / -0.087	±0.043 5	-0.037 / -0.124		28.0	17.4		380〜440
100×50	100							31.0	19.5		440〜500

注(1) 適応する軸径は,キーの強さに対応するトルクから求められるものであって,一般用途の目安として示す。キーの大きさが伝達するトルクに対して適切な場合には,適応する軸径より太い軸を用いてもよい。その場合には,キーの側面が,軸及びハブに均等に当たるようにt_1及びt_2を修正するのがよい。適応する軸径より細い軸には用いないほうがよい。

備考　括弧を付けた呼び寸法のものは,対応国際規格には規定されていないので,新設計には使用しない。

付表 16 平行キーの形状及び寸法 (JIS B 1301)

キー本体　　　ねじ用穴 (穴A:固定ねじ用穴　穴B:抜きねじ用穴)

$s_1 = b$ の公差 × $\frac{1}{2}$　　$s_2 = h$ の公差 × $\frac{1}{2}$

$f = l - 2b$

(単位 mm)

キーの呼び寸法 $b \times h$	キー本体					c ([2])	l ([1])	ねじ用穴			
	b		h					ねじの呼び	d_1	d_2	d_3	g
	基準寸法	許容差 (h9)	基準寸法	許容差							
2×2	2	0 -0.025	2	0 -0.025	h9	0.16〜0.25	6〜 20	—	—	—	—
3×3	3		3				6〜 36	—	—	—	—
4×4	4	0 -0.030	4	0 -0.030			8〜 45	—	—	—	—
5×5	5		5			0.25〜0.40	10〜 56	—	—	—	—
6×6	6		6				14〜 70	—	—	—	—
(7×7)	7	0 -0.036	7	0 -0.036			16〜 80	—	—	—	—
8×7	8		7	0 -0.090	h11		18〜 90	M 3	6.0	3.4	2.3
10×8	10		8			0.40〜0.60	22〜110	M 3	6.0	3.4	2.3
12×8	12	0 -0.043	8				28〜140	M 4	8.0	4.5	3.0
14×9	14		9				36〜160	M 5	10.0	5.5	3.7
(15×10)	15		10				40〜180	M 5	10.0	5.5	3.7
16×10	16		10				45〜180	M 5	10.0	5.5	3.7
18×11	18		11	0 -0.110			50〜200	M 6	11.5	6.6	4.3
20×12	20	0 -0.052	12			0.60〜0.80	56〜220	M 6	11.5	6.6	4.3
22×14	22		14				63〜250	M 6	11.5	6.6	4.3
(24×16)	24		16				70〜280	M 8	15.0	9.0	5.7
25×14	25		14				70〜280	M 8	15.0	9.0	5.7
28×16	28		16				80〜320	M10	17.5	11.0	10.8
32×18	32	0 -0.062	18				90〜360	M10	17.5	11.0	10.8
(35×22)	35		22	0 -0.130		1.00〜1.20	100〜400	M10	17.5	11.0	10.8
36×20	36		20		h11	1.00〜1.20	—	M12	20.0	14.0	13.0
(38×24)	38	0 -0.062	24	0 -0.130			—	M10	17.5	11.0	10.8
40×22	40		22				—	M12	20.0	14.0	13.0
(42×26)	42		26				—	M10	17.5	11.0	10.8
45×25	45		25				—	M12	20.0	14.0	13.0
50×28	50		28				—	M12	20.0	14.0	13.0
56×32	56	0 -0.074	32	0 -0.160		1.60〜2.00	—	M12	20.0	14.0	13.0
63×32	63		32				—	M12	20.0	14.0	13.0
70×36	70		36				—	M16	26.0	18.0	17.5
80×40	80		40			2.50〜3.00	—	M16	26.0	18.0	17.5
90×45	90	0 -0.087	45				—	M20	32.0	22.0	21.5
100×50	100		50				—	M20	32.0	22.0	21.5

注([1])　l は、表の範囲内で、次の中から選ぶのがよい。

なお、l の寸法許容差は、h12とする。

6, 8, 10, 12, 14, 16, 18, 20, 22, 25, 28, 32, 36, 40, 45, 50, 56, 63, 70, 80, 90, 100, 110, 125, 140, 160, 180, 200, 220, 250, 280, 320, 360, 400

([2])　45°面取り (c) の代わりに丸み (r) でもよい。

備考　括弧を付けた呼び寸法のものは、対応国際規格には規定されていないので、新設計には使用しない。

参考　付表1に規定するキーの許容差よりも公差の小さいキーが必要な場合には、キーの幅bに対する許容差をh7とする。この場合の高さhの許容差は、キーの呼び寸法7×7以下はh7、キーの呼び寸法8×7以上はh11とする。

(付図 1)

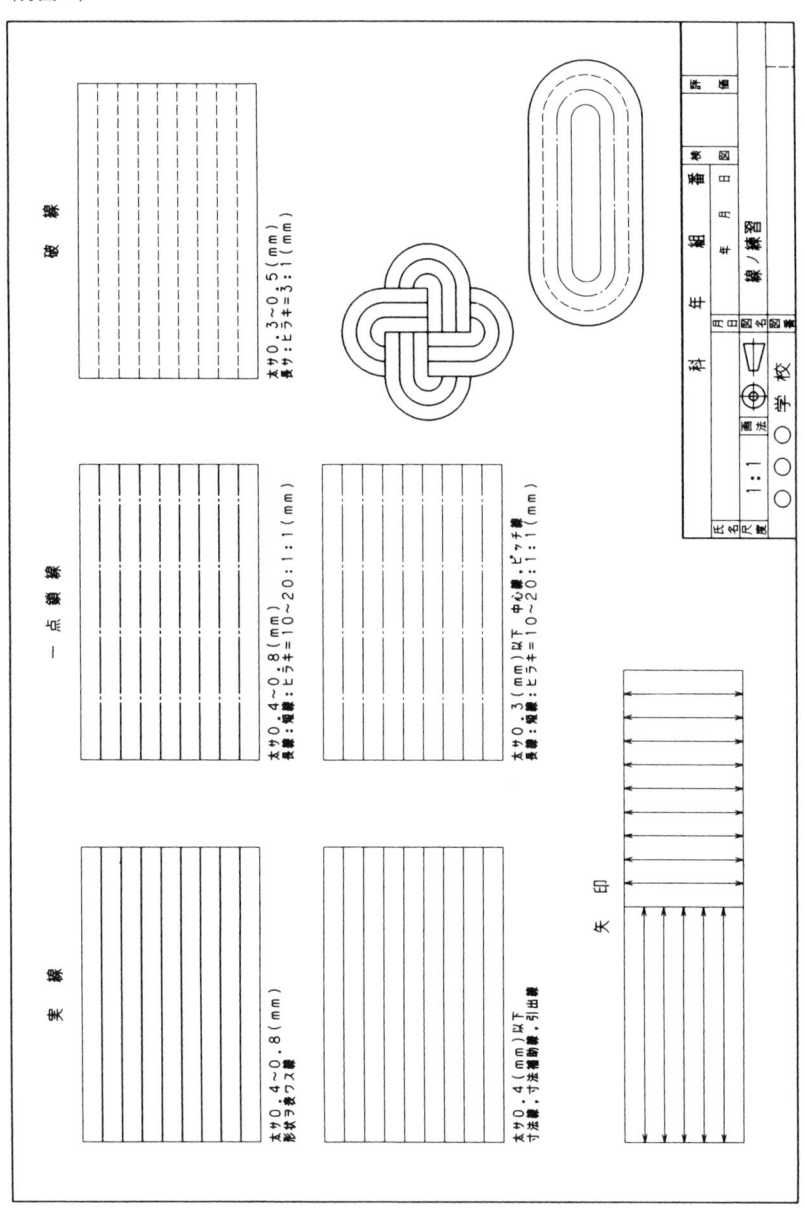

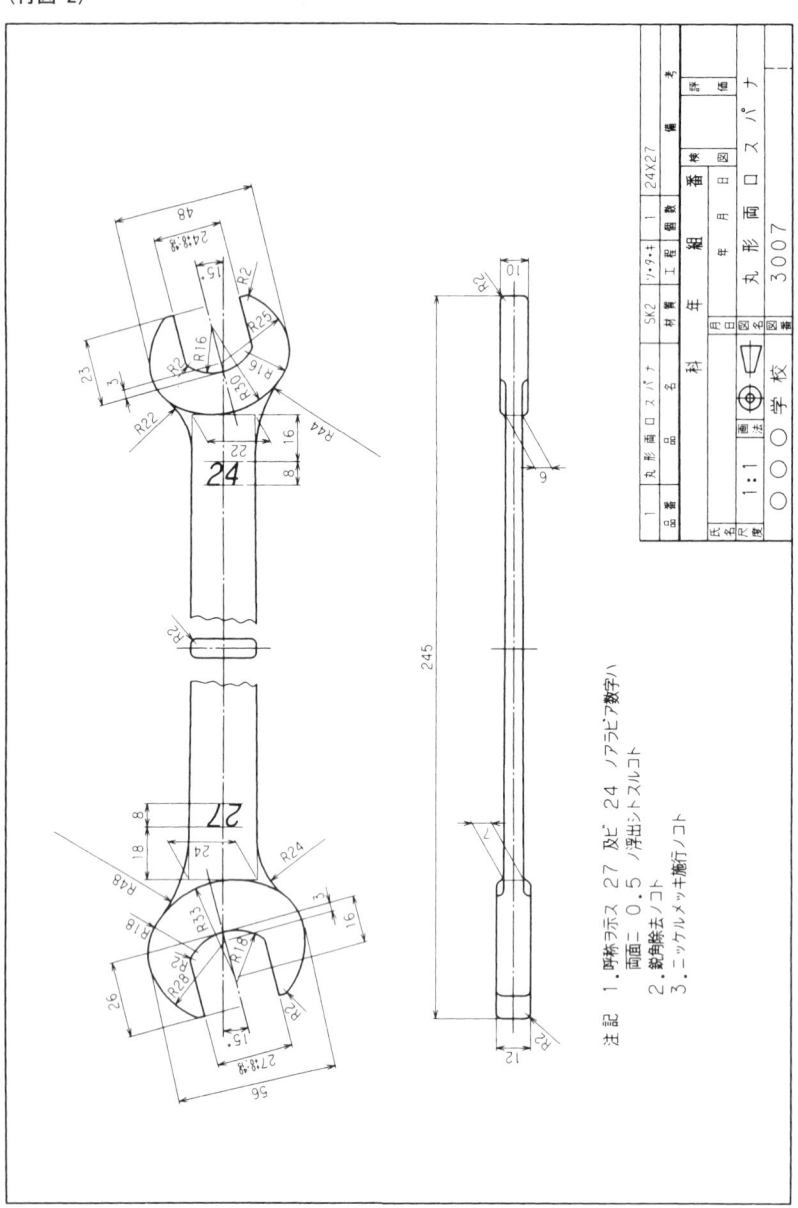

(付図 2)

(付図 3)

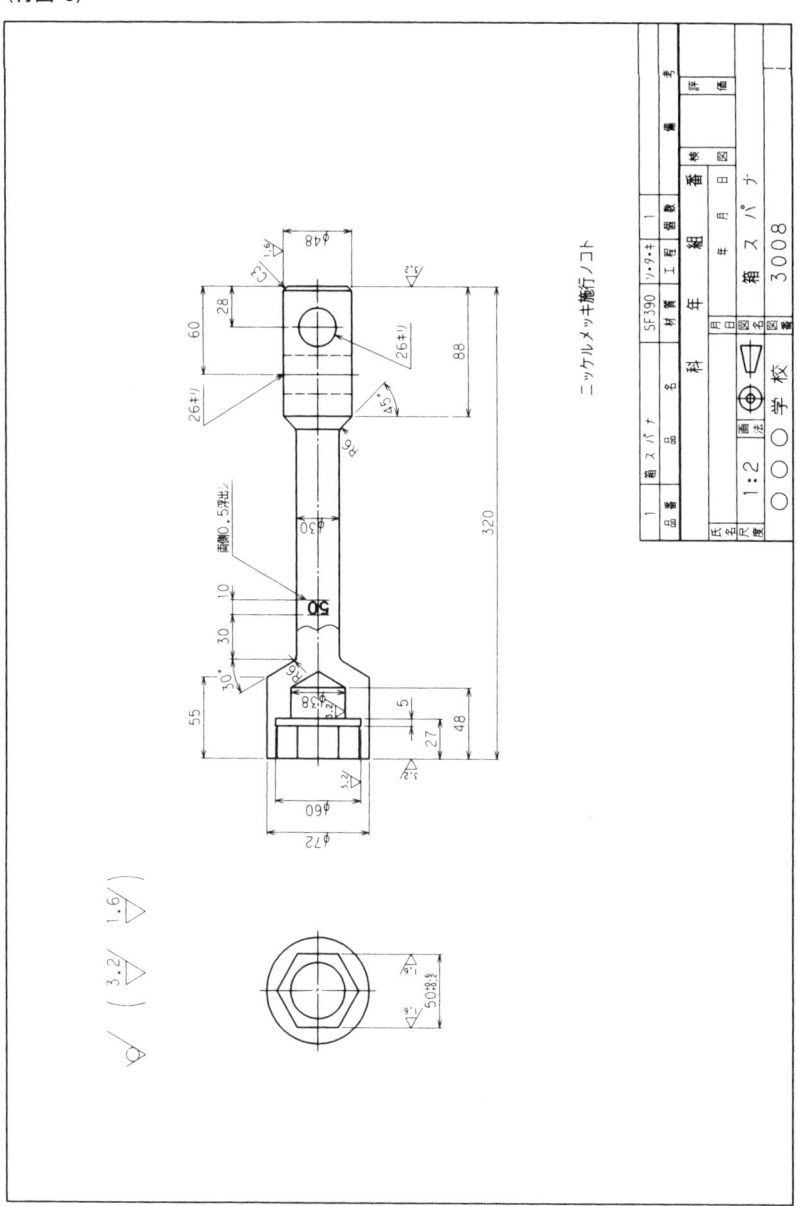

(付図 4)

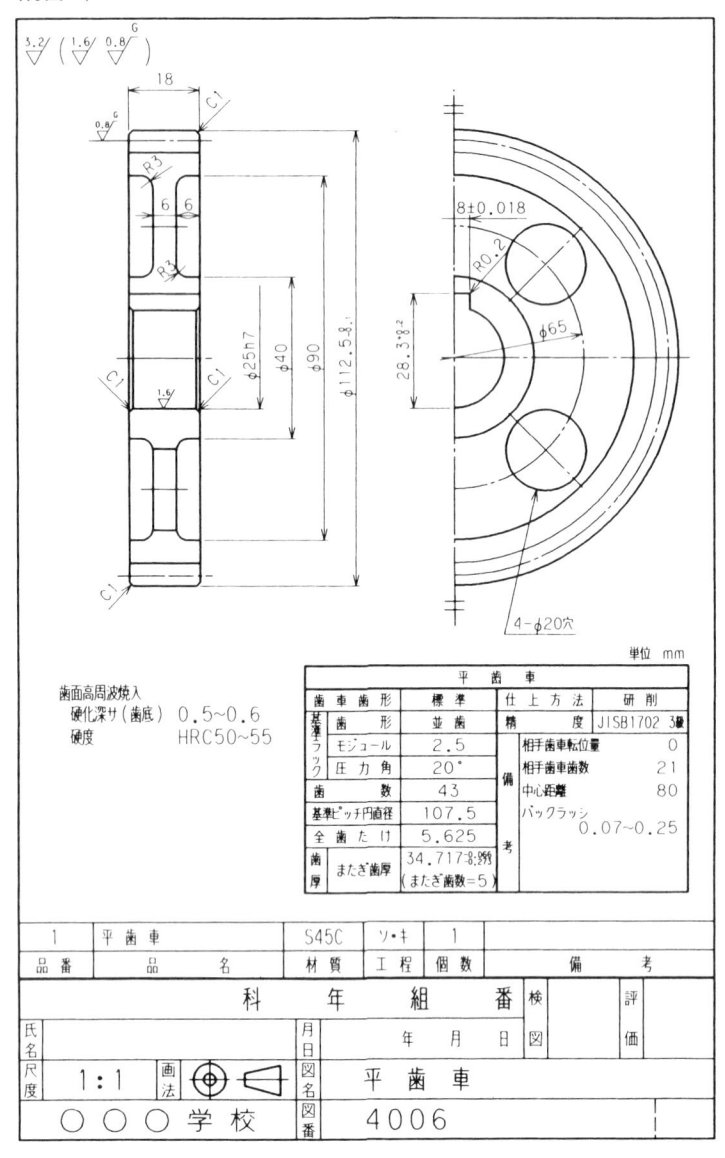

歯面高周波焼入
 硬化深サ(歯底) 0.5~0.6
 硬度 HRC50~55

平歯車		
歯車歯形	標準	仕上方法	研削
歯形	並歯	精度	JISB1702 3級
基準ラック モジュール	2.5	備考 相手歯車転位量	0
圧力角	20°	相手歯車歯数	21
歯数	43	中心距離	80
基準ピッチ円直径	107.5	バックラッシ	0.07~0.25
全歯たけ	5.625		
歯厚 またぎ歯厚	34.717$^{-0.08}_{-0.129}$ (またぎ歯数=5)		

1	平歯車	S45C	ソ・キ	1	
品番	品名	材質	工程	個数	備考

科 年 組 番 検 評
氏名 月日 年 月 日 図 価
尺度 1:1 画法 図名 平歯車
○○○学校 図番 4006

単位 mm

索　引

［あ行］

アーク溶接 ………………………… 165
ISO ………………………………… 14, 23
IT 基本公差 ……………………… 121
圧縮コイルばね …………………… 236
圧力角 ……………………………… 219
穴基準はめあい …………………… 123
穴ゲージ …………………………… 115
穴の寸法 …………………………… 115
穴の表示 …………………………… 91
アパーチャーカード ……………… 2
油と石 ……………………………… 28
粗さ曲線 …………………………… 135
粗さパラメータ …………………… 137
板の厚さ …………………………… 89
一点鎖線 …………………………… 42
いぬき穴 …………………………… 92
インチねじ ………………………… 199
インボリュート曲線 …………… 53, 216
インボリュート歯型 ……………… 219
植込みボルト ……………………… 201
上の寸法許容差 …………………… 115
ウォームホイール …………… 216, 233
うず巻きばね ……………………… 239
薄肉部の断面図 …………………… 77
打ちぬき穴 ………………………… 92
うねり曲線 ………………………… 135
鋭角断面図 ………………………… 76
SI …………………………………… 81
円弧 ………………………………… 90
円弧の長さ ………………………… 91
円弧の半径 ………………………… 90
鉛筆 ………………………………… 27
円ピッチ …………………………… 217

押えボルト ………………………… 201
おねじ ………………………… 198, 204

［か行］

開先 ………………………………… 168
段階断面図 ………………………… 76
回転図示断面図 …………………… 76
回転投影図 ………………………… 68
角度 …………………………… 81, 87
重ね板ばね …………………… 237, 244
外径（ねじの） …………………… 198
外形線 ……………………………… 39
片仮名 ……………………………… 45
片側断面図 ………………………… 75
下面図 ……………………………… 22
からす口 …………………………… 28
漢字 ………………………………… 45
関連形体 …………………………… 151
キーみぞ …………………………… 94
機械製図 …………………………… 35
幾何公差 …………………………… 150
企業規格 …………………………… 14
基準線 ……………………………… 115
基準寸法 …………………………… 115
基準 ………………………………… 104
基礎円 ……………………………… 220
起点記号 …………………………… 105
機能寸法 …………………………… 81
CAD ………………………………… 11
球の直径 …………………………… 89
球の半径 …………………………… 89
曲線の表示 ………………………… 91
局部投影図 ………………………… 67
許容限界寸法 ……………………… 115
きり穴 ……………………………… 91

301

曲面断面図	76
管用テーパねじ	199, 200, 284
公差等級	116
管用平行ねじ	199, 200, 284
組立図	6
雲形定規	29
繰り返し図形	69
黒丸	85, 86
限界ゲージ	114
限界ゲージ方式	115
現尺	36
検図	259
原図	9
弦の長さ	90
現場溶接	167
コイルばね	236
公差域	116
公差域クラス	116
公差記入枠	153
工作図	11
こう配	93
国際単位表（SI）	81
国際電気標準会議	23
国際標準化機構	14
極太線	37, 38
国家規格	14
転がり軸受	247
ころ軸受	247
コンパス	32
合成断面図	77

[さ行]

サイクロイド曲線	216
最小許容寸法	115
最小実態状態	156
最小めしろ	122
細線	38
最小すきま	122
最大許容寸法	115
最大実態公差方式	156

最大実体状態	156
最大しめしろ	122
最大すきま	122
最大高さ粗さ	137
座ぐり	92
皿座ぐり	92
さらばね	239
三角定規	28
三角ねじ	200
参考寸法	81
算術平均粗さ	137
仕上記号	148
JIS	12
軸基準はめあい	123
軸ゲージ	115
軸測投影法	19
字消し板	26
下の寸法許容差	115
実効状態	157
実寸法	114
実線	39
実表面の断面曲線	136
実用データム形体	154
しま鋼板	71
しまりばめ	122
しめしろ	122
尺度	35
斜体	46
斜投影法	18
重心線	44
縮尺	36
主投影図	62
条数（ねじの）	198
少数点	81
小歯車	218
正面図	23, 62
省略図	69
照合番号	7, 108
除去加工	139
写図	9

垂直線	29
水平線	29
数字	46
すきま	122
すきまばめ	122
すぐばかさ歯車	217, 229
スケッチ図	273
筋目方向	142
スマッシング	41
墨入れ	108
すみ肉部	67
すみ肉溶接	170
図面番号	110
図面と一致しない寸法	98
スラスト玉軸受	247
寸法	80
寸法公差	113
寸法線	39, 83
寸法補助記号	88
寸法補助線	39, 84
製作図	11
製図	2
製図用具	25
製図機械	25
製図規格	14
製図者	27
製図板	33
製図用紙	27
製図用テープ	26
正投影法	20, 59
正方形の記号	88
設計者	2
設計図	11
切断してはならないもの	78
切断線	44, 76
説明線	167, 168
線	36
製作工程	265
全周溶接	167
全断面図	75
全ねじ六角ボルト	202
線の種類	39
線の形と太さ	37
相貫線	56
相貫体	56
想像図	68
想像線	44
側面図	23

[た行]

第一角法	21
台形ねじ	200
第三角法	21
対称図形	69
第二原図	9
だ円	51, 52
竹の子ばね	238, 245
多条ねじ	208
玉軸受	247
単独形体	153
端末記号	82, 86
断面曲線	135
断面図	75
チェックリスト	259
中間ばめ	122
中心線	43
中心マーク	35
重複寸法	104
直径	89
直径の記号	88
直角断面図	76
直径ピッチ	218
T定規	28
抵抗溶接	165
訂正欄	112
ディバイダ	31
データム	150
データム形体	154
データム三角記号	154
直列寸法記入法	104

適切なパラメータの例	139
テーパ	93
テーパおねじ	200, 283
テーパめねじ	200, 283
転位係数	221
転位歯車	220
転位量	221
展開図	73
投影法	17
投影面	21
等角投影	20
透視投影法	17
動的公差線図	156
通しボルト	201
通り側	115
独立の原則	156
止まり側	115
トレース	9

[な行]

内径（ねじの）	198
ナット	201
二点鎖線	44
日本工業規格（JIS）	12
日本標準規格（JES）	12
ねじ	198
ねじの外径	198
ねじの条数	198
ねじの谷の径	198
ねじの等級	208
ねじの呼び	207
ねじ歯車	216, 228
ねじりコイルばね	237

[は行]

倍尺	36
ハイポイドギア	217, 231
歯車	215
歯先円	217
はさみゲージ	115
はすばかさ歯車	217
はすば歯車	216, 225
破線	42
破断線	39
ハッチング	41
歯底円	217
ばね	236
はめあい	121
はめあい方式	121
パラメータ	136
半径	89
半径の記号	88
万国規格統一協会	23
ビード肉盛	166
引出線	40, 86
非機能寸法	81
左ねじ	198
左巻きばね	240
ピッチ（ねじの）	204
ピッチ円	215
ピッチ線	43
引張りコイルばね	237
標準数	81
表題欄	109
表面粗さ	135
表面性状	135
表面性状記号の図面記入法	143
表面性状の図示方法	139
表面性状の適用例	148
平仮名	46
平鋼	96
平歯車	216, 224
深座ぐり	92
不完全ねじ部	206
普通公差	127
不等角投影	17
太線	38
部品欄	109
不必要な寸法	104
部品図	7

部品番号 ……………………… 7, 108	面の指示記号 …………………… 143
部品表 ……………………………… 111	面の肌 ……………………………… 135
部分組立図 ………………………… 11	文字 ………………………………… 45
部分断面図 ………………………… 75	モジュール ………………………… 218
部分投影図 …………………… 67, 72	元図 ………………………………… 9
プラグゲージ …………………… 115	ものさし …………………………… 26
プラグ溶接 ……………………… 170	
分度器 ……………………………… 26	[や行]
平行めねじ ………………… 200, 283	矢印 ………………………………… 86
平面幾何画法 ……………………… 48	やまば歯車 …………………… 217, 227
平面図 ……………………………… 22	有効径六角ボルト ……………… 202
並列寸法記入法 …………………… 104	ユニファイ並目ねじ …………… 199
放物線 ……………………………… 52	ユニファイ細目ねじ …………… 199
補助投影図 …………………… 67, 72	用器画法 …………………………… 48
細線 ………………………………… 37	溶接 ………………………………… 165
ボルト ……………………………… 201	要目表 ………………………… 221, 234
ボルト穴径 ……………………… 288	呼び径六角ボルト ……………… 202
[ま行]	[ら行]
マイクロフィルム ………………… 2	ラジアル玉軸受 ………………… 247
μm ………………………………… 81	ラック ……………………………… 234
右ねじ ……………………………… 198	リーマ穴 …………………………… 92
見取図 ……………………………… 273	リベット …………………………… 163
ミニチュアねじ ………………… 208	輪郭線 ……………………………… 35
メートル並目ねじ ………… 199, 280	累進寸法記入法 ………………… 105
メートル細目ねじ ………… 199, 281	ローマ字 …………………………… 46
めねじ ……………………… 198, 205	ローレット ………………………… 71
面取り ……………………………… 90	六角ナット ……………………… 213
面取り記号 ………………………… 90	六角ボルト ……………………… 213

〈著者略歴〉

山本唯雄
昭和23年日本大学理工学部機械工学科卒
小松ゼノア㈱顧問
元日本大学理工学部講師兼務

蓮尾諭吉
昭和12年東京大学工学部機械工学科卒
中島飛行機㈱発動機研究部
富士重工業㈱技術開発室長歴任
元明治大学工学部教授

安部政見
昭和10年東京大学工学部機械工学科卒
三菱重工業長崎造船所造機工作部
三菱重工業長崎造船所機械事業部技師長
三菱重工業本社社長室技術管理部調査役
元明治大学工学部教授

宗川浩也
昭和34年日本大学工学部（現理工学部）
　　　　　機械工学科卒
いすゞ自動車㈱小型車設計部　品質保証部
泉平田精機㈱取締役工場長
イズミ工業㈱参与
元日本大学理工学部機械工学科非常勤講師

伊藤公夫
昭和35年日本大学理工学部機械工学科卒
㈱伊東製作所
アイテック代表
元日本大学理工学部機械工学科非常勤講師

編者
吉田幸司
昭和57年日本大学理工学部機械工学科卒
昭和59年日本大学大学院博士前期課程機械工学専攻修了
昭和62年日本大学大学院博士後期課程機械工学専攻単位取得退学
昭和62年日本大学短期大学部工業技術科機械コース助手
平成5年　日本大学理工学部機械工学科助手
平成7年　博士（工学）の学位取得
平成8年　日本大学理工学部機械工学科専任講師
平成12年日本大学理工学部機械工学科助教授
平成16年日本大学理工学部機械工学科教授

JISによる機械製図法

2008年3月20日　第1版1刷発行	編　者	吉田幸司
	著　者	山本唯雄　　蓮尾諭吉
		安部政見　　宗川浩也
		伊藤公夫
	発行所	学校法人　東京電機大学 東京電機大学出版局 代表者　加藤康太郎
		〒101-8457 東京都千代田区神田錦町2-2 振替口座　00160-5-71715 電話　（03）5280-3433（営業） 　　　（03）5280-3422（編集）
印刷・製本　新日本印刷㈱	© Yoshida Koji et al.　2008 Printed in Japan	

＊無断で転載することを禁じます．
＊落丁・乱丁本はお取替えいたします．

ISBN978-4-501-41680-5 C3053

本書は，㈱山海堂から刊行されていた新訂4版をもとに，著者との新たな出版契約により東京電機大学出版局から刊行されるものである．

基礎機械工学図書

わかりやすい機械教室
機械力学 考え方・解き方　演習付

小山十郎 著　A5判　214頁　2色刷

好評の「機械の力学考え方解き方I 機械力学編」を全面的に見直し，SI単位系に切り換えると共に書名を「機械力学考え方解き方」とした。講習会のテキストとしても自習書としても活用できる。

わかりやすい機械教室
材料力学 考え方・解き方　演習付

萩原國雄 著　A5判　278頁　2色刷

前書「機械の力学考え方解き方II 材料力学編」を全面的に見直し，SI単位系に切り換えると共に書名を「材料力学考え方解き方」とした。

わかりやすい機械教室
改訂 流体の基礎と応用

森田泰司 著　A5判　214頁

流体についてやさしく理解できるように，難解な数式の展開をさけ，多くの図表により解説。例題と詳しい解答により理解が深められる。

わかりやすい機械教室
熱力学 考え方・解き方

小林恒和 著　A5判　242頁

例題を多く取り入れ，各例題にそれぞれ「考え方」，「解き方」を詳しく解説し，実力が身に付くよう配慮した。

わかりやすい機械教室
空気圧の基礎と応用

高橋徹 著　A5判　210頁

流体の基礎事項から卓上空気圧プレスの設計例までを例題や練習問題を用いて空気圧の基礎と応用を解説。

わかりやすい機械教室
油圧の基礎と応用

高橋徹 著　A5判　226頁

多くの図や表により，油圧の基礎事項から応用まで学生や初級技術者に容易に理解できるようやさしく解説した。

機械計算法シリーズ
機械の力学計算法

橋本広明 著　A5判　120頁

基礎的な公式や数式をできるだけわかりやすく解説してあり，各章とも例題と解答を豊富に取り入れ，これを基に練習問題を解き実力をつける。

機械計算法シリーズ
流体の力学計算法

森田泰司 著　A5判　176頁

水力学を中心にして，空気や油などの流体に関する基礎的な事項を計算問題を通じて修得できるようにやさしく解説。

機械計算法シリーズ
熱力学の計算法

松村篤躬/越後雅夫 共著　A5判　200頁

熱力学の基礎的な公式や数式をわかりやすく説明。改訂にあたって内容を見直すとともに，より理解しやすく編集した。

機械計算法シリーズ
熱・流体・空調の計算法

越後雅夫 著　A5判　232頁

熱・流体・空調の基礎について，公式や数式をわかりやすく説明。例題や応用問題についても，詳しく解説した。

＊ 定価，図書目録のお問い合わせ・ご要望は出版局までお願いいたします。
URL　http://www.dendai.ac.jp/press/